U0150257

大数据应用与服务

主编 胡 潜
副主编 林 鑫 周 知 石 宇

科学出版社

北 京

内 容 简 介

　　大数据技术与应用发展不仅改变着网络信息环境，而且决定数据的存在形态与数字信息资源的分布和利用结构，直接关系到用户的认知需求表达与数字信息交互机制。在这一背景下，本书从大数据技术基础、数据内容管理和数字信息利用出发，按照大数据应用与服务基础构架进行理论和实践的归纳；通过基本问题的分析和实证探索，围绕大数据需求、数字资源形态和数据关联关系，研究多模态大数据资源组织和面向应用的数字信息服务。本书在面向现实问题的研究中，对前沿性发展进行相应的展示，所涉及的问题因而具有拓展性。

　　本书可供信息组织、信息检索、信息管理等为基础的行业信息服务领域从事研究和教学的读者提供借鉴和参考。

图书在版编目(CIP)数据

大数据应用与服务 / 胡潜主编. —北京：科学出版社，2023.8
ISBN 978-7-03-075473-8

Ⅰ. ①大…　Ⅱ. ①胡…　Ⅲ. ①数据处理　Ⅳ. ①TP274

中国国家版本馆 CIP 数据核字(2023)第 074834 号

责任编辑：闫　陶 / 责任校对：张小霞
责任印制：赵　博 / 封面设计：苏　波

科学出版社 出版
北京东黄城根北街 16 号
邮政编码：100717
http://www.sciencep.com

中煤（北京）印务有限公司印刷
科学出版社发行　各地新华书店经销
*

2023 年 8 月第　一　版　　开本：787×1092　1/16
2024 年 9 月第二次印刷　　印张：14 1/4
字数：331 000

定价：73.00 元
（如有印装质量问题，我社负责调换）

前　言

信息化深入发展使大数据的价值为社会所接受，其应用涉及科学研究、产业运行和社会活动等各个方面，同时大数据作用形态和交互作用机制又影响制约着大数据应用与服务的发展。从大数据资源结构上看，互联网技术、云计算技术和智能交互技术的进步不仅改变着网络数字环境，而且决定着大数据资源的分布结构、形态和基于大数据的数字信息服务空间延伸和面向用户的组织构架。

随着数字智能技术和网络的发展，数字资源组织与服务已成为各领域共同关注的焦点。数据作为一定时空范围内事物状态的量化表征，是客观事务性质、状态及相互关系的数字化展示。在计算机科学中，数据是智能输入并程序化处理和模拟的对象，通过序化管理和组织，以实现其利用目标。数据作为数字化中不可替代的资源，其组织和服务具有普遍性，按数据服务反映的客观事物状态属性、数值形态和内容特征，大数据应用与数字信息服务组织直接关联。在数字信息服务不断拓展和信息化深层次发展中，大数据应用、数字语义网络构建、数据空间描述、基于智能交互的数字信息内容关联和面向应用的数字信息服务正处于新的变革之中。基于这一认识，本书在互联网、云计算和数字智能技术背景下，从大数据技术基础、数据资源管理和数字信息利用出发，按照大数据应用与服务基础构架进行理论和实践上的归纳，通过基本问题的分析和实证探索，形成相对完整的体系结构。本书作为教材，在撰写过程中注重基础理论和专业知识的同时，对大数据应用与服务面对的现实问题和前沿性发展也进行相应的展示，所涉及的问题具有拓展性。

本书从大数据存在形态、数据组织环境和大数据应用与服务需求出发，进行大数据应用基础和数字信息服务体系构建，按大数据资源结构特征研究多模态数字资源与数据内容关联、用户认知交互与基于智能交互的数字信息服务组织，在数字化科学研究、数字人文视觉资源、公共与行业大数据应用与服务中，展示面向实践的应用拓展、服务推进及大数据安全保障。

本书由胡潜、林鑫、周知、石宇等撰写。其中：第 1、2、3、4、8 章由胡潜撰写；第 5 章由石宇撰写；第 6 章由周知撰写；第 7 章由胡潜、林鑫等撰写；第 9 章由林鑫、胡潜撰写。李静、夏红玉、吴茜等博士研究生负责资料搜集和相关研究成果的梳理，同时参与大纲的讨论。全书由胡潜统一修订定稿。本书撰写在作者及团队所取得的多项相关成果的基础上进行，相关研究成果也纳入本书中，另外，对国内外相关研究进行梳理和归纳基础上的引用。在本书撰写中，项目团队合作者给予多方面的支持和帮助，在此特致谢意。大数据应用与服务正处于不断发展之中，在面向理论与实践的探索中，所存在的不足，请专家、读者指正。

胡　潜

2022 年 1 月

目　录

第 1 章 大数据的存在形态与数据资源组织

作为信息的表现形式和载体,数据是对客观事物的逻辑展示,反映了事物存在状态和交互关系。从本质上看,数据不仅指狭义上的数值,也包括一定时空范围内客观对象状态特征的符号描述。在社会运行中,我们无时无刻不在利用和生产着各种各样的数据,当我们搜索所需的各种数据时,必然存在着基于数据获取的信息交互与利用需求。与此同时,在大数据时代,我们也随时使用着他人提供的数据,例如查看导航地图、浏览网页等。基于此,有必要从大数据形态类型和特征属性出发,按获取、存储、管理和应用进行数据资源组织构架。

1.1 大数据的存在形态与特征属性

随着数字智能技术和网络的发展,数据资源的组织与服务已成为各领域共同关注的焦点。数据作为一定时空范围内事物状态的量化表征,已延伸为客观事物性质、状态及相互关系的数字化记载和符号特征展示。在计算机科学中,数据是能输入并程序化处理和模拟的对象,通过序化组织,以实现其利用目标。按数据的形态特征,可分为声音、图像等;按数字表达方式,可分为符号、文字、代码等;按数据反映的客观事物状态特征,可分为数值属性、状态属性和内容属性。由此可见,数据作为不可替代资源,其组织和服务具有普适性和不可缺失性。

1.1.1 大数据形态和类型

随着大数据应用的日益广泛,大数据的定义呈现多样化的趋势,达成共识性的一致表达已非常困难。目前学界和业界采取的方式是接受所有大数据定义,其中三种定义具有较高的认可度。

属性定义(attribute definition)。信息传播中心(information dissemination center,IDC)是研究大数据及其应用的核心机构,其在 2011 年的报告中将大数据定义为:大数据技术描述了一个技术和体系的新时代,主要用于从大规模多样化的数据中通过高速捕获、发现和分析技术提取数据的价值。这个定义反映了大数据的 4 个显著特点,即容量大、多类型、高速度和低密度的价值特征。

比较定义(comparative definition)。2011 年,美国麦肯锡公司的研究报告将大数据定义为:超过了典型数据库软件工具捕获、存储、管理和分析数据能力的数据集。这一定义虽然未能描述与大数据相关的度量机制,但是在定义中采用了一种演化的观点(从时间和跨领域的角度),用以说明什么样的数据集才能被认为是大数据。

体系定义（architectural definition）。美国国家标准与技术研究院（National Institute of Standards and Technology，NIST）认为：大数据是指数据的容量、数据的获取速度或者数据的表示，限制了使用传统关系方法对数据进行分析处理，而需要通过水平扩展机制提高处理效率。由此可见，大数据是数据形式基于容量、速度和处理能力的提升与技术实现的必然发展。

此外，从数据科学和数据框架构建出发，大数据组织涵盖了大数据获取、传输和应用过程。大数据框架则是在计算单元集群间，解决大数据的分布式处理和应用的规则框架。在数字化条件下，大数据框架构建在大数据基础设施之上。此外，大数据应用直接关系到数字网络技术应用的发展。

大数据存在形态由基础设施和网络技术条件所决定，其内涵体现在数据结构特征上。因此，可以从基本的数据形态和特征分析出发，展示大数据类型和特征结构，表 1-1 展示了大数据的基本类型及其结构特征。

表 1-1   大数据的基本类型及其结构特征

大数据基本类型		大数据结构特征
按对象区分	属性与特征数据	包括科学研究中的各种测试数据、观测数据、产品性能参数特征数据等
	状态与结构数据	包括物质对象组成分数据、结构状态数据、地理位置数据、形态结构数据等
	符号与记录数据	数据需要通过文字、符号、数码等形式记录和保存，从而形成不同的数据类别
按数字化载体类型区分	文本数据	文本数据是指用文字语义及语义结构关系表征的数据形态，在于直观展示其内容
	图形数据	用图形表征的数据结构复杂、形式多样，按不同领域可作不同区分
	音频数据	音频数据是指采用音频识别和记录手段记载的数字化信息单元，按音频存储方式的不同进行区分
	视频数据	视频数据包括各种动态画面的连续表达数据，按所采用的数字手段进行区分
	多模态数据	多模态数据是指多种模式和形态的组合数据，如文、图整体化表达等
按数据功能区分	模拟数据	模拟数据由连续函数构成，反映某一区间变化的物理量，如核电安全数据从物理量监测出发反映其安全状况
	计算数据	计算数据是指采用某一计算法则处理后的数据，如统计数据等
	代码数据	代码数据是按计算机状态识别和表征符展示的程序数据
	关系数据	关系数据反映事物对象的模型量化关联关系，旨在进行内在机制的表征
按组织加工层次区分	一次数据	一次数据是处于原始状态，在信息主体活动中自然产生和分布的数据
	二次数据	二次数据是对一次数据处理、分析后形成的数据，是原始数据的规则性集合
	三次数据	三次数据是通过一定的分析方式，在一次数据分析基础上，结合二次数据的利用而形成的数据，是原始数据的规则性集合
按数据应用领域区分	地理数据	地理数据是指地理性坐标位置数据和动态时空结构中的定位数据
	人文数据	人文社科领域内的数据内涵丰富、来源复杂、关联性强，其数据汇集和关联利用处于十分重要的位置
	公共数据	公共数据的大数据化已成为一种必然趋势，包括公共安全数据、公共服务数据、智慧城市数据等

大数据基本类型		大数据结构特征
按数据应用领域 区分	科学数据	科学研究中的数据在数字化研究背景下形成，其智能数据管理和嵌入是目前关注的重点
	经济数据	经济领域的数据包括金融数据、贸易数据、投资数据、生产消费数据等
	卫生健康数据	卫生健康数据可区分为卫生数据、健康数据、医疗数据等
	各行业数据	各行业数据既有共性，又具有相应行业的特征，除分布广泛、体系结构完整外，行业间的数据交互处于重要位置

通过表 1-1 可知，大数据形式多样、类型复杂，从存在形式及应用角度，可以从不同方面进行分类区分。按数据对象区分，大数据可区分为属性与特征数据、状态与结构数据、符号与记录数据；以此为前提拟进行进一步的来源细分和基于来源的数据组织与序化管理。按数字化载体类型区分，大数据可区分为文本数据、图形数据、音频数据、视频数据和多模态数据，这些数据源于文献载体、音视频资料和其他模态信息，是其数字化表达的结构形态数据。按数据功能区分，大数据可区分为模拟数据、计算数据、代码数据和关系数据等类型，各种类型对应于各自的功能，具有基于功能的大数据管理目标。与传统的文献组织相对应，按组织加工层次也可以区分为一次数据、二次数据和三次数据。在大数据应用上按数据应用领域区分，包括地理数据、人文数据、公共数据、科学数据、经济数据、卫生健康数据及行业数据。在不同领域，大数据分布和结构既具有共性，也具有领域之间的差异性。以上 5 个基本类型决定了大数据来源框架和基本的组织构架。

1.1.2　大数据特征属性

从总体上看，数据存在形态随着大数据与互联网传输技术的发展而处于不断变革之中。互联互通的数字网络和计算智能处理能力的不断进步推动了数字智能环境下的大数据分布与结构变化。

20 世纪 90 年代末，Web 技术的发展将世界带入了互联网时代，随之带来的是巨量的达到千万亿字节（petabyte，PB）级别的半结构化和非结构化的网页数据，这就需要对迅速增长的网页内容进行索引和查询。然而，尽管并行数据库能够较好地处理结构化数据，但是对于处理非结构化的数据无法提供任何支持。此外，并行数据库的处理能力严重不足。为了应对 Web 规模的数据管理和分析挑战，谷歌（Google）提出了 Google 文件系统（Google file system，GFS）和 MapReduce 编程模型。在这一环境下，GFS 和 MapReduce 能够自动实现数据的并行化，可以将大规模计算应用分布在大量商用服务器中。运行 GFS 和 MapReduce 的系统能够向上和向外扩展，处理能力大幅提升。2000 年以来，用户生成内容（user generated content，UGC）与物理传感器生成数据以及其他数据融汇产生了大量的混合结构数据，这要求在计算架构和大规模数据处理机制上实现范式转移（paradigm shift）。在这种背景下，模式自由、快速可靠、高度可扩展的非关系型数据库技术开始出现并被用来处理这些数据。2007 年 1 月，数据库软件的先驱 Gray 将这种转变称为"第四范式"。他认为处理这种范式的唯一方法就是开发新一代的计算工具用于管理、可视化和分析数据。

随着存储和分析数据从 PB 级别上升到百亿亿字节（exabyte，EB）级别。2011 年 7 月，易安信（EMC）发布了名为 *Extracting Value from Chaos* 的研究报告，讨论了大数据的思想和潜在价值。随后几年几乎所有重要的信息产业公司，如 EMC、甲骨文（Oracle）、Google、亚马逊（Amazon）等都启动了各自的大数据项目，从不同层面推进了大数据资源的交互组织与应用。在数字智能技术和新一代互联网技术推动下，大数据化的信息资源管理已成为数字信息组织与服务发展中的关键。就来源结构和形态上看，大数据具有数据类型结构复杂和数据模式多元等特征。

数据类型的复杂性。数字技术的发展使数据产生的途径趋于复杂，数据类型相应增多。这就需要开发新的数据采集、存储与处理技术。例如社交网络（social network servrice，SNS）的发展，使得个人状态信息等短文本数据逐渐成为互联网上的主要信息传播媒介。与传统的长文本不同，短文本由于长度短，上下文信息和统计意义上的信息很少，从而给传统的文本挖掘（如检索、主题发现、语义和情感分析等）带来很大的困难。一般通行的方法包括利用外部数据源扩充文档，或者利用内部相似文档信息来扩充短文本的表达。然而，无论是利用外部数据，还是利用内部数据，都可能引发更多的干扰。另一方面，不同数据类型的融合给传统数据处理方法带来了新的挑战。

数据结构的复杂性。传统处理的数据对象都是结构化数据，且能够存储到关系数据库中。然而，随着数据生成方式的多样化，非结构化数据已成为大数据存在的普遍形式。对于包括文本、文档、图形、视频在内的非结构化数据的处理，则需要采用兼容处理方式进行。非结构化数据蕴含着丰富的知识，但其异构和可变的性质同时也给数据分析与挖掘带来了更大的挑战。与结构化的数据相比，非结构化数据相对而言组织凌乱，其中包含的无用信息，给数据的存储与分析带来很大的困难。目前对非结构化数据的处理方式包括开发非关系型数据库（如 Google 的 BigTable，开源的 HBase 等）来存储和处理非结构化数据。对此，Google 提出了 MapReduce 计算框架，雅虎（Yahoo）等公司在此基础上实现了 Hadoop、Hive 等分布式架构，以便于对非结构化数据作基本的分析。国内各大公司也启动了用于支撑非结构化数据处理的基础性研发，如百度的云计算平台、中国科学院计算技术研究所的凌云（Ling Cloud）系统等。

数据模式的多元性。随着数据规模的扩大，数据特征的描述和刻画随之改变，而由其组成的数据模式也因此形成：首先，数据类型的多样化决定了数据模式的多元性。因此在数据处理中不仅需要熟悉各种类型的数据模式，同时也要善于把握它们之间的相互作用关系，以便在多模式的大数据处理中综合利用各种工具，如文本挖掘、图像处理、数字网络组织等。其次，非结构化的数据通常比结构化数据蕴含更多的无用信息和噪声，网络数据处理需要实现去粗存精、去伪存真。数据搜索引擎就是从无结构化数据中检索出有用信息的一种工具。尽管搜索技术在应用上已经取得极大的成功，但仍然存在许多不足（如对一些长尾词的查询、二义性查询词的理解等），有待进一步提高。另外，网络大数据通常是高维的，往往会带来数据高度稀疏与维度上的问题。这样就会导致数据模式统计结果的显著性减弱，而以往的方法多针对高频数据模式，难以产生多模态数据模式的高效率组织效果。

大数据作为一种资源，其数据要素具有两种属性特征，即自身自然属性特征和客观存在的社会属性特征。大数据的自然属性特征即大容量（volume）、多类型（variety）、高速度（velocity）和低密度价值（value）。

（1）volume 是指数据体量巨大。互联网初期阶段由于存储方式、数字化信息手段和分析成本等因素的限制，使得当时许多数据都无法得到记录和保存。即使是可以保存的模拟信号，也大多采用模拟方式存储，当其转变为数字信号时，不可避免地存在数据的遗漏与丢失。随着数字技术的发展和大量数据的产生，一方面，人们能够感知到更多的对象事物数据，而这些事物的部分甚至全部都可以采用数据形式存储；另一方面，由于数字网络工具的使用，使人们能够全时段进行数据联系，实现机器—机器（M2M）的传输，这使得交流的数据量激增；最后由于智能处理技术的发展，多元载体数据得到有效识别。

（2）variety 即数据种类繁多。随着数据传感器种类的增多，以及智能设备网络的普及，数据类型变得更加复杂，不仅包括传统的关系数据类型，也包括以网页、视频、音频、文档等形式存在的未加工的半结构化和非结构化的数据。这意味着，在海量且种类繁多的数据间可以发现其内在关联。在物联网时代，各种设备已连成一个整体，个人在这个整体中既是数据的收集者也是数据的传播者，从而加快了数据量的增长速度。这就必然促使我们要在各种各样的数据中发现其中的相互关联，从而将看似无用的数据转变为有效的信息。

（3）velocity 反映了数据流动速度的加快。我们通常理解的数据的获取、存储以及挖掘有效速度，在数据处理中 PB 级代替了 TB 级。考虑到"超大规模数据"和"海量数据"的大规模特点，应强调数据的快速动态变化，拟形成大数据动态交互机制。数据的快速度流动已难以采用传统的系统处理方式，数据处理的智能化和实时性已成必然，人与人、人与机器之间的数据交流互动不可避免地带来了数据交换模式的改变。其中，交换的关键是降低延迟，将数据以近乎实时的方式呈现给用户。

（4）value 体现为低密度价值。低密度价值是指数据量呈指数增长的同时，隐藏在海量数据中的有用信息却没有呈现相应比例的增长，反而使我们获取有用信息的难度加大。以视频为例，连续的监控过程，可能有用的数据仅有一两秒。大数据时代，数据的价值就像在沙砾中淘金，数据量越大，里面真正有价值的数据却越来越少。

由此可见，大数据不仅仅是海量的数据，其表现为大数据分析将更加复杂，所以更追求速度、更注重实效。大数据应用的关键就是将这些 ZB 级、PB 级的数据，利用云计算、智能化开源技术实现基于平台的应用，同时从大量数据中提取出有价值的信息，将其转化为可用知识，支持正确的决策和行动。

针对传统数据自然属性的定义，Demchenko 等提出了大数据体系框架的特征描述结构，框架在原有 4V 基础上增加了真实性（veracity）特征。在基本的结构描述中，包括数据可信性、真伪性、来源信誉、有效性和可审计特性。

随着数字化转型，数字科技已渗透到社会发展的各个方面，大数据作为人类社会中越来越不可或缺的一部分，在产生、存储、传输、计算和应用的过程中，都具有了相互关联的社会属性。尹西明等将其总结为大数据的社会化组织属性。在属性特征描述中，集中反映在数据整合、数据交互与融合利用、数据洞见、数据赋能、以及数据复用等方面。

数据整合是对数据的重组、抽取、聚合和清洗过程，旨在将原本独立的片段整合为有序的数据内容。数据整合的依据是对象的可整合属性，其本质是数据"熵减"，是数据实现从无序到有序、低价值到高价值的转变过程。因此，数据整合会面对多个数据源的表达差异、结构差异、对象关联关系及数据冗余等方面的挑战。

数据交互与融合利用是释放大数据的规模效益和边际效应，其融合依据是数据之间的价值关系。数据具有的使用价值源于其存在价值，随着数据融合规模的增大，数据的潜在使用价值会呈现出明显的规模效益和边际效益。只有消除当前数据融通的壁垒，才能联通领域内的相关数据，从而实现基于应用价值的多源数据融合利用的目标。

数据洞见是在数据序化组织基础上的进一步深度提炼，是对数据的深层次开发和利用。数据整合和数据交互与融合是数据物理层面上的组织，即数据的汇聚、过滤和重组，但限于数据库系统层面的功能操作，无法发现数据中存在的内在关系和规则，缺乏进行深层次数据挖掘的智能手段。因此，为了更好地挖掘数据价值，需要对数据进行深层解构和分析，即利用智能化的数据挖掘技术，对数据进行完整的诠释，从而发掘出数据内部的深层价值。

数据赋能是激活数据潜在应用价值并创造新的价值。一方面，运用大数据的赋能作用，为传统意义上的信息交互提供内容传播、数据清洗、数据采集和组织支持，有助于数字化与智慧化管理。另一方面，数据的要素价值体现在数据流动中，流动反映了基本的价值取向，需要通过数字化与智能化嵌入式知识服务来发掘和创造新价值。

数据复用是"数尽其用"原则的体现。大数据相比于传统的资源要素，具有无限复制和重复使用的特性，其边际成本小，但由此带来的数据规模效益却是巨大的。除此之外，旧的数据在新的使用场景、新的处理方式，以及重复的迭代使用中，会不断迸发出新的价值，从而在数字空间上释放价值效能。

综上所述，数据的社会化组织属性是数字文明下的必然体现，是其自然属性与社会发展中所赋予的特性。从本质上看，充分利用数据的社会性，对数字化信息资源价值进行深层发掘，是数字时代所赋予的使命。

1.2　大数据获取与存储

大数据是互联网通信、云计算、数据存储和利用转换技术的综合化、智能化发展。其中，数据资源获取与存储技术进步发挥着关键作用。由于数据实际上是能被计算机读取的特征量化信息，通信技术发展自然成为获取数据的主要驱动力。大数据的生成与数据产生速率直接相关联，数字技术的广泛应用使视频、互联网和摄像头动态生成数据速度倍增，展示数据生成和数据来源结构尤为重要。

1.2.1　大数据来源与获取方式

20 世纪 90 年代，随着数据库系统的广泛应用，各类组织的信息系统存储了大量的数据，如银行交易事务数据、购物中心记录数据和政府部门归档数据等。这些数据集是结构化的，并能通过数据库方式存储和管理。

随着 Web 系统的普及，以搜索引擎和电子商务为代表的信息系统产生了大量的半结构化和非结构化数据，包括网页数据和事务日志等。自 2000 年以来，伴随着 Web2.0 的发展，在交互网络（论坛和社交媒体网站等）中产生了大量的 UGC。

商业网络和科学研究领域的数据应用表明，大数据、互联网＋、移动网络、物联网产生的数据，以及科学研究产生的大量数据，已形成了具有互联互通的数据传输结构。根据荷兰恩智浦半导体统计，2020 年全球联网应用装置的规模已达 400 亿部，平均每人拥有 6.58 个联网应用装置，这些联网传感器工作在运输、汽车、工业、公用事业、个人和家庭环境之中。

在科学研究中数字智能技术产生海量科研数据的同时，还需要对海量数据进行即时存储和传输。例如，在遥感测量和地质灾害监测中，需要获取具有连续性的大量数据，以便实时处理灾害并做出预警。又如，在生命科学研究中，美国国家生物技术信息中心（National Center for Biotechnology Information，NCBI）的核苷酸序列数据库，数据存储已实现了测序数据的全覆盖。在天文观测中，斯隆数字化巡天（Sloan digital sky survey，SDSS）从天文望远镜中获取的数据，随着天文望远镜分辨率的提高，其数据量呈几何级数增长。值得指出的是，这些海量科研数据的分散分布和无序性，需要专门高效的科学研究信息服务的保障。

从总体上看，大数据组织和利用中存在着三种数据获取手段，分别是自主采集、数据交换和数据交易。

（1）自主采集。自主采集获取是指通过互联网共享或其他可获得信息的渠道自主采集数据的方式，这也是最基本的数据获取方式。自主采集数据过程中，需要从真实世界对象中获得原始数据资料，同时将不准确的数据进行处理，并最终得到真实有效的结果。因此，数据采集方法的选择不但要考虑数据源的物理性质，而且还要符合数据的结构特征，其常用的数据采集方法有传感器、日志文件和 Web 爬虫等。

传感器方式是指通过测量物理变量并将其转化为可读数字信号的操作过程，传感器方式通过物理数据转换传输包括声音、振动、化学、电流、天气、压力、温度和距离在内的数据，在网络中将其传送到数据存储点。有线传感器网络收集数据的方式适用于传感器易于部署和管理的场景，例如视频监控系统通常使用在公众场合，用于公共安全的维护和犯罪行为的监控。在光学数据获取和处理中（对地观测、深空探测等），传感采集方式的应用更具普遍性。无线传感器利用无线网络作为数据传输的载体，可应用于不同的场合，如环境监测、水质监控、土木工程、野生动物监控等。

日志文件采集是广泛使用的数据获取方式之一，日志文件由数据源系统产生，以特殊的文件格式记录系统的活动数据。所有在数字设备上运行的日志文件都可以进行有序采集，如 Web 服务器在访问日志文件中记录的网站用户输入、访问数据等。三种类型的 Web 服务器日志文件格式可用于捕获用户在网站上的活动，即通用日志文件格式、扩展日志文件格式和互联网信息服务日志文件格式。所有日志文件格式都是 ASCII 文本格式，所以数据库也可以用来替代文本文件存储日志数据，以提高效率。日志文件采集软件可以看作是一种"软传感器"。

Web 爬虫是搜索下载存储网页的一种程序。爬虫按顺序访问初始队列中的一组资源定位符（URLs），并为所有 URLs 分配一个优先级。Web 爬虫从队列中获得具有一定优先级的统一资源定位器（uniform resource locator，URL），下载网页，随后分析网页中包含的所有 URLs 并添加这些新的 URLs 到队列中。这一过程不断重复，直到 Web 爬虫程序终止。Web 爬虫通过网站搜索引擎和 Web 缓存采集数据，数据采集过程包括选择策略、重访策略和并行策略决定：选择策略决定哪个网页将被访问；重访策略决定何时检查网页；并行策略则用于协调 Web 爬虫程序。传统的 Web 爬虫应用已十分成熟，已经具备完备的应用方案。随着更丰富、更先进的 Web 应用的出现，一些新的 Web 爬虫机制也应运而生。

对比上述三种数据采集方法，日志文件格式是最简单的数据采集方法，但是只能收集相对一小部分结构化数据；Web 爬虫是最灵活的数据采集方法，可以获得巨量的结构复杂的数据。

另外，根据数据采集方式的不同，数据采集方法可以大致分为两类：基于拉（pull-based）的方式，数据由集中式或分布式代理主动收集；基于推（push-based）的方式，数据由源或第三方推送到数据汇聚点。

（2）数据交换。在数据流动中，交换是获取高附加值数据的重要手段。不同于物理对象直接交换取决于溢出价值的大小，数据交换间接产生的预期增值决定各行业间数据交换机制，在互联网＋环境下，数据在交换过程中往往会经过一系列技术操作，最常见的操作就是"脱敏操作"。对于一些涉及个人隐私的数据，脱敏是必须进行的操作。由于脱敏操作并不会影响大数据质量，所以脱敏并不会降低数据价值。实际上，在脱敏的过程中，还可以对数据进行清洗和归并，从而有助于数据的应用。

（3）数据交易。数据交易是通过交换活动提高数据的流通率并提升数据价值。当前，国内外数据交易得以迅速发展。2008 年以来，国外涌现了专门进行数据交易的市场。国外比较知名的大数据交易平台如美国的 Factual、InfoChimps、BDEX、Datacoup、Reputation、Personal，英国的 Kasabi，加拿大的 Quandl，及日本富士通公司的数据商场（data plaza）等。

我国在《国民经济和社会发展第十三个五年规划纲要》中明确提出在国家大数据战略中推进数据资源开放共享的战略目标。2015 年，国务院印发《促进大数据发展行动纲要》，强调引导培育大数据交易市场、规范交易行为、促进数据资源流通的重要性。2020 年国务院发布的有关大数据市场化配置文件中，进一步明确将数据要素列为与土地、劳动力、技术、资本并列的新的生产要素。在国内，目前已涌现出 30 多家大数据交易所，市场化大数据交易正处于不断发展之中。

现阶段，数据共享依然缺乏跨行业、跨领域的数据流动机制，实现大数据的规模效应需要在确保信息安全的前提下突破"数据孤岛"的限制,从而促进数据的高效流通。数据流通作为数据生产和应用的关键环节,一方面需要开放共享政府数据和公共数据,另一方面需要通过数据交易充分发挥数据价值。尽管大数据交易发展迅速,但仍面临着亟待解决的多方面问题。同时,大数据的共享、交换与交易涉及多个不同性质的法律主体,因数据权属不明带来的有关主体间的利益冲突,制约着数据的有序流动。当前有关数据权属的法律法规相对滞后,一方面导致了合规的数据供应不足,另一方面也暴露了个人数据安全保护的问题。针对这两个方面的问题,其交易机制有待进一步完善。

1.2.2　面向应用的大数据存储

大数据应用的最本质需求是在数据存储的同时并行调用关系数据,以达到高效的商业数据分析和应用的目的。在此情境下,数据库机(database machine)随之产生。由于集成了硬件和软件资源,数据库机可以获得较好的数据处理性能。20 世纪 90 年代以来,数据生成的量级越来越大,远远超出了计算机系统存储和处理能力。由此,数据并行化技术的广泛应用扩展了数据存储能力,大大提高数据处理性能。底层硬件架构的并行数据库迅速普及,内存共享数据库、磁盘共享数据库和无共享(share nothing)数据库随之产生并不断发展。其中,值得一提的是构建在互连集群基础上的数据共享也在不断增长。

大数据环境下用户进行信息检索时,存取的数据往往是大数据集合中的一个小子集。而大数据集合往往分布存储于多个存储介质中,形成了大规模分布存储数据与子集数据利用之间的矛盾。如何使用户所需的子集合分布在尽量少的介质上成为必须面对的现实问题,这一问题的解决旨在减少用户存取数据花费的时间,提高存取的效率。

聚簇可用于解决大规模数据集合应用中的子集合在多级存储器中的合理分布问题。聚簇将大数据集合按用户存取模式分解成多个簇。每个簇可以向用户提供子集合中所需的数据。这就要求簇的划分应尽量接近用户存储模式,在实际应用中,在多级存储器上存取的子集之外的数据量最小,从而达到最优。

使用聚簇方法管理存储器上数据集合的具体步骤如下:首先,由数据分布分析器根据数据结构、用户存储数智模式来决定簇的划分策略,同时做出数据分布说明;其次,根据数据分布说明,将数据分布与存储管理构件中的数据划分模块,将数据采集系统采集来的文档重新组织成多个簇,由存储管理器按顺序进行存储;最后,当用户通过应用系统向存储器提出读取数据子集合的请求时,存储管理器根据数据分布说明确定需要读取的簇集合,随之提取所需数据并装配成子集合。这样,应用系统便可以避免存取操作整个数据集合,而只需要直接处理子集合即可。

如图 1-1 所示,在技术实践中,具体业务要求、环境、条件和对象决定面向应用的大规模数据存储技术流程框架。

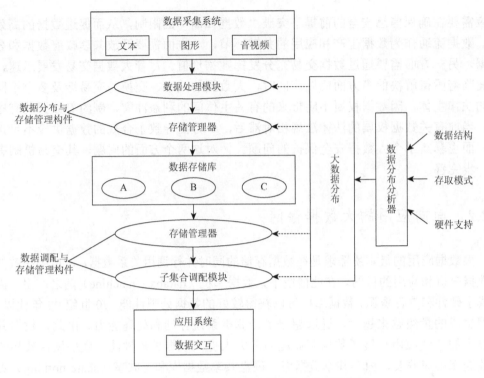

图 1-1   面向应用的大规模数据存储技术流程框架

面向应用的大数据存储系统是一个分布式的数字对象集和服务集,数字对象集包括大量的文本、图像、音频、视频等数据内容,服务集要求具备数据内容发现、存储、检索、保存等相关的服务功能。这些服务功能的实现与分布式多媒体数据库管理系统的功能密切相关。所谓分布式多媒体数据库管理系统,就是一个分布式的、异构的多数据库系统,存储和管理超大规模的多源数据。系统节点服务器提供局部的、基本的多媒体对象管理功能,以及分层的、全局、局部混合的元数据资源管理和多媒体对象的服务功能。

分布式多模态数据库管理系统可实现多源异构数据的发现、识别、存储服务,需要在多媒体对象数据库服务器、索引数据库服务器和查询系统的基础上,形成数据库技术开发构架。

针对数据库开发、使用和管理中的技术问题,其技术研发应注意以下方面的问题。

(1)通过扩展现有的关系数据库管理系统,建立支持多媒体对象的关系数据库。在技术实现上,通过关系模型及关系演算,在处理文本数据、管理事务等方面开发关系数据库。在数据存储方面,关系数据库以表格的方式管理数据,数据以记录的方式进行管理,每一条记录内部包括许多字段,表中每个字段的长度是固定的,类型是事先定义好的。关系数据库在管理结构化的数据中具有一定的优势,如各种统计数据、数值和事实数据库等都可以用关系数据库技术进行管理。但对于图形、图像、视频、音频等大数据量、非结构化的数据,关系数据库难免表现出很大的缺陷。在开发中应注意:一是扩充关系数据库中字段的类型定义和长度限制,将大数据量的多媒体数据本身作为数据库的一部分放置在数据库内部;二是以外文件的方式存放在数据库的外部,在数据库中只存放文件的链接。

（2）对象关系数据管理系统的扩展。将关系数据中的二进制对象扩展为类和继承的概念，在此基础上成为对象关系数据库。如 Oracle8i、Informix 和 IBM 公司推出的 IBM DB2 Universal Server Database，都属于对象关系类型的数据库系统。IBM DB2 Universal Server Database 能支持所有数据类型，其中包括常规数据和多媒体数据，通过内置的功能，支持基于内容的文本检索，支持图像、视频、语音、指纹数据类型管理，通过 SQL 语句就可以满足处理传统业务数据和复杂数据的需求。

（3）面向对象数据库。当前，面向对象技术正与数据库技术、人工智能技术相结合形成新的发展领域。面向对象技术以客观世界中的存在实体对象为基本元素，以类和继承关系来表达事物间具有的共性和它们之间的内在联系，以对象的封装来实现信息的隐蔽。在面向对象的数据库中，任何一种类型的数据，无论是文本，还是声频、视频、图像，都可以定义成一个对象，这样可以实现各种数据类型的统一管理。多媒体对象除了多媒体数据本身和多媒体元数据外，还应该包含多媒体数据本身和多媒体元信息之上的各种操作，并且对不同的媒体定义不同类型的操作。

（4）索引数据库服务器。数字信息资源管理需要为入库的每份信息建立索引，以提供各种查询途径。索引数据库服务器就是用来从多媒体信息中抽取各种元信息，如标题、作者、主题、标识符、位置等，以此建立合理分层的元信息库。从用户的角度来看，用户总是希望能通过一个用户界面来实现操作目的，其索引数据库的组织理应在技术层面上适应这一需求。网络环境下，计算机技术和数字处理技术为大数据资源网络组织和多维度展示提供了可能。其中，每一个文档，甚至一个文档中的一部分都可以成为一个节点，节点和节点之间通过超链进行互联，所以可以通过网状组织结构实现面向应用的数据存储目标。

1.3　大数据管理与资源组织

数据作为重要的要素和资源，如果失去控制和管理便不能发挥应有的作用。大数据环境下资源对象呈现多样化，其管理形式已由文件为中心向数据为中心转化，数据和数据之间通过链接的形式构成了蕴含价值的数据网络。基于此，有必要从整体结构出发进行异构大数据的集成管理和面向应用的安全维护。

1.3.1　多源异构数据管理

数字智能环境下，数据作为信息存储和处理的单元，其复杂性直接导致数据组织的难度加大。一般来说，传统的数据管理方式只适应于关系型数据库处理的结构化数据，而对于占据数据总量 80%～90%的非结构化的数据，则需要利用大数据预处理技术完成多源异构的数据组织。从实质上看，大数据管理的目的是将无序的、分散的数据整理成有序的资源，可以说数据管理的目的是使机器能够识别处理数据，继而实现面向用户的应用服务目标。

1. 大数据预处理

由于大数据资源的来源复杂，且数据格式多样，数据集受到干扰、冗余和一致性等因素的影响而具有不同的质量标准。从需求的角度看，数据分析工具对数据质量有严格的要求，所以在大数据系统中需要对数据进行预处理，以提高数据的质量。对于多源异构数据的管理，需要面对以下三方面问题。

（1）数据集成（data integration）。数据集成是把来自不同数据源的数据进行集中，为用户提供一个统一的视图。如基于数据仓库（data warehouse）和数据联合（data federation）的集成。数据仓库又称为 ETL（extract-transform-load），其组织由 3 个步骤构成，即提取、转换和装载：提取是指连接源系统和收集必要的数据；转换是指通过一系列的规则将提取的数据转为标准格式；装载则是将提取并变换后的数据导入目标存储设施。数据联合是创建一个虚拟的数据库，从分离的数据源中合并数据，以汇集虚拟数据库存储的真实数据。然而，这两种方法并不能满足数据流和搜索应用对高性能的大数据组织需求，所以需要实时处理数据，而数据集成技术与流处理的结合是一种必然的选择。

（2）数据清洗（data cleaning）。数据清洗是指在数据集中发现不准确、不完整或不合理数据，并对这些数据进行修补或移除以提高数据质量的过程。一个通用的数据清洗框架由四个部分构成：定义错误类型；搜索并标识错误实例；改正错误；将修改的数据按程序存储。数据清洗对保持数据的一致性起着重要的作用，所以被用于如银行、保险、零售、电信和交通等行业。在电子商务活动中，尽管大多数数据通过电子方式收集，但仍存在数据质量问题。其中，影响数据质量的因素包括软件错误、定制错误和系统配置错误等。Kohavi 等通过检测 Web 爬虫和重复客户端数据删除，进行了电子商务数据的清洗。此后，这一工作得以延续并不断发展。针对传感器受设备限制、环境干扰等因素造成的原始数据质量较低的问题，进行异常信息处理，避免数据丢失，以及根据应用定义约束自动修正输入数据错误等。数据清洗对随后的数据分析非常重要，因为它能提高数据分析的准确性。但是数据清洗依赖复杂的关系模型，所以会带来额外的计算延迟，对此必须在数据清洗模型的复杂性和分析结果的准确性之间寻求平衡。

（3）冗余消除（redundancy elimination）。数据冗余是指数据的重复或过剩，这是许多数据集的常见问题。数据冗余无疑会增加传输开销，浪费存储空间，导致数据不一致，从而降低可靠性。因此许多研究针对数据冗余的形成机制，提出很多解决方案，例如冗余检测和数据压缩。从实践上看，这些应对方法能够用于不同的数据集和应用环境，但在提升性能的同时，也存在一定风险。视频监测数据中，大量的图像和视频数据存在着时间、空间和统计上的不确定性，其冗余处理在进行数据压缩和解压时带来了额外的计算负担。面对这一问题，视频压缩技术可用于减少视频数据的冗余量，其中许多重要的标准（MPEG-2，MPEG-4，H.263，H.264/AVC）已成功应用实践之中。对于数据传输和存储，数据去重（data deduplication）技术作为专用的数据压缩技术，可用于消除重复数据的副本。在数据去重过程中，一个唯一的数据块或数据段被分配一个标识并存储，该标识会加入一个标识列表；当去重过程继续时，一个标识如果已存在于标识列表中则被认定为冗余块；最终，该数据块将被一个指向已存储数据块的指针引用替代。通过这种方式，任何给定的数据块因为只有一个实例存在，由此可实现预期目标。从总体上看，数据去重技术能够显著地减少存储空间，对大数据存储系统具有非常重要的作用。

除了以上数据预处理方法外，还有一些对特定数据对象进行预处理的技术，如特征提取技术，特征提取技术在多媒体搜索和域名系统（domain name system，DNS）分析中起着重要的作用。针对数据对象通常具有高维特征矢量，在管理中数据变形技术被专门用于处理分布式数据源产生的异构数据。

2. 大数据组织流程

信息组织在大数据处理流程中极易被忽略，现有的信息组织工具与方法体系难以适应大数据组织的要求。从客观的角度看，信息组织并不能解决大数据的所有问题，但其仍可以在数据的分类、描述、单元关联、交互共享等方面发挥作用。大数据环境下信息组织围绕以下几个方面展开。

（1）大数据分类管理。分类是人们认识事物、区分事物以及分析问题的基本方法，也是人类思维的基本形式。作为信息组织的基础性方法，分类管理采用分类号来表达各种概念，将各种概念按学科性质进行区分和系统排列，将数据按照学科门类加以集中，便于用户浏览检索。分类法最初用于文献信息资源的序化组织和分类检索，在数字网络环境下衍生出网络主题分类目录、网络数据分类、大众分类法等。

在大数据环境下，分类的方法应该发挥更重要的作用。以电子商务大数据为例，在数据生成的过程中，信息按照一定的门类（如网站自编的商品分类体系）被采集。当前，需要建立多维度的大数据分类（分级）体系，如根据大数据序化的程度进行分级，将其分为序化程度高、序化程度一般、序化程度低三种，以便进行序化的大数据类型区分。对于序化程度高的数据，进行整合和互联；对于序化程度低的数据，着重于描述和揭示。

（2）大数据内容描述。在大数据组织中，应根据不同的数据类型采取相应的内容描述策略，以决定数据揭示的深度。如根据数据处理方式，大数据可分为适合于批处理的大数据与适合于流式计算的大数据。在这一前提下，应着重于可存储、数据序化管理描述。根据大数据内容的时效不同，内容可分为进行时间顺序、动态关联和时变性高的实时/准时计算大数据；还包括分布式存储的可固定查询的非时实的计算大数据。其介入的方式应有所区别，以便根据数据价值、数据分布状况、数据类型等指标决定数据内容的深度。对于价值密度稀疏的大数据，往往只需要进行浅层的描述与序化；对于分布式存储的数据，重点要实现数据划分和互操作；对于流式数据，则需要在数据生成之前，就建立好数据描述和表示的标准。信息组织通过对原始信息资源的特征分析，进行选择和记录，实现信息资源的描述目标，传统的记录描述包括机读目录（machine-readable catalog，MARC）、在版编目 CIP、都柏林核心集（dubin Core，DC）等，记录与描述的深入程度根据元数据的格式而各不相同。大数据记录和描述，在于能够揭示其包含的核心内容，如大数据性质、内容、条件、格式、时间、使用约束条件等，其管理在于为大数据交易、大数据挖掘与分析提供支持。

（3）大数据单元关联。记录与描述也是对大数据资源进行浓缩的过程，通过把一次信息转化为二次信息，旨在将纷繁复杂的数字资源缩减成简单的替代记录，在实现过程中，大数据组织操作的直接对象往往是这些替代记录，而非大数据信息资源本身，所以可以对大数据进行抽象表示，以建立大数据资源的替代记录，实现大数据资源的浓缩。通过信息关联描述可建立元数据关联关系，同时对数据资源进行定位、选择和评估。元数据通过对资源信息的关联描述，进行大数据资源的定位与获取；通过对资源的名称、格式、使用情况等属性进行描述，使用户在无须浏览数据对象的情况下，就能够了解和认识客体对象，以此作为存取和利用数据的依据。元数据关联还包括权利管理、转换方式、保存责任等内容，以支持对大数据资源的管理。元数据关联在大数据环境中的作用不容忽视：一方面，网络数据是大数据的重要来源渠道，网络数据的生成、采集和存储本就依赖于元数据；另一方面，在存储和分析大数据的过程中，由于大数据来源、类型的多样性，各种元数据不再是单独发挥作用，而是作为一个集群，协同发挥作用。大数据环境下，提供数据交易、数据分析环境和基本工具平台具有重要性，原始数据提供商和应用服务的主体共同构成了大数据生态系统。在这个生态系统中，需要频繁地对大数据资源进行定位、选择、评估和管理，这有赖于建立面向大数据的元数据关联组织。

（4）大数据资源的交互共享。信息组织形成的词表、术语、领域本体表达基础，在数字信息资源交换共享、信息系统互操作、跨库获取等方面具有关键作用。大数据通过互联和共享，可以产生更大的价值，如我国推行的大数据统一共享交换平台建设，在推进国家人口基础信息库、法人单位信息资源库、自然资源和空间地理基础信息库等国家基础数据资源与大数据跨部门、跨区域共享中发挥着基础性作用。

1.3.2　大数据资源组织的体系化实施

传统信息组织理论在大数据环境下正面临着严峻的挑战，海量、异构、动态变化的数据使得信息组织的任务变得更为复杂，面对大数据的体系化管理问题，现有信息组织的工具与方法难以适应数据组织需求。因而必须针对当前存在的问题进行统筹解决。

（1）大数据组织的功能强化。根据信息链和大数据生命周期的理论，从数据到信息、从信息到知识、从知识到情报的转化过程中，信息组织按"收集-整理-组织-存储-检索-利用"的工作流程展开，信息组织在其中发挥着特定的作用。然而，在大数据环境下的应用场景中，数据经过挖掘可以直接生成解决方案，在交互网络活动中可直接应用于决策。如在流式计算中，由于难以确定数据的结构和顺序，也无法将全部数据存储起来，所以不便进行流式数据的存储，而是对流动的数据进行实时计算。在流式计算这一场景下，数据的收集、整理、序化、存储、检索与利用需要在短时内实时并行。由于大数据在一定程度上具有自然存在的实时性，以致很多数据还没有被存储和组织，就已经失去了效用。在这种情况下，大数据组织的作用很难显性化，另一方面大数据信息组织在数据产生、传输、应用过程中的作用应得到进一步强化。

（2）大数据组织边界清晰化。传统的信息组织源于文献内容管理，其中分类法、标题法、编目、文摘索引是主要的信息组织方法，随着时代的发展和技术的进步，计算机技术被广泛应用于信息组织，信息组织中的自动分类、自动标引、联机检索、自然语言检索技术得到快速发展。国际知识组织学会成立以来，一直致力于推进各种形式的知识组织的理论研究，汇集了许多不同领域的专家学者，其中，对本体的相关研究，使信息组织研究的触角延伸到语义网络、知识工程等领域。在这一基础上，大数据环境下的元数据标准制定与信息技术标准化相互作用，形成了大数据组织的系统构架。从方法上看，大数据组织与数据科学、数据管理等领域交叉，在计算机技术、网络技术、语义技术、大数据关联技术的冲击下，信息组织的边界逐渐模糊，由此带来了两方面的重大挑战：一是传统信息组织工具适应性的问题；二是在知识工程、语义网络组织中如何进行大数据管理定位。因此，在大数据资源组织的体系化实现中，理应明晰大数据管理的边界，实现基于大数据资源组织的体系化发展目标。

（3）大数据描述标准的建立。在文献组织阶段，MARC、书目记录的功能需求（functional requirements of bibliographic records，FRBR）、文档类型定义（document type definition，DTD）作为文献信息资源描述的标准而存在；在网络信息组织阶段，DC 等元数据作为网络信息资源描述的标准被广泛使用；在知识组织阶段，RDF 查询语言（RDF query language）、万维网本体语言（web ontology language，OWL）等形式化语言使得数据可以被机器读取并理解。大数据发展阶段，无论是数据类型还是数据载体，其表现形式变得更加多样，生命科学中的基因组数据、物联网中的传感器数据、互联网中的社交媒体数据和网络分布存储数据库共享数据等。对这些数据：一方面需要有上层的统一的描述标准和规范来保证数据组织的一致性；另一方面需要建立面向领域和具体场景的信息描述标准，以利于不同描述标准之间的关联使用。由于大数据具有明显的领域特征，其数据场景、数据类型、数据载体、数据结构和模式复杂多样，建立跨领域和跨数据类型的统一描述标准、实现不同领域大数据描述标准的关联和互操作存在较大困难。对这一困难，应建立一个完整的体系化实现构架。

（4）大数据信息组织的工具与方法的适应性变革。由于信息组织的智能化水平限制，大数据环境下的大部分数据都以数字方式存储和分类，其中 2000 年之前数字化存储的数据量已占数据总量的 25%。当前，智能技术作为信息组织工具得到较为广泛的关注，人工智能的大数据应用扮演重要角色，数据空间发生了巨大的变化，人们将这种新的数据场景称为数字宇宙。数字宇宙的规模目前正在迅速扩大，IDC 发布的数字宇宙研究报告显示，其规模将每两年翻一番。这种数据增长的速度对信息组织的效率提出了更高的要求，对基于大数据的信息组织自动化和智能化水平提出了挑战。传统信息组织工具的动态性较弱，分类法、叙词表、本体等信息组织工具的体系虽然严密，但组织的更新速度较慢，一经建立很难改动。而大数据环境下的数据具有很强的动态性，传统信息组织工具在动态性上正面临严峻挑战。大数据驱动价值创造的优势在于将大量的内外部数据、不同渠道的数据连接起来，进行全景式的统一分析与利用，这就要求在信息组织上进行数据之间组织关联，以适应复杂多样的数据环境，以便从根本上强化用户数据交换共享的能力。

1.4 数字智能驱动下的信息服务与大数据应用

信息化深层次发展中的大数据与智能技术进步,与数字化全球网络构建相适应,数字化与智能技术的融合发展决定了面向用户的信息服务组织结构变化。从客观上看,在大数据技术、智能技术和虚拟网络技术支持下,信息资源数据层面的开发、知识层面的交互和利用已成为一种主流形式。对此,可以从基本的影响层面进行分析,从中展示数字智能驱动下基于大数据的信息服务组织构架。

1.4.1 信息服务中的数字智能驱动

2000 年至今是信息化全面推进和迅速发展时期,也是信息服务面向用户和社会需求的转型发展时期。这一时期的信息组织和信息服务逐步向数字化方式过渡,表现出基于现代技术应用与传统管理方式的融合发展趋势。20 世纪 90 年代末以来,互联网的高速发展,改变了网络信息结构、分布和交互利用状况,并激发了新一轮技术创新和互联网 + 背景下的信息服务体系的变革。在大数据环境下,信息的社会化组织与传播中,一些最原始的数据可以不必通过中间转化而直接为用户所用。例如,对宇宙飞行器从太空发回地面的观测数据、图像、视频等,可以直接汇集入系统,经序化处理和"判读",形成基于大数据和智能转换技术的时空大数据网络;又如,各种经济运行和电子商务市场大数据,可以方便地进行采集和过滤,在有序化和安全规则的约束下进行利用。这表明,大数据环境下的信息服务需要从数据层面展开,实现基于数字智能驱动的资源管理和服务。

网络时代,大数据与智能化技术的发展不仅改变着网络信息环境,促进信息服务面向需求环境的变革;更重要的是从信息技术基础和手段上影响着应用发展(图 1-2)。

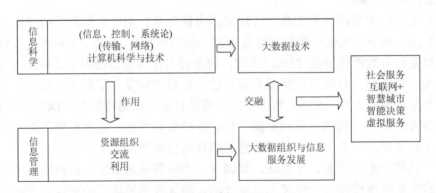

图 1-2 大数据技术与智能化技术中的信息组织与服务发展

大数据技术和智能技术的产生和应用不仅依托于电子技术、通信、网络与计算机技术的发展,而且是信息科学相关领域的融合发展的结果。大数据技术与智能化技术在数字信息服务资源组织应用中关于知识结构的描述、用户认知空间的构建,以及机器交互学习本体创建等是大数据、智能识别中不可或缺的部分。

在信息管理与大数据组织发展中,以文献载体为主体形式的组织理论,存在着滞后于信息科学理论与技术发展的问题。在数字网络建设、数字资源管理、检索和利用中,往往将已广泛使用的技术进行面向行业领域的应用移植,20 世纪 90 年代,这种研究和利用上的反差在国内外普遍存在。近三十余年,在数字信息服务不断拓展和信息化深层发展中,这一障碍逐步被克服。其中语义网络构建、领域本体规则、数字空间描述、面向用户的智能交互和基于大数据的知识嵌入等,其研究不仅实现了领域的融合,而且从应用上进一步促进了大数据技术、智能技术、云计算和虚拟网络技术的发展。这说明在大数据、智能技术作用下,数字信息管理开放发展已成为主流。

从信息的数据属性和交互传递与利用上看,由于信息所具有的数字化处理和多模态转化特征,在信息组织与服务中必须得到应对。其中,信息的自然属性和形态特征决定了时空范围的数字化存在和功能,在时空结构改变的情况下,有必要重构基于智能技术的大数据交互体系。

一般认为大数据技术起源于 2004 年前后的分布式文件系统 GFS、大数据分布式计算框架 MapReduce 和数据库系统 BigTable。面向大量数据存储、计算和搜索的文件系统、计算框架和数据库系统的构建,为大数据技术构架的形成与应用发挥了关键性作用,也决定了其在数据管理、交互、提取和应用方面的发展前景。网络信息的海量堆积和分散分布,带来了用户搜索和获取所需信息的障碍,加之网络传输通道和数字存储与计算技术的限制,造成了网络信息无序堆积和交互共享的困难。如何应对这一现实问题,在互联网基础设施不断升级和高速发展的前提下,计算能力和数据管理技术便成为其中的关键。其中,大数据技术作为普遍采用的新一代核心信息技术,必然面对数据存储和调用的海量化增长挑战。动态性地处理来源广泛类型繁多的异构数据,提升大数据价值密度,成为了大数据技术发展所面临的核心问题,也是信息化深层发展全局性问题。

智能技术在智能化信息管理中的应用始于早期的专家系统和随后的人工智能发展,内容包括自然语言处理、数字语义网络构建、基于认知的内容分析、知识管理、智能学习等。自 20 世纪 50 年代机器定理证明、数据求解程序、表处理语言开始,20 世纪 60～70 年代专家系统的出现将其应用于语义处理、医疗诊断等领域;20 世纪 80 年代,随着第五代计算机的出现,人工智能得到进一步发展,其中知识处理计算机系统的应用,实现了知识逻辑推理与数值运算的同步,从而开始了人工智能与知识管理的深度结合;20 世纪 80 年代末,神经网络的出现,进一步确立了智能技术的框架模型;90 年代互联网技术的迅速发展,使单一智能主体的研究向网络环境下分布式人工智能研究转变,从而推进了智能技术在数字信息服务中的全面应用。在 21 世纪初以来的二十余年的发展中,人工智能已融入人们生活的各个方面,同时对信息管理产生了全面影响。"智能化"以物理系统运行代替人的智慧活动,从而极大地提高了大数据网络环境下面向应用的信息处理与控制能力,其主要特征表现为:数字信息网络的智慧化;信息交互的知识化;过程决策的自动化;系统学习的自适应;人性化运行与面向应用主体的智能交互和融合。从数字智能识别与数据挖掘上看，智能化已覆盖数据组织、存储、调用、交互的各个环节，引发了面向智慧交互的系统变革。

1.4.2　面向用户的大数据应用发展

当前，芯片技术、数据存储与网络传输等基础设施建设的快速发展为大数据应用发展创造了巨大的空间。正是由于数字网络设施的充分保障，大数据、智能技术的应用发展才成为现实。值得指出的是，与计算机信息系统早期发展不同的是，大数据、智能化条件下的应用需要计算机科学技术与信息管理的深层次融合，从信息单元的空间描述、知识构建和数据关联出发，需要进行多元数据和知识的序化组织和内容关联，从而实现面向用户的多元应用目标。从信息形态作用上看，大数据与智能环境下的信息服务必然在多模态信息处理、知识形态转换、用户认知与大数据智能交互、大数据嵌入应用、数字信息形态的时间空间结构描述与构建、数字信息安全与大数据生态维护中发挥作用。

（1）多模态信息处理。多模态是指在特定物理媒介上信息的多种存在、表示及交互方式，其概念源于人机交互中的信息表示方式研究。在内容描述上，信息表示方式往往比较宽泛，难以精细化地揭示其细粒度内涵。因此，基于完整性、交互性、关联性和直观描述的要求，融合多种单模态信息的处理对于网络信息的深层开发和知识组织具有现实性。在实现中，其内容涉及多模态信息的获取、组织、分析、检索、表达和创建。对于多模态信息处理问题，Bernsen 于 2008 年提出了输入/输出模态的分类框架。同时，国内外学者开展了相关研究，在理论与实践中取得进一步进展。从总体上看，多模态信息处理是在文本、图像、音视频等形态信息处理基础上发展起来的，其数据存在和交互方式的多样性决定了数据获取和处理的复杂性。当前，理论研究和技术实现围绕多模态信息建模、多模态信息获取、数据采集与解析、多模式训练数据集来构建，以及不同领域的语义分析、描述等方面的环节展开。在面向应用的发展中，存在着大数据来源处理、人机交互识别和智能化处理问题。其关键技术的进一步突破和发展，对于数据内容的细粒度表达和不同媒介数据的融合应用具有重要的现实意义。

（2）知识形态转化。长期以来，知识服务大都局限于显性知识信息的组织、存储和面向用户的交流，而对隐性存在的知识和动态传播的知识却缺乏关注，其原因主要是知识组织技术发展和应用上的限制。大数据环境下智能交互技术的应用为问题的实质性解决提供了可能。当前的研究，拟从知识的存在形态及其转化机制出发，进行面向机器学习的描述，确立隐性知识向显性知识的映射规则，从而以人工智能的组织方式实现显性与隐性知识的融合管理和集成推送。在知识组织研究中，显示知识本具有专业里的专指性，对于隐性知识则局限于用户认知需求的挖掘和基于潜在知识需求的交互学习，未能进行更深层次的隐性知识描述和管理。因此，知识形态理论研究揭示知识的内化、外化状态和社会化的规律，进而从知识形态的相互关联与互动关系出发，构建人工智能识别接口以实现知识组织的智能化发展目标。知识形态转化研究在知识服务中具有重要位置，其转化不仅包括隐性知识的外化和显性知识的内化，而且包括不同形态知识之间的转化和描述，应在知识单元之间作用进行细粒度描述和表达基础上寻求适应于智能技术的组织规则。

（3）用户认知与大数据智能交互。交互式人工智能在问答系统、阅读理解、任务目标对话、开放交流等方面已得到广泛应用，其中任务目标对话系统通过交互实现特定的任务或目标，已成为当前社会生活中人们普遍接受的方式。在社交机器人走进社会生活的过程中，交互系统不仅以自然语言为载体，而且应用图形、视频、文本等信息进行情景交互，发展迅速。信息服务和知识推送中，机器学习从计算机模拟用户学习思维出发，在大数据环境下有效获取用户知识、以深度学习方式通过与用户的交互，实现自适应、自学习目标。机器学习致力于用户需求的全面理解和行为目标的精准实现，近二十年来，在符号学习、神经网络学习和统计学习取得的进展，为该领域的应用发展奠定了新的基础。由于智能交互和机器学习的双向性，进一步深化交互与学习机制具有必要性和现实性，其目标是按照用户认知结构和认知作用关系，进行基于认知识别的结构化交互与学习架构，解决认知非结构化的结构化转换问题，在深度学习基础上进行语义处理、图像分析、共享识别和内容分析，最终实现基于认知交互的面向用户主动服务的个性化目标。

（4）大数据嵌入应用。大数据处理并不是一个独立的工作，它需要和具体的应用平台或工作流程相结合才能体现其应用价值，往往要求采用相应的技术将其嵌入到应用程序之中，以方便调用。其中，在 J2EE 架构上的部署比较完整地体现了这一思路。从服务实践上看，数据面向用户业务流程的嵌入逐渐成为人们关注的焦点。数字化科学研究、智能制造和智能服务的推进，需要更深层次的数据保障，从而促进大数据嵌入服务的产生与发展。嵌入式服务最初出现在嵌入式系统上，其嵌入式计算机系统和执行机制是整个系统的核心，执行装置通过接受嵌入式指令完成所规定的操作任务。互联网 + 背景下，数字化流程的形成要求以应用为中心，进行数字信息面向设计、供应、生产和经营的融入，从而依托智能技术实现数字化生产的目标。与此同时，科学研究中的数据嵌入和系统支持，都存在着数据嵌入和服务融合问题。围绕这一问题的研究，需要从理论上加以完善，通过嵌入机制、技术和数据调用关系研究，寻求基于大数据和智能识别技术的构架。

（5）数字信息时空结构描述与构建。数字信息时空结构的研究可以追溯到情报学形成的早期，其中米哈依洛夫关于情报交流的理论描述和布鲁克斯对知识结构的研究，都是在确定的时空范围内进行的。在情报服务与信息组织中，用户认知空间与情报空间的一致性决定了信息组织和服务内容的时空范围，由此提出了时空转换问题。从传统的文献信息内容揭示上看，基于分类和主题的描述大都按统一的规则进行，而规则的确定和标准的形成必然在当时的社会知识活动范围内进行，且符合社会共识原则。随着个性化服务的开展，用户认知结构与内容描述空间结构的非一致性，必然成为用户利用深层知识的障碍。在知识创新中，这一矛盾日趋突出，所以研究者提出了用户认知空间与结构描述空间映射问题。当前，知识的深层挖掘和动态组织进一步加剧了这一冲突，所以需要进行数字时空结构及其演化的深化研究，从理论上探索内在的关联性和模型构建。在理论应用中，进行多维知识地图创建，实现动态时空结构下的知识关联和图谱结构展示，为大数据挖掘和动态知识提取提供技术上的支持。

（6）数字信息安全与大数据生态维护。数字信息安全是网络化时代各国集中关注的重要现实问题，在信息组织与大数据服务中必须面对。其安全保障不仅关系到信息资源、网络和相关服务主体与用户的安全，而且直接影响国家安全和信息化的全面推进。我国信息安全机制、体系的确立从根本上适应了国家创新和社会发展需要。

第2章 大数据应用与服务需求

大数据应用与服务需求强调数字信息资源服务全程化实现,在大数据资源与技术利用基础上,实现面向用户需求的数据内容组织、交互和应用目标。从总体上看,数据层面的服务和信息内容组织需要进行大数据应用技术的拓展,通过智能化交互来满足数据资源需求,提供大数据网络环境下数据访问、操作、存储的工具。

2.1 用户数据层面的信息需求及其演化

大数据环境是一种非结构化的社会空间环境,大数据环境构成不仅决定了空间范围内的数字信息资源结构与分布,而且直接影响到用户需求形式和内容。作为数据资源组织与服务对象,信息用户始终处于中心位置。用户需求形态不仅决定了大数据资源的存在模式,而且决定了数据服务的组织机制。

2.1.1 大数据环境及其影响

英国联合信息系统委员会(Joint Information Systems Committee,JISC)IE 项目作为网络数字学习环境项目,其推进目标是为英国高等教育提供一个便利的、集成的信息服务环境。作为数字环境建设的早期项目,曼彻斯特大学信息管理研究中心从学生数字学习需求角度对 JISC 数字信息环境的构成及影响进行了系统性分析,明确了网络技术与交互环境对数字学习需求的影响。2005 年英国胡弗汉顿大学和拉夫堡大学在 JISC 数字知识库计划实施中,进行了数字环境下的公共知识库需求和用户行为分析,通过调查英国国内选定的 5 个用户群,展示了用户需求结构,构建了用户的数字化学习需求模型,实现了面向用户的服务互动目标。这些实践证明,数据资源组织与服务在数字资源网络交互环境中,用户需求与环境交互决定了面向用户的数字信息服务开展。

大数据环境下,数字信息资源的开发和利用取决于数字智能技术和互联网技术的发展,智能化数据网络环境的形成被认为是信息化深入发展的一大标志。在数字资源组织和大数据服务支持上,数据传输技术、智能技术、可视化技术的进步为提升信息交流水平和大数据资源的利用提供了保障,特别是数字技术的集成化以及多模态处理技术直接推动了大数据资源利用。大数据环境中,网络化数字信息正以新的方式渗透于社会的各个方面,改变着用户需求时空结构。在环境、资源与用户的交互作用下,数据资源与各种设施的有机结合为数字信息资源服务创造了新的条件。数据资源需求在大数据技术推动下,表现为用户数据需求的海量化，以及信息获取渠道、数据利用形态和数据传播的虚拟化。值得指出的是，Web 技术组合应用推动了互联网应用的发展。Web 服务在被广泛使用的同时，也改变着网络环境，在互联网应用拓展中，由资源导向转变为用户导向。从数据应用需求上看，用户由被动地接收互联网信息向主动创造互联网信息发展。在以用户为中心的互联网数字资源组织中，用户已从单一形式的信息消费者变成信息生产和知识传播者，从而形成了一种新的数字服务机制。

大数据环境下，用户利用虚拟网络，可以跨领域、跨时空实现协同，通过远程数据支持、进行科学研究、数据处理和传输，以扩大数据获取和知识交流空间，实现基于大数据网络的数字共享。大数据网络正是在数字资源共享和协同工作环境中建立的，由此创造新一代网络底层数据环境。作为下一代分布式系统和新的数据计算网络模式，数据网络可以在全局范围内实现对所有可用资源的动态共享，包括数据、计算资源、程序、操作系统和网络传输设施。通过资源共享，网络为用户提供虚拟化的超级计算服务，通过调用互联资源进行协同计算。对此，美国、日本、欧盟等纷纷启动大型网络计划，通过超级计算和高速宽带连接实现面向用户的开放服务。其中，在网络-网格技术发展中，数字化资源组织与服务的开展，有利于构造统一标准的平台环境，促进数据集成和资源共享。从作用上看，数字信息环境在影响数字信息的传播和使用的同时，也决定了数字信息价值和用户的数据资源需求状态。

大数据环境在社会环境和技术环境的交互作用下形成。在社会发展和数字信息技术条件下，各方面因素作用于社会的信息组织形式与交互方式，从而构建了新的社会发展基础结构。在环境构成上，大数据环境包含了社会发展和技术进步引发的数字资源环境要素、大数据应用环境要素、数字智能环境要素和物理网络环境要素。同时，在环境形成与演化中，各方面要素作用下的规则和资源作为大数据信息环境两个基本结构因素而存在。其中，规则用于规范数字信息利用方式，数字技术和数据资源则是构成大数据环境的基础。

大数据环境结构如图 2-1 所示。在大数据环境中，数字技术和信息化在社会和技术层面作用上，决定了数字资源环境、大数据应用环境、数字智能环境和物理网络环境的形成和结构。

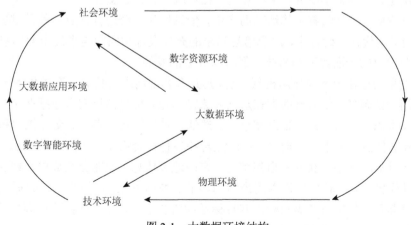

图 2-1　大数据环境结构

　　基于大数据的信息服务组织是在一定环境下进行的，环境的特点及其变化必然受社会组织结构制约。从宏观组织和微观管理上看，环境的变化和机制变革，以及社会、技术和资源环境的变化，不仅决定数字信息服务的组织与业务开展，而且影响着整个行业的发展。

　　社会信息环境的变革以及大数据环境的形成对数字信息服务的影响是多方面的，它不仅作用于数据的存在形式、资源分布、开发与利用，而且作用于以信息为对象的数字信息服务组织机制。大数据环境是人类社会环境的一个重要组成部分，随着社会数字智能化趋势的不断增强，数据环境在社会系统中的地位和作用日益显著。

　　在更广的范围内，信息与社会具有不可分割性，一定的社会条件和环境必然对应着基本的社会信息运动方式和体制。大数据环境作为一种基本的社会环境，是社会特征在数据产生、传递、控制与利用方面的集中体现，是信息资源数字化的必然产物，与社会信息化深层发展相适应。在不同的社会发展阶段，数字信息环境的内容和表现形式也不一样。人类社会的每一次飞跃，如农业革命、工业革命、信息革命都相应伴随着信息环境的变化。随着社会的信息化发展，大数据时代信息环境的主要特征是信息组织的大数据化、信息交互与利用的智能化、多模态数字资源融合和数字服务面向用户的动态嵌入。

2.1.2　基于信息流的数据资源需求驱动

　　在信息层面，用户信息的交互和利用，是用户社会工作和社会交互活动中的信息保障目标。在信息资源的社会化组织中，面向需求的服务保障始终处于核心位置。数字智能环境下信息交互机制的变化，直接关系到用户信息需求的存在形式和客观状态，影响基于认知的信息交互行为以及面向用户的信息服务组织结构。

　　用户的信息需求的存在具有客观性，由相应的社会需求所决定。对此，社会心理学主体需求理论认为其基本需求包括生存需求、交往需求和成长需求，涉及社会生活、职业工作和社会交往。用户作为社会活动主体，信息需求由社会活动目标、任务和用户的社会交往关系所决定，包括科学研究、生产经营、社会服务和社会交互等在内的社会活动。由此可见，用户信息需求伴随着主体活动而产生，信息作为社会运行发展中的关键要素，具有不可缺失性。现代社会运行中，用户信息需求的充分发掘和面向需求的全面信息保障直接关系到社会价值的全面实现和科技、经济与社会的发展。

　　从大数据的存在形态与作用机制上看，凡具有客观需求与数据交互条件的一切社会成员皆属于用户的范畴。就信息的存在形式和来源而论，用户信息需求包括两个方面：其一是自然信息需求；其二是社会信息需求。自然信息是自然物质存在、交互作用和运动的客观反映，社会信息则是指科学研究、生产经营和各种社会活动中所形成的信息。数字智能环境下，通过数字化手段获取的自然信息（空间地理信息、智能交互数据、数字医疗中的图像）可以经智能处理转化为嵌入用户活动环节的数据单元。在用户的大数据利用范围不断延伸的背景下，数据信息需求除由其目标活动所决定外，还受社会环境因素的影响，在总体上与信息的数字化存在与转化形式密切关联。

　　用户信息需求在客观上由社会交互机制所决定,组织运行中的信息需求源于组织任务目标的实现和组织的社会关联活动。处于一定组织结构中的人员,其职责、任务和环境影响着基本的信息关系和信息需求。

　　从总体上看,组织运行中的信息机制具有共同特征。无论是科学研究机构,还是企业和社会服务部门,其存在和发展都离不开社会环境。这说明科技、经济、文化和社会发展决定了组织运行的外部条件。在社会环境作用下,组织不仅需要从外界输入物质、能源和其他资源,而且需要有信息的输入;组织通过运行,实现输入资源的增值,从而向外输出物质产品、知识产品和服务;与此同时,输出组织活动信息。组织在增值循环中通过与环境的作用,实现价值提升,其中信息交互则是提高核心能力、促进资源增值的重要保障。

　　科学研究机构、高等学校、生产企业、服务行业和政府部门等不同组织,由于输入、输出的不同,存在物质产品、知识产品和服务产品等方面的差异。然而从组织运行的创新机制上看,却是共同的。恩格斯在论述社会发展时指出生产以及随之而来的产品交换是一切社会制度的基础。恩格斯所说的生产,在现代社会中不仅包括物质产品的生产,也包括知识产品(科技成果、文化产品等)的生产。按通常说法,我们按输入、输出特性将其区别为不同行业的和不同性质的组织。

　　社会运行中物质、能源和信息的利用是以其流通为前提的。在物质、能源和信息的社会流动中:一方面,信息流起着联系、导向和调控作用,通过信息流,物质、能源得以充分开发利用,科技成果和其他知识成果得以转化和应用;另一方面,伴随着物质、能源和信息交换而形成的资金货币流反映了社会各部分及成员的分配关系和经济关系,物质流和信息流正是在社会经济与分配体制的综合作用下形成的,即通过资金货币流,在社会、市场和环境的综合作用下实现物质、能源和信息的交流与利用。基于此,如图 2-2所示,图中省略了对资金货币流的表述。

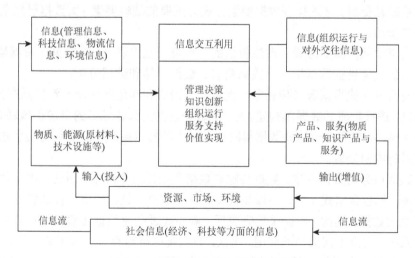

图 2-2　组织运行中的物质流和信息流

　　网络化中的信息流是指各种社会活动和交往中的信息定向传递与流动,就流向而言,它是一种从信息发送者到使用者的信息流通。由于信息不断产生，在社会上不断流动和利用，所以我们将其视为一种有源头的"流"。通过研究社会运行不难发现，社会的物质、能源分配和消费无一不体现在信息流之中；社会信息流还是人类知识传播和利用的客观反映。如对于企业而言，信息流伴随着企业生产、研发和其他活动而产生，可以认为，一切组织活动都是通过信息流而组织的，我们可以由此出发讨论其中的基本关系。

组织活动中的信息需求体现在管理、生产、研究、经营和服务等各方面人员的需求上，是组织流程中各环节信息需求的集合。它既具有组织运行上的整体化特征，又具有面向部门和业务环节的结构性特征。就需求而论，组织整体信息需求由部门和业务环节需求决定。就需求主体而论，信息需求包括组织管理人员、研究人员、生产人员和服务人员的需求；就需求客体而论，组织需要包括政策法规信息、市场信息、科技信息、经济和管理信息在内的各方面信息。在社会整体需求持续平衡状态下，它可以归纳为组织中各类人员的不同职业活动所引发的管理、科技和经济等方面的信息内容需求，以及对分工明确的政府信息服务、科技信息服务、商务信息服务等机构的信息服务需求。

动态环境下，随着科学技术的发展和经济结构的变化，组织处于不断变化之中，组织内部的职能分工和人员分工随之发生变化。如企业生产与技术活动的一体化，管理决策与业务经营的融合，部门式的职能管理向流程管理的转变，都不可避免地改变着组织的信息需求结构。这说明包括企业在内的各类组织都存在着适应环境的创新发展问题，由此引发了基于核心创新能力的知识信息需求。

在信息环境的数字化演化和大数据环境中，组织运行中的信息流形态已发生根本性变化，其基点是信息流的大数据化和互联网＋背景下的智慧物流模式的形成。这一客观现实和大数据环境的作用决定了基于信息流的数据资源需求机制。

事实上，随着信息技术从信息系统进入数据技术时代，数据资源已成为经济社会发展的重要基础性资源和生产要素，成为加快产业转型、加速经济与社会发展、全面提升信息化效率的基础性资源。这意味着数据要素已成为重要的战略要素，大数据已然是一种社会不可缺失的资源。

大数据资源从资源的形成到产生价值的过程是相互关联的。从数据生命周期出发，大数据资源的价值链包括数据生成、数据获取、数据存储和数据分析。

对纵向或分布式数据源（传感器、视频、点击流和其他数字源）汇集后产生的海量、多样性数据，进行集成式数据集构建。通常，这些数据集和各领域的资源价值联系在一起。同时，在收集、处理和分析这些数据集时存在巨大的技术挑战，需要利用数字通信和智能处理技术进行实时处置。

数据获取可分为数据采集、数据传输和数据预处理三个环节。首先，由于数据来自不同的数据源，如包含格式文本、图像和视频的网站数据，数据采集旨在从特定数据生产环境中获得原始数据；其次，数据采集完成后，需要通过高速数据传输通道将数据传输到合适的存储系统，提供不同类型的应用；再次，数据集中可能存在一些无意义的数据，例如，从传感器中获得的数据集通常存在冗余，所以需要解决数据冗余问题。由此可见，对数据进行预处理，用于实现数据的高效存储和挖掘。

数据存储解决的是大规模数据的持久存储和管理。数据存储系统可以分为硬件基础设施和数据管理软件两部分。硬件基础设施由共享的信息通信技术资源池组成,资源池根据不同应用的即时需求,以弹性方式组织而成。硬件基础设施应能够向上和向外扩展,并能进行动态重配置以适应不同类型的应用环境。数据管理软件则部署在硬件基础设施之上用于维护大规模数据集。此外,为了便于存储数据的交互传输,存储系统同时提供功能接口、快速查询和其他编程模型。

数据分析用于对数据进行检测、变换和建模,并从中发现进一步的应用价值。分析过程中,可利用相关数据分析方法获得预期的结果。尽管不同的领域具有不同的需求和数据特性,但它们可以使用一些相似的底层技术。当前的数据分析技术可以分为:结构化数据分析、文本数据分析、多媒体数据分析、Web 数据分析、网络数据分析和移动数据分析等。

大数据资源的涌现使人们处理问题时可获得前所未有的大规模信息资源,但同时也不得不面对更加复杂的数据资源形态。与此同时,大数据内在特性和存在形态决定了基本的应用需求及基于应用的大数据信息资源服务需求结构。

2.2 大数据应用与信息资源需求结构

数据层面的资源组织不仅包含了各种数值型数据、对象状态数据和性能数据的有序化管理,而且包括各种载体信息内容的数字化表征、结构描述和基于内容的全方位数据获取、组织、存储、调用与管理。其中,大数据应用在于从数据内容组织出发,通过无障碍数据同步处理、转化和传输,实现基于数据形态的信息资源组织和服务目标。基于此,大数据应用与数字信息资源需求结构之间,具有不可分割的内在联系,从整体上体现为基于大数据应用的数字信息资源需求的关联结构。

2.2.1 大数据应用需求及其对象特征

从社会化运行和发展上看,信息用户包括具有信息需求和利用条件的组织、机构和所有社会成员。按信息需求形式和内容,涵盖社会职业和社会活动的各个方面。新一代互联网发展中,用户信息交互的大数据化已成为一种必然趋势,在信息需求上改变着用户的数据利用关系和形态,由此决定了大数据应用导向的数字化信息需求对象结构。

随着资源环境、技术环境和用户环境的变化,数字信息资源已呈现明显的大数据特征。为推进海量数字资源的社会化利用,基于大数据网络的数据云服务环境的形成,进一步影响到数字信息需求结构。关于信息需求的数据化问题,Grey 提出了科学研究的第四范式概念,即基于数据密集型计算的科学研究创新范式。该理论的提出,在全球得到了广泛关注。欧盟委员会科学数据高级专家组也发布了类似的《驾驭趋势:欧洲如何从科学数据的迅速涨潮中获益》报告。2010 年,美国总统科技顾问委员会在提交给美国总统和国会的报告中同时强调重视科学数据的作用,并提出了“数据密集的科学与工程”范式。以后的10 年,大数据需求在各领域得到进一步体现。

　　与经验科学、理论科学、计算科学范式不同，第四范式强调数据在科学研究中的基础性作用，不仅强调利用实时、海量数据解决问题，而且将数据视为科学研究的基础工具。以此出发，规范了立足于科学数据思考科学问题、设计研究方案和取得创新成果的行为方式。

　　与此同时，在社会活动的各领域，受益于信息技术的发展，大数据资源的采集、存储与处理能力大大提高。互联网、移动通信、数字实验技术的普及应用，大大提升了大数据的采集与传输能力。大容量数据存储技术与设施、长期保存技术、分布式计算技术、海量数据处理技术的发展，使得海量数字信息资源的实时存储与处理成为现实。由此可见，各领域进步带来技术能力提升的同时，还带来了经济成本的大幅降低，由此使得大规模数据采集、存储与处理具有广泛应用的可能性。

　　在技术与经济高速发展的前提下，科学的大数据管理已成为信息资源建设的重要部分。大数据作用下的云环境信息资源内涵不断拓展，除文本资源外，网络信息、实物资源的数字化、计算机程序以及各种用于科学研究的基础数据，都成为大数据资源的重要组成部分。在媒介类型上，除了文字资料外，视频、音频、图像等多媒体资源也都成为重要组成形态。

　　与大数据资源分布、结构和存在形态相适应，大数据应用及对象特征体现在用户信息需求的各个方面，从而形成了基于大数据应用的信息需求结构特征。从总体上看，其特征反映在全方位信息需求、主体信息需求与大数据资源的适应性、信息需求的层次化和延伸信息的交叉需求上。

　　对用户需求调查表明，用户希望通过网络实现服务共享的同时，需要进行面向应用的交互，从而满足具有个性特征的需求。服务中，用户往往希望知道能得到什么数据，能利用哪些可以得到的信息，同时希望通过简单操作便可获得全面的信息保障。用户不希望被信息的海洋所淹没，也不希望受单一定制服务的限制。从整体上看，安全环境下的大数据需求有着以下属性。

　　全方位的信息需求，就信息资源网络化组织与服务而言，诸多形式和内容的服务都可以自成体系，在网络、资源和技术的支持下，网络化数字信息服务已不再限于数据内容的表层组织、存储和服务。包括数据开放存取、云服务和智能交互在内的各种专门服务，为网络信息的社会化共享和信息化环境下的知识与数据深度利用提供了保障。从数字信息网络构建、资源组织和技术实现上看，用户的全方位需求决定了网络化数字信息服务的社会化发展。这一环境变化与用户活动的互动，也是全方位信息需求的特征体现。从数字信息需求内容和形式上看，用户的网络化数字信息需求不仅包括了文本载体的信息和音视频形式的信息，而且包括来源广泛的网络数据；从信息组织上看，包括基于网络的共享数据库信息、跨系统信息以及网络开放存取信息和网络社区交互信息等。网络安全环境下用户的全方位信息需求决定了网络信息服务的多元组织和跨系统融合服务的发展。

　　主体信息需求与大数据资源的适应性，用户的信息需求与网络信息量的增长存在着动态对应关系，这种关系在网络环境下仍然客观存在，反映在大数据组织与服务中，网络大数据几何级数的增长并不会导致大数据利用上的冗余，反而会激发大数据的相应增长。由于用户的自然处理数据能力有限，在大数据利用上必然求助于大数据技术和智能计算的利用。这说明，全球网络环境下，网络信息增长与用户需求信息增长具有相关关系，这是由于网络信息组织和用户的信息利用处于同一技术层面和发展层面上，当新的数字技术出现时，必然会同步应用于信息资源组织、信息服务等各个方面。用户需求与网络信息资源的适应性，提出了科学规划和协同发展问题。如果在某一时期，资源组织技术相对于内容服务滞后时，有可能导致用户信息处理能力有限而造成利用效率下降。面对这一情况，拟通过提升信息组织技术的应用水平来实现两者之间的动态平衡。

信息需求的层次化特征，数字网络环境下互联网＋的发展，不仅拓展了用户信息需求的范围，而且深化了数字信息服务的内容，致使用户从浅层次的信息需求向深层次的数据、知识和智能需求转变。信息需求的层次化在科学研究活动中是十分典型的。特别是社会进步和经济发展对科学研究产生巨大的需求，促进了科学技术的高速发展。信息技术在新方向、新领域的不断发展，以及知识创新日益加快，迫切需要在面向知识创新的信息服务中，不断提升科学信息的利用效率，反映在需求上便是从信息向知识的深化。在数字服务的利用上，更是数字化科学研究的全程保障。全球化环境下，日新月异的科学技术对经济发展和社会进步的影响越来越大，知识创新成为物质生产中最重要的因素，以知识创新为基础的经济体系正在建立。在这一背景下，知识的急剧增长、迅速传播、综合集成以及知识的加速应用已成为科学研究的必然趋势，这也是未来社会最显著的特征。鉴于创新研究在创新未来中的重要推动作用，需要以创新需求为导向进行数据内容层面的不断深化。同时，科技创新研究的前瞻性是科技领先的重要条件，这就需要根据科学研究的主流着眼长远，进行超前分析和科学大数据的跨系统挖掘，实现深层服务面向科学研究过程的嵌入和数字化交互。

当前，学科整合和整体性认识的趋势越来越明显，单学科研究正向多学科研究、跨学科研究和整体性研究发展。根据学科的交叉性、综合性和整体性，进行多学科、跨学科的大数据交互共享，对交叉学科信息加以整合和整体性融合，以便突破学科边界线，进行科学信息的集成，促进用户对多学科交叉信息的获取，在跨学科数字信息的融合中进行知识创新保障服务。

另外，由于任何一项技术的发展都不是孤立的，它与许多技术密切相关，这就提出了跨行业信息服务协同组织的问题。因此，信息需求不仅限于有关对象的信息，而必须从相关联数据入手，按信息的渗透性，开展跨数据交互，以推进服务发展。

2.2.2　基于大数据应用的信息需求结构

大数据环境下，一切社会成员不仅需要利用网络化的数字资源，而且需要向社会或他人发送自己的关联信息，从而形成了固有的信息需求结构。其中，大数据网络环境决定了大数据应用与信息需求对象及需求内容结构。大数据应用环境下的用户信息需求总体上包括信息获取需求、信息存储需求、信息传输需求、信息交互需求、信息嵌入需求和信息利用需求，其需求客体在大数据传输和数据内容组织中具有多元性和多载体特征，由此形成了基本的对象结构关系。显然，用户所需信息载体形式多样、数据结构各异，但在数字化资源汇集和基于大数据技术的组织中却具有一致性。在大数据应用与信息组织的融合背景下，用户信息需求包括大数据环境下的信息客体对象需求，信息资源系统与大数据工具需求，以及大数据网络与应用服务需求。

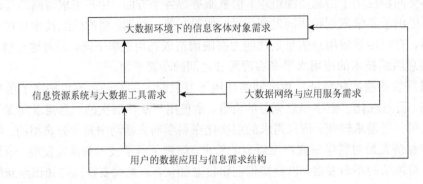

图 2-3　用户的大数据应用与信息需求结构

如图 2-3 所示，大数据环境下用户的信息客体需求是一种最终需求，不仅包括信息的获取、发布、存储，而且包括基于信息客体对象的交流和交互利用。为了实现最终需求目标，用户对信息资源系统与大数据工具，以及大数据应用与服务需求随之产生，通过系统、工具、网络和服务进行所需信息的获取、交互和基于价值实现的资源利用。由此可见，用户的信息资源系统、大数据工具以及网络和服务需求作为一种中间需求而存在，需求目标在于通过网络、工具与服务实现面向信息客体的最终需求目标。值得指出的是，随着大数据应用机制的变革和互联网＋背景下数据嵌入与交互利用的深层次发展，这三方面需求已成为一体，从而构成了大数据环境下的整体化信息需求结构。

用户数据应用与信息需求客体包括来源广泛的结构化和非结构化数据，其内容涉及对象状态数值型数据、时空结构数据、内容数字化描述数据、代码数据和文本、音视频等数据需求。在大数据资源利用中，不同形式和内容的需求源于用户总体需求，伴随着数字技术的应用拓展而存在。信息资源系统与大数据工具等方面的需求不仅包括各种类型的分布于网络的数字资源库，而且包括大数据平台和网络提供的数据查询工具、搜索工具、数据分析工具、数据交互工具以及云服务和互联网＋工具等；通过工具的利用，用户进行目标需求的实现。

大数据网络与应用服务需求作为一种基础性需求，由主体需求引动，体现在对互联网物理环境的依托和基于网络的各种服务应用上。通过基于大数据平台、云计算和分布服务的应用，用户实现信息客体对象需求目标。需要指出的是，信息资源系统与大数据工具，同大数据物理网络与应用服务相关联，其工具提供用于满足用户自主使用工具的需求，网络服务的应用则在于通过与服务方的交互满足工具使用和信息客体需求目标。

从总体上看，用户的大数据应用与信息需求堪称一个有机结合的系统，它具有一定的内在结构和外部联系。在需求引动的用户信息活动环节上，数字信息获取、内容发布和学习交流是其中的基本环节。因此，大数据应用与服务需求，仍然可以按获取、发布与系统交流需求框架进行展示。

获取信息需求。大数据网络环境下用户获取信息的需求包括用户获取各种数字信息线索的检索需求和获取原始数据的直接要求。从需求客体对象上看，它既包括各种形式的数字文本、图像、数据、事实状态等数字信息资源，也包括对存储、揭示与组织这些信息的网络工具和系统工具的需求。对于汇集这些信息的大数据资源，其自然分布、协同开发和网络组织形式决定了信息需求的对象。

发布信息需求。发布信息的需求是指用户向其他个体或外界发布、传递相关信息的需求，包括通过数字网络等对外发表研究成果、发布业务信息、公布有关数据等。大数据环境下，信息发布在一定的社会规范和法律约束下进行，具有与业务活动密切联系的特征，其中大部分活动被视为业务活动的组成部分，如企业产品发布、科研部门的成果公布、各种数据分享发布等。

信息交流需求。与信息发布需求不同，用户的信息交流需求是一种双向的信息沟通需求，即用户与他人或外界进行相互之间信息沟通与交流的需求。数字智能背景下，信息交流的深层次发展使之向深层交互演化。在大数据智能网络环境下，这种交流模式已发生了新的变化。属于非正式交流过程的用户之间的"个人接触"和"直接对话"，已纳入社会化的交互联网之中，集中体现了信息交流需求的智能化和人际交互的深入发展。

从信息需求内外部因素上看，大数据应用与信息需求受以下几方面因素的影响。

（1）知识结构与信息素质。用户需求和利用的信息只有与用户知识结构相匹配才可能为用户吸收。对于难以理解的信息，则需要借助于大数据与信息网络服务或其他方式将其转化为可以吸收的信息利用形态，由此产生了信息支持需求。在知识结构的基础上，用户的信息素质也影响着信息认知和对信息的需求表达。

（2）思维方式与外界交往。人有三种思维：逻辑思维、形象思维、灵感思维。目前，在思维科学研究中，对逻辑思维的研究已十分清晰，对形象思维和灵感思维的研究正不断深化。由于用户的思维方式决定了其信息需求，用户的外界交往渠道和联系又直接关系到他们的思维活动，所以有必要从数据智能角度出发进行用户思维与交互机制的深层次揭示。

（3）用户心理与行为。在社会信息化环境和用户职业活动的相互作用下，用户的个体特征决定他们的心理状态，影响到用户行为。个体特征在数据获取和信息活动中的体现构成了用户的数字信息心理与行为特征，其心理与行为决定信息需求的引发过程、认知状态和外部表达。

（4）数字信息源因素。用户最终需求的是获得某种信息，所以大数据服务和信息资源机构有无适合需求的信息储备、数字载体处理方式、信息的有效组织水准以及信息的可获得性等，都会影响到用户需求。在大数据网络环境下，丰富的、高质量的数据对用户而言尤为重要。

（5）数字信息工具和系统因素。按穆尔斯定律，一个信息检索系统，如果利用它取得信息比不取得信息更加麻烦的话，这个系统就不会得到应用。网络上海量数据的存取不借助大数据工具是难以想象的。因此，有无适合于用户所需的信息工具或数据系统，以及工具与系统的质量、利用的方便性与经济性等都是影响用户信息需求的重要因素。

（6）信息服务的因素。用户获取和交互信息是一个序化的过程，信息机构对用户的信息服务应与此相适应。事实上，数字信息服务优劣不仅表现在最终的结果上，也反映在整个过程之中，包括信息服务的成本效益、信息服务的易用性、速度效率、适应变化的灵活性和提供信息的准确性等。

2.3　数字信息需求状态与需求转化

　　用户的数字信息需求既具有客观上的现实性，其客观需求由用户所处的环境、社会活动和所具有的交互关系决定，同时也具有用户主观上的认知性和基于体验的状态表达。在信息服务组织中，依据客观需求进行系统构架，旨在实现基于用户认知的信息交互和行为协同，这也是不可回避的现实问题。同时，鉴于需求认知的限制，存在着潜在需求的显化问题。用户信息需求状态分析，在于明确其中的状态转换关系，为用户服务体验和认知需求的完善提供支持。

2.3.1　大数据环境下用户的信息需求状态

　　大数据环境下信息需求既有社会因素、自然因素和用户因素作用下的客观性，又存在用户对客观需求的认知和基于体验表达的主观性。随着社会信息环境和信息形态的变化，用户客观需求的认知和表达状态随之发生变化，且受信息活动时空结构的限制。然而，从用户信息需求客观状态、认知状态和表达状态的关系看，其状态结构却具有一致性。对此，Kochen 将其描述为三层状态结构关系，认为客观信息需求是一定社会环境和技术条件下用户目标活动所决定的需求，与主观认识和需求表达无关。在信息服务组织中，最理想的状态是使服务与客观信息需求完全耦合，且保持时空上的一致性。在现实服务中，这种理想的状态难以达到，而只可能通过相应的方法去展示处于客观状态的用户需求状态。相对而言：一方面，用户的认知信息需求是指用户认识到的客观信息需求，是客观信息需求的自我认知状态，其认识可能与客观需求完全吻合，也可能偏离客观现实产生错误的认知或未能认识到客观需求的存在；另一方面，用户在信息需求的表达中，其理想状态是认知需求的完整表达，然而也存在表达有误和表达不清的问题。因此，从用户认知需求和表达需求出发组织服务同样存在固有的局限性。

　　在更广的范围内，一定社会条件下具有一定知识结构和素养的用户，在从事某一社会活动中有着一定的客观需求结构。这是一种完全由外在条件决定，而不以用户主观认识为转移的需求状态。但是，在现实环境下用户对客观信息需求并不一定会全面而准确地认识，由于主观因素和意识作用，用户认识到的可能仅仅是其中的一部分，或者全然没有认识到，甚至有可能对客观信息需求产生错误的认识。无论何种认识，都可以概括为信息需求的不同主观认识状态。通过用户活动，用户认识的信息需求将得以表达，这便是信息需求的表达状态，即显性信息需求状态。显然，这一状态与用户的实际体验和表达有关。

　　如果将用户信息需求的认知状态看成是用户主观信息需求的话，那么可以进一步明确用户信息需求的内在机理：客观信息需求与主观信息需求完全吻合，即用户的客观信息需求被主体充分意识，可准确无误地认识其信息需求状态；主观信息需求包括客观信息需求的一部分，即用户虽然准确地意识到部分信息需求，但未能对客观信息需求产生全面认识，用户这部分信息需求如果得以正确地表达就成为显性的信息需求；主观信息需求超出了客观信息需求的内容，即用户意识到的信息需求不尽是客观上真正需求的信息，其中有一部分是由错觉导致的主观需求；客观信息需求的主体部分未被用户认识，即用户未对客观信息需求产生实质反应，其信息需求以隐性的形式出现。

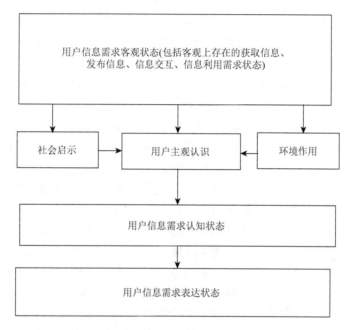

图 2-4　用户信息需求表达状态

如图 2-4 所示，无论用户的主观信息需求状态与客观信息需求状态的关系如何，都可以把用户信息需求归纳为用户表达出来的信息需求（显性的信息需求）和用户未能表达出来的信息需求（隐性的信息需求）。由于信息需求存在客观性、认知性和表达性，其中认知上和表达上的需求可视为主观信息需求，用户客观上的信息需求状态和主观状态之间存在着必然的联系，其内在机理表现为以下四个方面。

（1）客观信息需求与主观信息需求完全吻合，即用户的客观信息需求被主体充分意识，可准确无误地认识其信息需求状态。

（2）主观信息需求包括客观信息需求的一部分，即用户虽然准确地意识到部分信息需求，但未能对客观信息需求产生全面认识。

（3）主观信息需求与客观信息需求存在差异，即用户意识到的信息需求不尽是客观上真正需求的信息，其中有一部分是由错觉导致的主观需求。

（4）客观信息需求的主体部分未被用户认识，即用户未对客观信息需求产生实质性反应，其信息需求以潜在的形式出现。

以上（1）、（2）是正常的，其中第一种是理想化的；（3）是用户力求从主观上克服的；

（4）必须由外界刺激，在与用户交互中使信息需求由潜在形式转变为正式形式。

用户信息需求机理表明，用户的心理状态、认识状态和素质是影响用户信息需求的主观因素。除主观因素外，信息需求的认识和表达状态还受各种客观因素的影响，这些客观因素可以概括为社会因素作用于用户信息认知的各个方面，主要包括用户的社会职业与地位、所处的社会环境、各种社会关系、接受信息的条件、社会化状况等。概括各种因素，我们不难发现用户的信息需求具有如下特点。

（1）信息需求归根结底是一种客观需求，由用户（主体）、社会和自然因素所决定，但需求的主体（即用户）存在对客观信息需求的主观认识、体验和表达问题。

（2）信息需求是在用户主体的生活、职业工作和社会化活动基础上产生的，具有与这些方面相联系的特征。

（3）信息需求是一种与用户的思维方式和行为存在着内在联系的需求，其需求的满足必然使用户开展思维活动并由此产生各种行为。

（4）信息需求虽然具有一定的复杂性和随机性，然而却具有有序的层次结构，所以可以从用户客观需求的形成机制出发进行认知和表达层面的研究，以明确面向用户的服务目标。

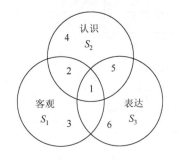

图 2-5　用户信息需求的状态描述

用户信息需求的客观、认识和表达状态，就其内容与范围而言可以用图 2-5 的集合表示。集合 S_1、S_2、S_3 之间的基本运算显示了其中的基本关系。

图中区域 1 表示用户客观的信息需求得以准确认识并表达出的部分；区域 2 为被认识的但未能表达的需求部分；区域 3 为未被认识和表达的客观信息需求；区域 4 为认识有误但未表达的需求；区域 5 为认识有误且已表达的需求；区域 6 为认识有误、表达亦有误的部分。通过集合的运算可以把握用户信息需求的基本状态。

2.3.2　隐性需求与显性需求状态转化

事实上，用户的信息需求状态并不是固定不变的，在一定条件下隐性和显性需求之间是可以相互转化的，其转化条件由社会环境、外界刺激和用户自身知识结构改变等因素决定。对此，可以利用日本学者野忠郁次郎提出的知识转化模型来表示显性需求和隐性需求相互转化的关系，如图 2-6 所示。

社会化是用户隐性需求显化的过程，主要通过用户学习、思考和实践等形式使个体认知发生变化，从而激发隐性需求的显化认知；外化是对隐性需求的明确表达，旨在将其转化成信息服务提供方易于理解的形式，利于与服务提供者或者系统进行交互，同时推动隐性需求向显性需求转化；综合化是一种显性需求整合的过程，通过一定方式和方法将分散的、不系统的和表达不准确、不规范的显性需求重组或提炼为新的、更加明确与系统化的显性需求；内化意味着显性需求转化为隐性需求，当用户接收信息后，通过吸收和利用使自己的知识结构发生改变，但由于信息的不确定性影响，从而会产生新的更高层次的隐性需求。

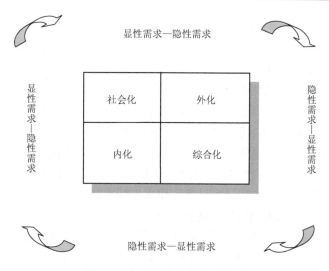

图 2-6 信息需求转化关系模型

通过分析信息需求状态及其转化可以得知：用户信息需求状态的转化可以视为信息需求认知状态的变化。这一认知上的改变通常是模糊的，且不容易清晰表达，所以通过信息的相关性或适合性判断，可进一步明确其需求。同时，系统化的表达在于使用户信息需求认知状态得以优化。因此，对信息需求的认知是客观信息需求的隐性状态向显性状态转化的需要，任何表达出来的显性需求往往由这一阶段引发。在大数据网络环境下，信息需求的构成依然包含着显性信息需求和隐性信息需求，两者的关系并没有变化。由于隐性信息需求在数字智能环境下呈现出不同于以往的交互与机器智能作用特征，从某种意义说，这更有利于我们改变其潜在信息的认知结构，有助于消除各方面的障碍，促使其向显性需求转化。

大数据环境下，挖掘用户隐性信息需求并促使其向显性需求转化是大数据应用与服务关注的重要问题，也是研究信息需求状态转化的主体内容。促进用户信息需求状态转化的因素包括社会层面、文化层面、技术层面的诸多因素。这里，我们从信息服务参与主体和客体的角度分析用户信息需求状态转化的引动，主要包括信息资源、用户和服务三个层面。

（1）信息资源层面。从信息资源的层面上提高用户需求状态转化效率，在于加强信息资源建设，以相对丰富的大数据资源来满足用户的信息需求，通过改善大数据资源环境促使用户隐性需求的全面转化。大数据资源建设是一项系统工程，需要有全局上的安排，通过与信息资源拥有者的合作，形成数字资源建设群体。在建设过程中，要统一标准规范，避免出现互不兼容的情况。同时，整合大数据资源，推进资源的深层融合。对于网络数字资源，要建立合适的指引库，即对有价值的网络资源进行分类指引，以便用户能明确所需的数字信息内容。另外，建立有效的大数据平台，使深层次的数据内容元素和信息单元以可识别和理解的方式定义、描述、指向、链接、传递和组织。在实现过程中，由于突破了网络系统间的功能分离障碍，有利于将原有的一些似乎不相关的网络数据和服务结合起来，进行重新组合和再利用，从而创造了有利于数据资源需求认知表达的环境，为隐性需求的显化提供了便利。

（2）用户层面。信息需求的表达是以一定的认知积累为前提的，用户的需求表达能力也受其认知结构和水平的限制。这意味着，并不是所有的用户都能明确自己的需求，更不是所有的用户都能正确表达出自己的具体需求。信息用户本身的知识结构及信息素养，都是隐性信息需求能否正确显化表达的重要原因。作为大数据应用和资源的使用者，用户还应充分了解所从事领域的发展前景，以便准确表达前瞻性需求。同时通过不断提高信息素养和使用大数据服务的能力，将隐性需求转化为显性需求，继而转化为信息交互行为。因此，信息用户应充分适应数据环境，促进其隐性信息需求的转化。用户利用数字信息作为信息活动的关键环节，在认识需求、获取信息的基础上进行，其利用水平和效果不仅取决于信息的价值，而且由用户的主、客观条件和工作状况决定。因此，有必要在信息需求转化中嵌入用户场景，为需求的认知表达提供支持。

（3）服务层面。处于这一层面的是各类的信息服务机构，信息服务机构可利用各种条件实现其存在的社会价值，促进数据资源的传播和数字信息的社会化利用。从总体上看，服务提供者在于满足社会的全方位信息需求，促使用户的隐性信息需求的显性转化。具体说来可以采用以下的策略：开展用户交互，同时提高用户利用数字资源的意识和能力；用户利用数字资源过程中的需求感知和认知表达直接关系到用户的资源获取和吸收；用户使用数字技术的能力对激发用户的信息需求也十分关键。用户使用数字技术的能力越强，信息需求由潜在形式转化为现实形式的效率就越高。因此，提高用户的信息意识和数字技术利用能力不仅是信息需求得到满足的需要，而且是数字信息服务在大数据环境下面临的挑战。大数据技术环境下，数字资源结构、内容和组织形式都发生了变化，相关技术的拓展应用处于重要的位置，所以必须对用户的特定需求提供服务，以满足其多样化需求。

2.4　基于需求认知表达的用户信息行为

科学地分析用户信息行为，揭示其中的基本规律，是实现用户科学管理和开展面向用户服务的基础性工作。用户信息行为泛指用户在一定的信息环境下实现信息交互、吸收和利用目标的行动。信息行为主体的认知、环境作用和目标活动是影响和决定行为方向、行为对象和行为结果的基本因素，研究用户信息行为机制在于寻求符合行为规律的交互服务路径和方法。

2.4.1　用户的信息行为特征与行为引动

用户的信息行为受用户自身需求目标和外在的信息环境影响，是一种与需求体验相联系的目标信息活动。处在一定环境下的用户，在社会、自然和个体因素作用下必然产生某种信息需求，信息需求的内容和形式作用于用户主体的认知，必然产生为实现某一目标的认知行为，即一定环境下的用户信息行为。用户信息行为产生的速度、强度和其他质量指标不仅受外部条件的约束，而且直接由用户心理活动和信息素质决定。

就本质而言，用户信息行为具有以下几方面特征。

（1）信息行为是人类智力活动的产物，所以可以从认识论的角度加以研究。

（2）信息行为由信息心理活动决定，所以可以利用心理学理论方法研究信息心理—行为规律。

（3）信息行为始终伴随着用户主体而发生，研究信息行为应与研究主体工作行为相结合。

（4）信息行为是一种目的性很强的主动行为，所以对信息行为可以从总体上控制和优化。

用户的信息心理和信息行为的联系可以用图 2-7 直观地作出表达。

图 2-7　用户的信息心理—行为

图 2-7 表明，任何用户都有着一定的信息意识。所不同的是，用户信息意识彼此之间具有差别，即使是同一用户在不同时期也具有不同的意识状态。当外界（用户任务、环境等）刺激用户时，用户便会产生信息需求。由于刺激强度、用户信息意识和知识结构等方面的差别，信息需求必然处于不同的认知状态，其中部分需求可能是潜在的。对于认识到的需求，用户将作出反应，产生满足需求的信息行为；对于潜在需求，用户也将在外界作用下加以转化，表现出行为倾向。

事实上，用户的一切信息行为都处于适应信息环境的自我控制之中，他们力图使信息行为最优化。这种心理—行为方式属于自适应控制的范畴。

用户信息行为由主体需求、认知、意向、素质和信息环境作用下的目标实现所决定。其行为既有信息用户所共有的特征，也具有个性特征。在行为研究中，用户动机和客观环境作用下的信息行为引动和过程分析，是首先要面对的问题。

用户信息行为由用户主体活动目标和目标引发下的信息需求决定，由主体内在因素驱动，在外部环境作用下产生。

按用户信息行为的内、外作用机制，可以从用户的客观因素和主观因素两方面出发进行分析，其主、客观因素关联体现了内、外在因素的综合作用。其中，客观因素包括用户的任务目标、需求结构、资源环境、交互关系等，主观因素包括用户动机、用户体验和用户素养等。表 2-1 归纳了这两方面因素对信息行为的引动作用。

表 2-1　用户信息行为引动及其因素作用

信息行为引动因素		信息行为引动因素的作用
客观因素	任务目标	用户的任务目标决定信息行为整体方向和行为所达到的结果
	需求结构	用户的需求结构决定信息行为的客观对象、行为内容和方式
	资源环境	用户所面临的资源环境是信息行为引发的外部条件，决定行为过程
	交互关系	用户与信息的关联和各种交互关系决定信息交互行为和行为对象
主观因素	用户动机	用户的主观动机是信息行为的内在驱动因素，决定行为目标和指向
	用户体验	用户体验在于对行为必要性和行为效果进行感受，由此引发行为产生
	用户素养	用户信息素养决定行为引发的及时性、行为方式合理性和行为有效性

以任务目标、需求环境和交互关系为背景，以用户主观动机、体验、素养为主导的信息行为引动，存在着内在的逻辑关系。例如，用户知识共享行为就存在着两个相互关联的行为：首先，知识拥有者通过知识交流行为，实现知识传递和提供共享的目标；其次，知识接受者通过知识获取行为，按需进行知识接受和利用。由此可见，知识共享中的行为主体是具有交互共享关系的知识交流各方，在共享平台中实现知识提供和获取的目标活动过程。

在交互环境下，用户虽然具有不同的行为动机，但行为引发机制却具有共性。在行为驱动中，揭示共享的内在机制则是实现信息共享的关键。在信息行为引动的理论描述中，理性行为理论从原理上阐述了其中的内在机制和关联关系。理性行为理论（theory of reasoned action，TRA）认为主体的行为由主体的理性化意向和思维决定，动机被看作是行为的前因。在理性行为理论模型中，用户表现出的特定行为受个人的意愿支配，其主体意向体现了某一行为的意向程度，而态度则是主体对行为可能产生的结果以及结果对主体的重要性而产生的对某一行为正面或负面的情绪反应，间接决定了主体的行为方向。在用户对他人行为态度表达以及交互行为中，主观规范具有约束行为的自觉性，反映了用户对自己行为后果的把握以及对他人行为的应对，从而使信息交互维持在相互信任的规范原则之上。理性行为引发的认知心理模型如图 2-8 所示。

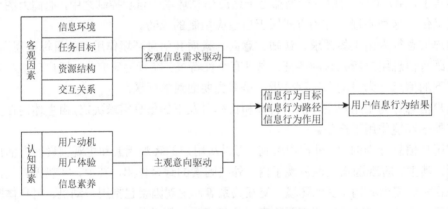

图 2-8　理性行为引发的心理模型

理性行为理论在描述用户信息行为引发和行为路径、特征与结果中，展示了其中的基本逻辑关系和客观因素与认知因素作用下的行为倾向。然而，在用户信息行为的深层次分析中，应体现用户主体对其信息行为的态度和自我控制机制。对此，拟从环境作用下的用户认知出发进行行为理念、规范理念和控制理念对行为态度、主观规范和行为控制的关联研究，以进一步展示行为目标和行为作用，从中优化信息行为调节过程。对此，Fishbien 等构建了计划行为理论模型（图 2-9）。

在计划行为理论模型中，其定义的核心要素关联构成了行为目标意向作用下的行为结果关系，其中控制理念的形成和控制作用体现为信息行为的调节。

模型中的行为意图表现为主体采取某种行为的倾向，这是在行为发生前期的意向；行为态度被认为是影响行为意图的主观因素，表现为对待行为的积极和消极态度；主观规范是行为主体受到他人的行为影响以及因所处环境影响而产生的行为动机约束,可以理解为客观因子对主体行为的作用。行为控制体现用户主体对行为的调节和掌握的程度,在交互数据共享中,如果具有信息共享关系的用户对自己的共享行为具有合理的引动与控制能力,就可以有效地安排信息共享活动,实现信息行为预期目标。

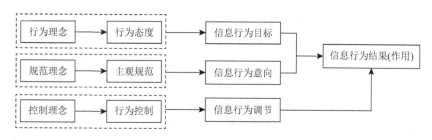

图 2-9　计划行为理论模型

2.4.2　信息行为的主、客观影响因素分析

事实上,用户信息行为的引发也是用户的动机、体验、素养以及条件限制影响因素的共同作用结果。其中:主观因素可归为用户动机、用户体验、用户素养等,由此决定了行为意向和行为能力;客观因素包括信息目标、需求结构、资源环境和交互关系等,决定了行为的实际发生和支持条件。根据行为理论,可以得出信息共享行为影响概念模型(图 2-10)。

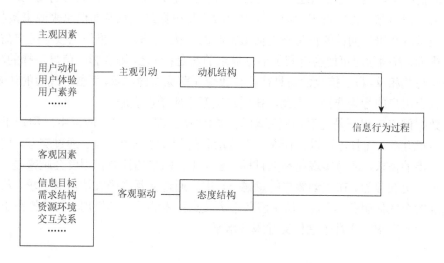

图 2-10　信息共享行为影响概念模型

用户的主观行为引动可以理解为用户贡献数据或交流知识的动机,客观驱动因素是促使共享行为发生的情景因素,决定了客观的现实态度。行为动机结构被视为用户引发信息和交互获取行为的基本条件,在行为过程中用户对客观条件的认识最终体现行为态度。这

几方面因素缺一不可，没有共享动机就不可能促成共享行为，而没有客观态度则无法实现行为目标，同时对于信息共享行为的引发也不会产生作用。由此可知，信息共享动机是促成信息资源共享行为的首要因素，而行为过程则是用户内部和外部环境的共同作用的结果。另外，信息共享行为的发生，不仅受到动机的驱动，也受行为主体能力的限制，如信息贡献者的表达能力必然影响到共享行为环节。

在信息行为能力引动分析框架中，对于动机激发用户的行为意愿，其中的主观因素由主体特有的性格、气质决定，客观因素则反映了主体所面对的环境和刺激因素，包括用户主体在一定时期内的一些不可控因素以及抑制或驱动行为的外在因素。在各方面因素作用下，用户的行为能力调节是重要的。例如，知识共享行为能力是指用户在交互共享知识时所需要的基本能力组合，表现为知识贡献者的共享能力和知识获取者的行为能力。为了提升知识共享水平，必须从改善能力结构出发，进行知识共享行为的优化。在分析中，我们可以进行基本环节的解析，将知识贡献能力视为贡献者对知识的提取、描述、交流等行为能力，将知识共享行为能力视为对共享工具的使用能力、挖掘工具的使用能力以及对知识的理解、学习和吸收能力。由此可见，用户的行为能力发挥决定了行为过程的优化和行为结果。

按以上的分析框架，可以提出相关的假设，通过实际数据获取进行行为的影响因素分析和行为过程描述。

大数据环境下，由于网络信息过载，使得用户难以做出正确合理的选择，无所适从。在这种情况下，情感、情境等因素常常会超过信息价值本身或用户原来的预期，而成为影响用户行为的重要因素，这便是信息行为的非理性特征反映。除了这种非理性之外，在数据超载的情况下，用户往往还会出现延迟选择，从而引起用户行为能力的弱化。

网络用户信息行为的首因效应，即用户较容易根据最先触及的信息来源来接收信息，因为最先呈现在用户面前的信息不受前摄抑制的干扰。这时，如果信息按与用户需求的相关度来排列，首因效应可能会有利于信息需求的满足；反之，则会影响信息选择的准确性。近因效应与此相反，最后接收的信息往往会改变先前原有的印象，而留下最后的认知印象，从而不利于用户的行为选择。因此，在用户交互中应予以克服。

大数据网络应用正是互联网向互动发展的体现。在互联网＋应用中，用户不仅可以通过人—机互动，而且还可以进行人—人互动和进行在线信息交互。通过交互，用户可以满足进一步的需求，从而实现超预期目标。事实上，网络的社会化程度会越来越高，用户交互需求会更加强烈。在主动参与的意愿下，用户通过交互准确表达自身需求，从而获得更加精准的个性化服务。当前，信息服务中大数据技术和手段的运用，其目的在于满足日益增长的交互需求，提升个性化交互服务水平。

第 3 章　大数据应用基础与服务技术

互联网＋背景下，信息资源的数字化和基于网络的数据交互，推动了数字信息服务向大数据应用层面的拓展，形成了数字信息服务深层次发展中的大数据应用基础。在互联网数字服务面向用户的发展中，鉴于网络数字信息服务的大数据化组织特征和应用的内在联系，其数字服务技术平台化保障至关重要。在技术实现中，应着重于面向资源管理环节和数字信息服务的技术构架，同时在数据应用与数字信息服务组织上，推进技术的标准化实施。

3.1　数字信息服务中的大数据应用技术基础

云计算、物联网为大数据应用提供了广阔的发展空间，互联网＋背景下各国都密切关注大数据在各行业领域中的应用。当前，蓬勃发展的数字化科研、智能制造、智慧城市和时空大数据等大数据应用技术，构成了面向用户的大数据应用基础。在数字智能和数据嵌入中，需要具备实时数据处理能力，通过大数据技术的应用为数字信息服务的开展提供保障。

3.1.1　大数据技术基础结构

在 3G 时代数据中心已经出现在互联网中，与应用相适应的大量数据资源存储技术开始广泛应用，例如视频服务就突破流量传输的限制，针对用户依赖本地存储的视频局限，将视频资源进行集中化处理。4G 时代随着数据传输技术的发展，云端的视频计算已经能够满足用户观看视频的需求，其视频数据资源存储，主要部署在云端，从而使视频数据资源向云侧汇聚。随着 5G 时代的到来，大数据存储容量的进一步扩大和动态实时大数据同步传输的实现，为复杂数据的实时获取与线上交互创造了有利条件，从而开拓了新的应用。与此同时，在数据获取、分析、可视化和嵌入过程中，智能层面上的应用发展迅速。在技术实现过程中，面向应用的发展取决于数据计算速度和存取速度的动态匹配，如果不匹配，慢的一侧就会制约计算效率而形成服务瓶颈。在大数据环境下，虽然 CPU 的计算能力在不断提高，但技术上的障碍仍存在于云计算服务之中。面对这一问题，云计算把大量数据分解为大量的小程序进行处理，通过这一方式提供软硬件和相应的计算资源，从而进行面向用户的共享保障。这一情景下，互联网也正从传统意义的通信平台转化为大型计算平台。因此，随着传输技术的发展，终端业务和云端业务统一融合已成现实。

早期基于大数据的云服务分为公有云、私有云和混合云三种。随着云服务的发展，云端数据计算已成为一种普遍需求，而不仅仅只是满足某一用户对象的业务要求。由于公有云、私有云和混合云模式并不能完美地适用所有的云服务业务，所以在不同的应用环境下可根据业务需求来进行相应的部署。一般来说，计算密集型和输入输出（input/output，I/O）密集型的业务数据流组织更适合部署在云端。云服务的发展，倾向于在线、离线的混合结构，按照用户服务需要进行资源调用。这样就可以通过离线模式来解决复杂大数据网络环境的问题，通过多种云端解决方式来满足低延时服务要求。另外，大数据行业应能满足支持混合结构的主流需求，其方式是从操作系统层面支持混合大数据架构和远程调用，以满足用户的便捷服务需求。

大数据应用技术随着用户的需求变化，形成了不同的应用服务项。对于用户而言，数字资源虚拟利用是其习惯，通过虚拟界面可以有效进行远程云端资源和终端资源的汇集，避免过多的频繁切换操作，所以也更加依赖于云端大数据服务。对于用户系统提供的硬件接口，重点在于完成云端和本地的资源切换。这种方式以终端资源为依托，通过云端计算资源完成应用服务。在这一应用中，存在虚拟桌面基础架构（virtual desktop infrastructure，VDI）和智能桌面虚拟化（intelligent desktop virtualization，IDV）实现技术支持问题。相关应用显示，IDV 的技术侧方案在用户体验上比虚拟桌面更具优势。从整体上看，这两种服务方式本质上都是通过操作系统来完成跨硬件系统的工作，其要点是将云端系统的技术实现进行封装，在高速率数据传输支持下，能够同时满足用户的体验需求和低延迟要求。

相关机构预测，到 2030 年，人均将拥有三台以上的数字设备。在设备使用中，这些具有计算和采集功能的数字设备，将会形成面向用户的大数据应用场景。随着大数据计算资源成本的降低，以用户为中心的大数据应用服务通过实时调用云端及终端大数据资源，针对不同的数字业务，实现资源的无缝链接和利用。在教育、医疗、金融、制造等领域，大数据扩展和集成需求尤为突出，其应用服务包括数字化教育、医疗健康大数据服务、金融大数据网络支持、智能制造服务、智慧城市与公共大数据应用服务等。在面向用户的数字信息服务组织中，大数据应用离不开同步信息传输和交互技术支持，从应用基础上看，包括大数据网络基础设施建设、大数据资源建设和基于大数据应用的服务技术支持。在大数据环境下，数据分布式存储，所存储的数据的体量非常大，如何管理好数据资源、保证数据的安全存取，是大数据资源应用的基础保障。大数据应用和基于大数据的数字信息服务组织在大数据网络环境和数字技术支持基础上进行，其应用基础包括网络设施基础、数据资源基础、服务组织基础和用户利用基础。

从总体上看，大数据应用在互联网基础设施和具有实时大数据处理、传输与存储的软硬件支持下实现，按物理设施的基础功能，需要进行多方面的协同构建。大数据网络数字资源是信息化发展中的基础性资源，其资源管理涉及数字信息资源的采集、处理、存储和基于网络的数据流融合；在数字智能和互联网＋背景下，基于大数据应用的服务机制变革，集中体现在数据嵌入、数字智能和面向应用的服务功能集成上，这就需要在改变原有服务结构的基础上适应大数据应用的数据环境；在大数据应用与数字信息服务组织中，用户需求认知和数字化信息利用应与基础环境相适应，其中智能交互和基于用户场景的大数据应用处于重要位置。鉴于网络设施、数据资源、服务基础和用户利用的内在关系，其交互作用决定了应用基础结构和服务组织。

　　大数据应用基础建设离不开信息化的网络数字环境,需要在信息化基础设施基础上为大数据应用和数字信息服务组织提供全面支持。这意味着在实现基于数字网络技术的基础建设中,信息技术的应用必须与大数据应用同步。技术推进中,如何组织技术研发和应用是必须解决的重要问题。因此,有必要从大数据应用与服务所依赖的信息管理技术来源、构建和应用层面出发,针对其中的关键问题,进行技术推进。

3.1.2　信息管理框架下的大数据应用技术构建

　　大数据应用与服务所依赖的信息资源管理技术涉及信息搜集、加工、存储、转换、交流、提供和利用等基本业务环节,包括计算机技术和通信技术在内的信息技术为其基本的技术来源,而更广范围内的信息管理与服务实践的发展确定了基本的大数据与数字信息组织技术框架。

　　信息管理以信息技术的发展为基础,信息技术的进步不仅改变着信息载体的状况,而且决定着信息的组织、开发和服务机制。从技术推进的角度看,其发展路径如图3-1所示。

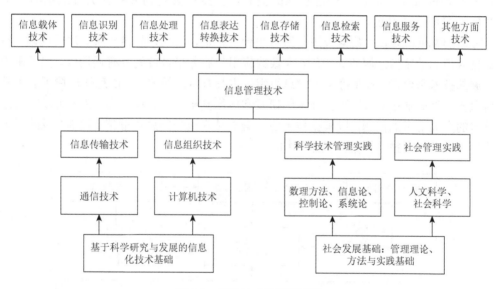

图 3-1　信息技术的发展路径

　　在社会信息化发展中,世界各国都十分重视信息组织与服务技术的推进。20世纪70年代以来,一些国家和国际组织的信息计划纷纷推出并实施,如法国以诺拉和孟克1978年报告为起点的信息计划,英国发展信息技术的埃尔维计划,欧洲高级通信研究计划（research in advanced communications for Europe，RACE）、欧洲信息技术研究和发展战略计划（Europe strategic program for research and development in information technologies，ESPRIT）。其中,最引人注目的是美国政府 1993 年 9 月制定的国家信息基础设施（national information infrastructure，NII）行动计划。这些计划的推出和实施既是信息社会发展的需要,又是社会信息化阶段性发展的结果。它标志着信息管理技术发展时期的到来。20 世纪末至今,世界各国持续地推进了互联网升级，不断加快互联网＋数字化科学研究、智能化服务、数字物流和大数据网络建设进程。

在新的技术发展时期，技术推进与网络基础建设有机结合。随着技术发展，发达国家相继启动了新的信息技术发展计划。2003 年由美国国家科学基金会（National Science Foundation，NSF）资助的"网络信息基础设施：21 世纪发展展望"研究报告被美国联邦政府采纳。欧盟执委会在"第 7 框架研究与发展计划（2007—2013）"中，不断强化信息技术与信息资源管理技术的研究和应用。2015 年以来在包括数字医疗、智慧城市、智能制造和大数据应用驱动下，包括中国、日本和韩国在内的亚洲国家也不断加强基础技术投入和大数据网络基础建设。由此可见，信息管理技术的发展已经走上了一个新的台阶。

在大数据资源组织与服务中，平台化技术是对所需的大数据应用技术的集成，其技术包括大数据网络构建技术、数据资源管理技术、数字化存储与信息转换技术、数字信息资源整合和服务技术等。大数据应用与服务平台来源于信息技术，是信息技术运用于大数据应用和服务的技术组合。显然，信息技术的进步决定了大数据应用与服务技术平台的发展，而技术平台水准的提高，又直接关系到大数据资源组织与基于平台数字信息服务的开展。

在新的发展阶段，大数据应用与服务平台的推进，已成为业界普遍关注的问题。对于大数据应用和数字信息服务的组织，大数据应用与服务平台首先具有通用性，要求采用同步发展的技术平台，同时在跨系统信息组织中也具有特定的要求。信息化环境下的大数据平台服务，要求建立在信息平台技术的研发和应用基础之上。基于此，完全可以在信息管理技术的全局上考虑问题，以根据技术应用确立技术推进的总体框架。图 3-2 反映了大数据应用与服务平台技术框架的基本结构。

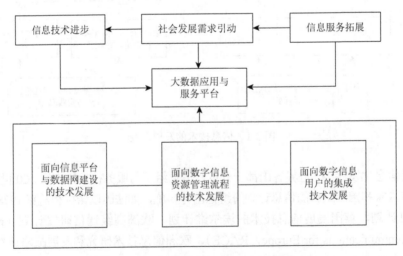

图 3-2　大数据应用与服务平台技术框架

图 3-2 表明，社会发展对大数据应用与数字信息服务提出了平台化要求，面向用户的平台服务必然依赖于网络化数字信息管理技术的进步，而数字信息技术推进又源于科学技

术进步。与此同时，大数据应用和平台服务的拓展与信息技术相互依赖，从而决定了平台技术推进体系的形成。

从信息平台建设角度看，平台技术推进中最迫切的问题是面向信息平台与数据网络建设的技术发展、面向数字信息资源管理流程的技术发展和面向数字信息用户的集成技术发展。

（1）面向信息平台与数据网络建设的技术发展。大数据环境下的信息平台与网络技术水准决定了平台服务的发展水平，其中网络技术水平的提高和升级，对于平台构建至关重要，特别是在网络上的系统互操作，必然随着计算机、通信和大数据网络技术的更新而发展。

（2）面向数字信息资源管理流程的技术发展。面向数字信息资源管理流程的信息技术发展体现在交互网络中数字信息资源管理的流程实现上。在面向数字信息资源管理流程的技术推进中，数字信息资源组织、开发和利用技术的发展对数字信息管理有全局性影响。当前，新一代网络组织技术、数据分析技术、数字内容开发技术、知识识别技术、数据单元检索技术、应用构建与安全等方面的技术，构成了完整的技术体系。

（3）面向数字信息用户的集成技术发展。大数据应用平台建设的最终目的是提供服务，信息平台如何根据用户的深层次需求提供高质量的服务是其中心环节，由此提出了用户潜在需求的发掘和面向用户的服务汇聚要求，这就需要在服务上实现个性化、互动化和全程化。对于跨系统信息平台服务而言，更重要的是提升服务的价值和水平，以此决定服务技术发展的基本内容和模式。

以上三方面问题构成了大数据应用与数字信息服务平台技术推进的基础。在这些基本问题的解决上，应有全面规划和系统的实现方式。

源于信息技术的信息管理技术是建设大数据与数字信息服务平台和实现社会化服务目标的基础。与此同时，平台服务的发展对信息技术推进提出了新的要求。二者相互依托、促进和发展，从而决定了大数据与数字信息服务平台技术推进的基本模式。从信息平台构建与运行上看，其关键集中在平台信息组织和基于平台的服务实现上。

数字信息组织技术涉及数字信息搜集、加工、存储、转换、交流、组织、提供和利用等基本业务环节。在大数据应用与数字信息技术发展中，应强调面向对象的技术构建，以便明确信息化技术推进以及信息平台技术的发展目标。

在更广范围内，信息管理技术推进存在着三个层面的基本问题：第一，从技术构建基础层面组织通用的平台技术研发；第二，从技术应用层面推进信息平台专门化技术的应用；第三，从信息平台管理层面进行技术的拓展。在三个层面的基础上，技术推进的实质在于实现信息平台组织技术的规范化。

3.2　大数据应用与数字信息服务发展的技术推动

大数据技术发展与大数据应用具有不可分割的自然联系，互联网、云计算与智能技术应用决定了基本的技术应用结构。因此，有必要从技术应用出发，明确技术发展路径，进行技术的应用拓展。

3.2.1　互联网、云计算与智能技术的发展影响

在信息化深层次发展中，大数据资源的存在形式、数字信息组织和面向互联网用户的交互利用，离不开数字网络技术的进步。在技术的关联和交互作用上，互联网技术、云计算技术和人工智能技术的发展和应用，决定了大数据应用与数字信息服务的总体构架。

1. 互联网技术发展影响

互联网技术是在通信技术和计算机技术基础上发展的信息技术，其通过基于互连的多种形式通信网络实现计算机的广域互通，以此支持信息的网络化传输、数据存储与计算资源的交互利用。信息化发展中，互联网技术的进步、基础设施的升级和软硬件资源的共享，已成为衡量信息化水平的重要标志。互联网的不断发展，从根本上改变着信息资源的存在形式、传播方式和组织形态，基于互联网的信息组织与服务由此成为数字信息服务的发展主流。

从总体上看，互联网技术发展集中体现在加快信息传输速度、拓宽数据交互渠道，推进数字信息面向用户活动的嵌入，以及促进多元化软硬件开发上。因而，互联网技术与各领域的融合成为信息化发展的必然。在数字化资源利用上，互联网技术包括硬件、软件及应用。其中：硬件包括网络设施、信息存储和通信设备等；软件包括应用于数字信息处理与数据分析的工具，信息采集、存储、组织软件，以及各种辅助应用支持等；应用包括各种形态信息的嵌入利用，如数字化辅助决策、数据挖掘、大数据搜索和信息保障等。

在互联网技术面向对象的应用中，软硬件具有不可分割的关系，所以可将其融为一体进行构建，以此支持数字信息的存储、处理和传输，从而形成基本的基础设施支持体系。在实践中应充分利用基础资源进行面向各领域的网络服务拓展和推进大数据层面的互联，即向知识数据互联和互联网＋方向的发展。其主要内容包括：一是网络通信与计算机技术的融合；二是实现互联网应用的深层次发展。随着技术进步和应用拓展，数据计算、信息处理与通信系统进一步密切结合，当前正以新的方式将虚拟分布的网络资源，通过数据传感、控制、软件应用连接起来，从整体上促进了工业互联网、物联网、智慧网络和智能服务的发展。显然，这些变革构成了大数据应用于数字信息服务的技术基础，其中趋势性变化和影响如下。

（1）互联网协议（internet protocol，IP）网络与光传输网络的融合可有效解决 IP 承载网络与光传输网络异构问题，克服独立运行导致的网络障碍。基于 IP 层与光传输资源的动态协同，异构融合技术的应用可适应高可靠性、高灵活性、高利用率的工业互联网和物联网应用环境。由此可见，IP 与光传输层融合技术，在大数据应用与服务中具有重要价值。

（2）分布式数据库系统的技术发展。在互联网＋发展过程中，以区块链为代表的交互网络，在数据构成上进行了数据库系统逻辑上的统一，实现了基于物理节点的数据存取，

在去中心化的同时具有透明性。在分布式数据交互中,可实现可靠数据的流通与安全目标。当前,在工业互联网数据采集、存储、分析、交换过程中,其技术发展集中体现在数据库系统安全防护、控制感知、风险响应和主动防御与控制上。

（3）数字对象构架技术。数字对象架构用于实现数字信息的有效识别,继而进行定位和应用设置。其架构技术作为工业互联网标识体系搭建的关键技术,可广泛应用于互联网＋中数字对象的解析和管理。其应用可实现异地、异构数据资源的智能化采集,进行内容识别关联,支持数字信息的逆向查询和搜索,在大数据网络中针对物理对象的互操作同时具有面向应用的拓展性。

（4）网络数据处理技术。互联网＋发展中的网络数据处理处于重要位置,对数据进行实时诊断具有现实性。网络数据处理技术基于模型的数据驱动算法,通过运用状态物理数据、社会统计数据、传感器获取的数字信号,针对性地进行不同来源和形态的数据处理,从而实现数据面向场景的组织目标。网络数据处理技术在互联网大数据应用中形成,在面向应用的数字信息网络化服务中发展。

2. 云计算与大数据技术的关联

云计算是指在互联网中将网络数字资源、软件和硬件资源统一组织,成为具有虚拟应用特征的数据存储、传输、处理、计算和共享技术。云计算在互联网运行中,具有网络技术、数据计算技术、信息管理技术和应用技术的集成特征,所以可以方便地利用云计算组成资源池,按需构建,便利应用。就数字资源结构而言,包括视频、图形、文本数据及各类测量统计数据在内的网络资源,在云计算环境下,客体对象都存在着各自的标识,都需要云平台进行逻辑处理,以提供面向用户的应用。

互联网大规模分布式计算技术可视为云计算的开端,2011 年美国国家标准与技术研究院进一步明确了云计算的概念,认为云计算是一种资源技术管理构架,通过利用网络设施、服务器、存储器和应用服务,通过快速、高效地自动匹配,满足用户的个性化需求。此后,在云服务持续发展和应用拓展中,广义云服务被视为面向需求的服务交付和使用,即通过网络以虚拟化方式将计算机资源予以抽象、转化后呈现给用户,以提供用户可选择的分布资源,而不受资源的物理形态、地域和边界条件的限制。其中,分布式网络存储技术应用,旨在利用多台存储器分担数据存储负荷,以解决集中式存储系统中服务器瓶颈和容量限制问题,以此提高存储可靠性、可用性和可扩展性。显然,云计算的数据分布存储、处理和虚拟化,在更广范围内适应了网络大数据环境和大数据应用的需求。

云计算通过提供动态的、可选择、可扩展的虚拟化资源来服务用户,在这一技术环境下,用户无须掌握云计算的构架技术和操作技能,便可以方便地使用云数据资源和服务。对于采用云计算的服务方来说,通过共享云基础设施,在一定环境中进行面向多用户的应用开发,便可以在保障网络安全的前提下组织面向用户的定制服务。

在大数据应用与数字信息服务组织中,云计算与大数据技术具有不可分割的内在联系,从某种意义上说,正是云计算的虚拟化技术支持着海量数据存储、大数据管理、分布式计算应用和云平台管理。

（1）虚拟化技术实现。虚拟化技术使用者并不需要定位计算机系统所在的物理空间位置，只需要在互联中按计算资源的交互利用规则，便可以实现工作目标。云计算的虚拟优势在于通过虚拟机制下的资源交互，在整体上扩大了硬件容量，简化软件配置，支持更广泛操作的实现。通过虚拟化技术可实现软件应用与底层数据的结合，从而形成虚拟资源的聚合机制。在基于云计算的大数据应用中，按对象的虚拟化可区分为存储虚拟化、计算虚拟化、网络应用虚拟化等。大数据应用中，云计算虚拟化建立在云服务的基础之上。

（2）分布式大数据存储。分布式大数据存储是指分布于互联网的云计算系统，采用分布式存储方式为大量用户存储数据，采用冗余处理方式进行数据处理，同时保障数据的完整性。这种分布式数据存储具有数据量巨大的特点，同时可以利用存储器替代集中式超级计算存储，从而适应大数据的分布存储和高效调用的需要。在大数据应用中，随着数据量的加速增长，分布式大数据存储方式具有数据资源分散分布和汇集利用的优势，可以满足动态数据存储、交换、传输和嵌入利用的需要。在基于云计算的大数据应用中，其技术兼容性强，所以具有广阔的发展前景。

（3）海量数据管理与计算。大数据计算需要对分布的海量数据进行处理和分析，所以数据管理技术处于重要位置。云数据管理技术必须适应高效管理大数据的需要，以实现大数据资源的深层次发掘和应用目标。在海量数据管理中，云计算系统的常用技术有 Google 的 BigTable 数据管理技术、Hadoop 开发的开源数据管理等。实际应用中，由于云数据存储管理形式不同于关系数据库管理系统的数据管理方式，如何在规模巨大的分布式数据中寻找特定的数据，是必须面对的问题。数据管理系统管理形式上的差异往往造成数据库接口技术难以直接移植到云端，所以云数据管理接口拟在关系数据库管理系统和 SQL 基础上进行面向高效访问的拓展。

（4）云计算应用与平台技术发展。云技术提供了分布式的数据存储与计算支持，现实中所采用的分布式编程和并行计算模式具有普遍性。如 Map Reduce 作为一种编程和任务调度模型，主要用于数据集的并行计算和并行任务调度处理。显然，这一模型对于大数据应用服务与数据分析具有针对性。需要注意的是，在有效管理分布式应用程序服务器的同时，还要保证应用部署运行的安全。对此，在大数据应用与数字信息资源服务中，拟进行云计算应用平台技术的进一步拓展。

3. 人工智能技术支持与应用

人工智能已成为数字信息应用和大数据资源组织的重要技术工具。国际数据公司（International Date corporation，IDC）预计，2025 年至 2030 年，人工智能技术的产业化应用将以每年 127% 的速度增长。从大数据应用与数字服务的技术实现上看，深度学习、数字智能正融入科学研究、技术创新、产业活动和社会生活的各个方面。

在人工智能技术应用与信息服务的组织中，2015 年以来其应用领域迅速扩展，如谷歌、微软、亚马逊等公司不断强化应用研究，从多方面提高了自然语言处理和人机交互应用水平，同时开发了计算机视觉识别和分析工具。我国在公共领域和各专门领域不断推进了人工智能的应用，使之嵌入到愈来愈多的应用工具之中，其中包括数据智能分析程序、数字助理、智能家居、智能交通等。

人工智能在大数据应用与数字信息服务中，已成为不可缺少的核心技术。在人工智能技术应用中，智能代理是应用成熟且比较普遍的技术，它使计算机应用趋向个性化。

智能代理技术，是根据用户的需要使用自动获得的领域模型、用户模型进行信息收集和过滤，自动地将用户感兴趣的有用信息提交给用户。代替用户进行信息查询、筛选及管理等方面的工作。智能代理在某一环境下能持续自主地发挥作用，具有环境反应性、适应性和推理能力，所以是平台个性化服务中不可缺少的技术。

智能代理有智能性和代理性两个主要技术特征：智能性是指系统使用推理学习和其他技术来分析相关信息和知识的能力特性；代理性是指系统通过环境感知产生相应动作的能力特性。

智能代理技术包括内容技术和访问技术。智能代理技术，可以支持不同程度的智能引擎，包括各种形式的推理引擎、学习引擎。通过引擎，用户可以创建、修改规则和知识工具，可以有效地调用所选择的工具。内容技术是指机器用于推理和学习的数据，主要包括属于结构化知识的规则、语法，以及大量非结构化的通用知识；访问技术是为代理交互而提供的交互支持技术。外界是代理的交互对象，应包括所需要的信源、用户和应用系统。

3.2.2　技术融合背景下的大数据应用与数字信息服务推动

互联网技术、云计算技术与人工智能技术的融合，形成大数据应用与数字信息服务的技术构架。与此同时，应用与服务的不断拓展，进一步促进了技术的不断进步。这是一个良性循环的发展过程，在社会化推进中理应确立有利于服务发展的技术推进体系。

大数据应用与数字信息服务，由于新技术的采用，分布、异构的数字资源已融入信息交互利用之中。基于数字技术，数据可以在网络中交互。传统的系统界限已被突破，系统之间的融合已成为网络大数据资源组织的必然趋势。因此，在网络大数据资源管理中通用技术必须具备管理和处理各种数字载体资源的功能。这种功能集中表现在网络技术和云计算及人工智能技术的具体应用上，涉及信息采集、处理、存储、传递、共享与交流等方面。大数据技术推进主要包括以下几方面。

（1）数据传输技术推进。数字网络条件下，数据传输技术在信息组织、传递与服务中具有关键性的作用，技术推进包括：实现大数据传输技术与通信技术的同步发展；将数据传输技术纳入国家规划管理和国际合作的轨道；实现音、视频信息识别、传输的结合，以适应包括文字、图形、语言和其他信号在内的多种数据传输的整合，达到多网合一的目的，以此出发进行传输技术推进；强化数据传输处理与交换技术，推动多路复合技术和互联传输技术的发展；将最新技术应用于数据传输工程，研究信息基础设施中的关键技术问题，提高多路传输速度。

（2）信息资源数字化技术推进。在大数据平台建设中，信息资源的数字化是指将非数字信息资源转化为数字信息资源，以进行信息资源的全数字化管理。非数字信息资源的数字化转化，最初是通过人工识别和人工录入方式进行的，显然这种方式已远远不能适应行业信息化发展要求，所以应利用数字化技术实现信息资源的有效转化。按信息载体区分，数字化转化技术包括文字型信息的数字化和音频、视频资料的数字化等。以往，对于记录的信息，主要利用光学字符识别技术进行识别处理，将其转化为点阵图像文件，最后通过识别软件将图像中的文字转换成文本模式。显然这种技术难以适应大数据环境，理应采用新的技术构架。

（3）数字资源组织、揭示与检索技术推进。数字资源组织的核心是信息的云分布存储与数据库技术，其技术推进建立在信息存储硬件技术、数据开放存取和数据库共享技术基础之上。数据存储技术推进机制是通过资源的分布结构，进行数字资源管理、组织、保存和索取。

（4）数字资源智能化组织技术推进。大数据资源网络组织技术经历了一个不断更新的过程，目前正处于新的变化之中。互联网＋使用的普及，使得 Web 服务器数目众多，但大量的数据被"锁"在各个分离系统的中央数据库中，要寻找它们往往只能通过搜索程序或固定的渠道进行。如何使用户不受数据的实际存储位置限制，跨时空地使用信息资源，较理想的解决办法就是通过建立跨越 Web 服务器的数据集成应用程序来实现。目前，大数据网络利用协议规范和数据库技术，其目的是创建一种架构在操作系统和 Web 之上的新一代数据基础。在技术推进中，当前的重点是实现数据处理的分布化、协作化和智能化。

以用户需求为导向的大数据网络资源组织与开发已成为大数据应用服务的发展趋势。从技术层面上看，大数据应用服务不仅要求面向数字信息管理环节向面向用户的技术发展转向，进行基于互联网、云计算和智能技术的融合开发，还要求与现代技术和社会发展同步，以此构建新的技术基础和环境。这种结合是对大数据环境的适应，可以概括为大数据技术的综合发展模式。

基于互联网、云计算和智能技术的大数据应用与服务技术发展如图 3-3 所示。从总体上看，大数据技术源于信息技术面向互联网＋、云技术和数字智能的应用发展，在大数据应用和基于大数据的数字信息服务中，有着鲜明的针对性。一方面，技术创新需要围绕核心技术进行，其中包括数字识别与数据组织技术创新，由此形成原发性技术开发思路；另一方面，就核心技术发展而言，需适应新的数字网络硬件环境，不断进行应用拓展。

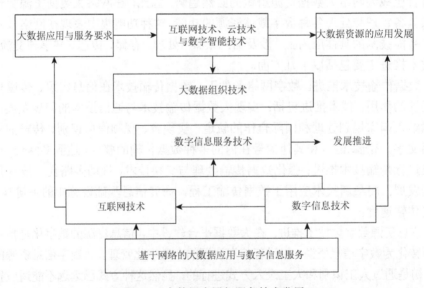

图 3-3　大数据应用与服务技术发展

　　大数据技术在面向用户的网络服务发展中,应与服务结合,以此进行基于大数据资源管理与服务融合的集成构建。另一方面,这种构建又以面向用户的服务拓展为基础。这一客观事实决定了技术的发展路径。

　　基于互联网的大数据应用与服务发展离不开现实的技术支持。从总体战略目标上看,其技术发展策略又必须面向未来的网络发展与用户需求的变化。因此,应在立足于现实的前提下,关注以下问题。

　　(1)将数字化信息资源共建共享与面向用户的个性化数据资源开发和服务结合起来,构建既适应共享环境,又满足用户个性化需求的服务技术体系。

　　(2)强调基于用户体验的信息构建技术应用,将用户认知空间置于大数据空间中进行展示,以此推进分布式、多用户的多维技术发展。

　　(3)在技术构建中强调大数据技术与核心信息技术同步,重点发展面向用户的数据管理、云计算交互技术,促进一体化工具开发机制的形成。

　　(4)将大数据资源管理与数字信息服务技术作为一个整体进行规范,实现基于共享技术的资源整合和服务集成,为多网合作和整合提供技术支持。

　　(5)实现数字信息技术管理的规范化,强调大数据技术使用中的知识产权保护及各方面利益的维护。

　　(6)以数字信息资源技术为基础,推进多模态数据的整合、服务集成和数字嵌入的发展,推进面向用户的使用。

3.3　大数据应用与数字信息服务安全技术支持

　　大数据应用与数字信息服务安全不仅包括数据安全、资源组织和服务安全,而且包括网络安全、物理环境安全和应用安全。大数据应用与数字信息服务组织建立在安全的网络环境基础上,在网络安全前提下的安全技术应用围绕大数据资源安全、服务安全和安全风险控制进行。

3.3.1　大数据安全防护与访问控制技术

　　大数据安全防护不仅涉及数据加密保护,而且包括大数据平台安全和应用安全。在大数据安全保障的技术实现中,存在着基于数据流程的全面安全维护问题,所以需要从数据安全、数据平台安全和访问控制安全出发进行数据资源安全保障的技术实现。

1. 大数据加密保护与平台安全保障

　　大数据资源的分布存储和基于网络的传输与利用,提出了全面安全保障要求。由于大数据承载了海量高价值的信息,核心数据的加密保护仍然是增强大数据安全的核心。只有加强对大数据平台中敏感关键数据的加密保护,使任何未经授权的用户无法获取数据内容,才能有效地保障数据安全。

大数据加密可以采用硬件加密和软件加密两种方式实现，每种方式都有各自的优缺点。传统的数据加密方法需要消耗大量的 CPU 计算资源，严重影响了大数据处理系统的性能。而大数据加密一方面保障平台的数据安全性，另一方面还能满足大数据处理效率的要求。为此，一些面向大数据加密的新型加解密技术应运而生，如采用数据文件块，数据文件、数据文件目录、数据系统的方法来实现快速的数据加解密处理等。

2014 年云安全联盟（cloud security alliance，CSA）提出了大数据数据加密的 10 个技术课题，其内容如图 3-4 所示。

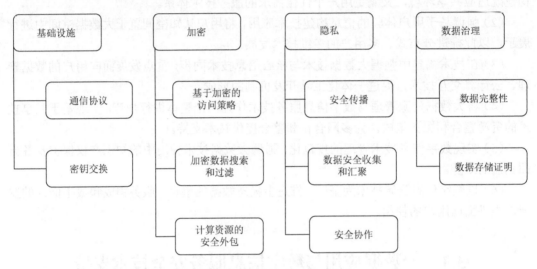

图 3-4　CSA 大数据安全技术支持

对于大数据平台而言，由于需要不断地接入新的用户终端、服务器、存储设备、网络设备和其他资源设施，其用户数量巨大，当处理大量数据时，用户权限的管理任务就会变得十分繁重，导致用户权限难以有序维护，从而降低大数据平台的安全性和可靠性。因此，需要进行访问权限细粒度划分，在技术上构建用户权限和数据权限的复合组合控制方式，提高对大数据中敏感数据的安全保障。

对于大数据安全防护而言，预警安全威胁和恶意代码攻击是重要的安全技术手段。安全威胁和恶意代码预警可以通过对历史数据和当前实时数据的场景关联，对数据的安全风险进行分析，以识别潜在的安全威胁，达到更好地保护数据的目的。在预测分析中，可结合机器学习算法，利用异常检测算法，提升对安全威胁的识别度，从而更有效地解决大数据安全问题。

对大数据系统间或服务间的隐秘存储通道进行稽核，同时对大数据平台发送和接收的信息进行审核，可以有效发现大数据平台信息安全隐患，从而降低数据的安全风险。例如，通过系统应用日志对系统操作或应用操作进行审核，以及通过备份对系统应用配置进行审核，可以判断配置信息是否被篡改，从而发现系统或应用异常等安全威胁。

大数据安全漏洞源于大数据平台和服务程序的设计缺陷留下的漏洞，致使攻击者能够在未经授权的情况下利用漏洞访问或破坏大数据平台及其数据。在安全保障中，大数据平台安全漏洞的分析可以采用白盒测试、黑盒测试、灰盒测试、动态跟踪分析等方法。

目前，大数据平台大多采用开源框架和开源程序组件，在服务程序和组件的组合中，可能会遗留有安全漏洞隐患。开源软件安全加固可以根据开源软件中不同的安全类别，使用不同的安全加固方式，修复软件中的安全漏洞和安全威胁。动态污点分析能够自动检测覆盖攻击，不需要程序源代码和特殊的程序编译，在运行时直接执行程序。

在大数据安全操作认证中，可采集用户行为及设备行为的的数据，通过对这些数据的分析，可以鉴别操作行为及设备状态，从而弥补传统认证技术的缺陷。

通过基于大数据的安全认证，可以使攻击者很难模仿用户的行为来进行操作，以此来降低安全风险。另外，这种认证方式还有助于降低用户的负担，不需要用户通过 USB Key 等认证设备进行认证，可以更好地支持系统认证。

大数据安全防护技术的发展方向：一是完善大数据安全的关键技术，其中涉及大数据生成、存储、处理、应用等环节的安全防御和保护；二是大数据的收集、整理、过滤、整合、挖掘和审计，进而促进平台安全保障的全面实现。

CSA 认可的大数据安全和隐私保护可扩展技术，在数据安全存储、大数据隐私管理、数据完整性保障和大数据技术安全评估中具有较强的适应性；在大数据基础设施的安全性分析和数据安全监测中具有针对性。另外，对于数据应用的网络架构与系统入口安全防护，其适用技术包括防火墙和入侵监测等；对设备层可以采用安全及物理保护技术、设备处置与重用安全技术、终端安全管理技术、接入设备安全防护技术等；在数据传输过程中，数据加密通过加密算法为数据流的上传提供有效保护，以实现信息隐蔽，同时使用数据脱敏技术对脱敏效果进行管控。为了平衡数据保护和共享需求的关系，可以在增加透明度的同时，降低隐私泄露风险。

为加大数据强细粒度授权管理力度，可以根据大数据的密集程度和用户需求的不同，对数据和用户设定不同的权限等级，并严格控制访问权限。实际操作中，需要对数据流主客体、数据访问权限、用户登录授权、数据许可规则执行等进行管控。

2. 大数据访问控制安全

（1）基于角色的访问控制（role-based access control，RBAC），可在不同权限层次对用户访问进行安全管控。其中权限分配可以由系统管理员按条例执行。RBAC 强调对限权的预先分配，并不针对用户访问权限的使用进行实时监管控制。鉴于用户角色的复杂性和云服务部署安全域之间的交互影响，采用 RBAC 模式进行访问控制，其安全保障面临较大的风险，主要是缺乏过程控制机制，有可能在安全事故发生之后才作出反应，从而使控制延误。为了提升大数据系统访问控制的安全水平，需要在 RBAC 基础上对访问控制方式进行改进，如对用户角色的识别引入信任值，确定用户的信任等级。从使用机制上看，RBAC 方式适用于云内部，对于跨平台访问控制，还需要采取针对性的安全控制方法。

（2）基于属性加密的访问控制（attribute based encryption-access control，ABE-AC）

与基于角色的访问控制不同，ABE-AC 方式可以兼顾用户隐私和共享数据安全。ABE-AC 通过密码技术的应用将用户身份属性作为密钥对待。ABE-AC 最初由 Sahai 等提出，通过加密实现了用户属性集和访问控制的结合。ABE-AC 的优势在于通过加密，防止用户的非法访问，机构只需要根据属性集进行加密，而不必考虑访问用户的数量。因此，ABE-AC 方式可用于面向属性值组合的用户集合，方法是首先由授权机构配置公钥和主密钥，然后按用户属性集进行私钥生成并分发；当接收用户解密要求时，则可以合规利用私钥对数据进行解密。ABE-AC 具有较高的安全保障性，但在应用上的灵活性却受到限制。对于 ABE-AC 的不足，Goyal 等提出了基于密钥策略的属性加密（key policy-attribute based encryption-ABE，KP-ABE），强调由授权机构按访问控制策略生成私钥。KP-ABE 的优势在于可以实现共享数据的细粒度访问控制，缺点在于密钥的生成和分配仍然通过授权机构进行。

（3）Betencounrt 等针对 KP-ABE 的不足，提出了基于密文策略属性的加密（ciphertext-policy attribute based encryption，CP-ABE），加密为访问的每个用户都分配到属性组，以用户属性组满足访问控制策略为判断依据，对数据接收的私钥进行控制。CP-ABE 的设计更适合云计算环境下数字信息资源的细粒度访问控制要求。从服务利用的角度看，访问控制内容包括以下几个方面：①通过用户名和口令识别，在云客户端验证通过后允许利用云服务，阻断没有通过身份验证用户的任何操作，即实施用户入网访问控制；②根据用户角色进行权限控制，按系统管理员、一般用户和审计用户进行权限控制和授权，保障一般用户的应用操作和系统管理员的相关操作及审计用户的权限；③目录和文件访问权限控制，包括数据文件增删权限等；④混合云服务模式下，通过访问权限控制数字资源服务的访问操作；⑤通过分配资源属性，将访问权限存入属性列表，对数据访问和操作进行控制，以防止用户对数据的越权操作；⑥在删除软件、修改设置等操作上进行验证，防止攻击者破坏云端服务器配置；⑦通过网络预警和云服务器监视，对非法访问进行记录和处理、锁定和排除。

在技术实现中，访问控制通过定义用户身份的不同属性来限制用户的访问和权限。在面向用户的服务实现中，访问控制是从大数据平台与用户交互出发进行安全保障的关键环节。访问控制安全包括两个基本方面：经身份认证的用户被授权访问服务与资源，同时防止不同权限用户的非授权访问发生；访问控制作为云环境下大数据安全保障的重要方面，是维护服务与资源利用权益的基本手段。从总体上看，云环境下数字信息资源服务访问控制拟采用自主性访问控制和强制性访问控制两种构架进行（表 3-1）。

表 3-1　云环境下数字信息资源服务访问控制实现方式

访问控制策略方式	访问控制的实现要点	实施策略说明
自主性访问控制	从身份认证和访问规则出发进行自主访问控制，在访问控制构架规则中，由服务主体决定用户的认证授权，以明确访问的资源和服务，其访问控制策略具有完全自主的特征	两种不同的访问控制策略，具有的共性是保障数据资源和服务访问安全，其区别在于安全责任上的差异。对于多主体联盟系统的访问而言，多采用强制性控制方式；对以数字资源系统平台为基础的服务，采用主动方式更具优势。这两种方式可以进行相互协调，在应用过程中可根据数据资源服务的不同进行组合运用
强制性访问控制	从云环境下的大数据资源与服务访问安全结构出发，确定身份认证和访问控制准则，着重保护系统服务和资源安全，在安全许可的情况下进行合规访问，这种访问控制因而具有强制性，其原因在于安全保障的目标所致	

　　云环境下数字信息资源访问控制不仅是保障资源与服务合规访问和安全的需要，也是控制用户访问行为、维护各方面权益的需要。其中接口和用户访问层面的控制贯穿于云服务资源安全利用全过程。云服务的虚拟化和多租户特征，使得访问控制在云环境下处于关键位置。一方面，用户利用云服务需要经过身份认证，授权访问所需资源；另一方面，资源服务方也需要通过控制访问，应对恶意攻击者对信息资源与服务的非法攻击。

3.3.2　虚拟化安全技术

　　云环境下大数据应用通过为用户提供开放可伸缩的虚拟化资源建设和软件部署来支持数据共享，必须要面对大数据虚拟化技术和大数据应用跨平台安全保障问题。

　　云环境下大数据应用程序需要应对一些恶意软件或是隐藏程序的攻击，以避免系统的完整性和运行受到威胁。网络防火墙技术作为物理网络连接的防护技术，在应用于虚拟网络时具有一定的局限性，特别是在拓扑分享链接的场景下，难以达到预期的防护目标。

　　虚拟化安全保障的部署需要将大数据网络安全系统（入侵检测、防火墙系统）部署在网络应用程序执行环境中。在虚拟化部署中，由于一些云服务提供方的硬件缺陷，导致安全部署难以有效实现，这就需要对网络安全设备进行更新。目前，虚拟网络安全设备部署作为新的安全方式，在大数据资源网络入侵检测系统保障中具有可行性。

　　私有云虚拟资源配置中围绕多个资源池的安全合作展开，建立了资源池交互利用的联合通信和授权安全机制。对于混合云虚拟资源配置，通过开发公有云、私有云和混合云资源接口来保障链接访问安全。

　　大数据资源共享虚拟化安全保障注重关键问题的解决。对于虚拟安全保障中的关键问题，从流程和资源组织实现上看，包括安全隔离、信任加载以及监控与检测安全。随着虚拟化技术的发展，虚拟机安全保障已趋完善。一方面在虚拟机物理环境下进行动态逻辑隔离时，虚拟化计算已经可以实现多种功能的集成和应用的安全隔离，同时维持其稳定运行状态。另一方面，对于来自数字网络的虚拟攻击和系统漏洞，围绕网络与用户信息安全的防护已成为其中的关键。虚拟化技术的发展是一个较长期的过程，IBM 早期通过进行分区隔离部署，以在相同的物理硬件操作系统中保障运行的虚拟安全。然而，在异构虚拟化环境中，虚拟隔离的安全保障则需要保障虚拟机相互独立运行，在技术上保证互不干扰。云环境下，虚拟机隔离已成为整个虚拟化平台安全保障的关键，以此提出了新的技术要求。

　　目前的虚拟化安全隔离主要以 Xen 虚拟机监视器为基础展开，其中动态环境下跨系统虚拟隔离已形成了完整的方案，如开源 Xen 虚拟机监视，将虚拟安全区分为内部安全和外部安全，采用 I/O 管理虚拟环境下的虚拟方式进行运作。对于被攻击者，可利用虚拟安全防护机制进行控制。安全内存管理模块处理客户虚拟机分配请求时，通过可信平台模块（trusted platform module，TPM）系统生成处置结果并按权限进行分发。这一情景下，虚拟机可通过加密进行虚拟内存分配，同时实现基于安全内存管理模块的 Xen 内存安全管理，其流程如图 3-5 所示。

　　在图 3-5 所示的架构中，实际安全隔离环境下的操作具有可行性和较广的适应性，Xen

的应用同时具有较高的安全保障水平。此外，虚拟安全保障硬件支持安全 I/O 管理架构。虚拟机 I/O 访问请求通过虚拟机 I/O 总线控制物理 I/O 设备的使用，通过部署 I/O 控制机保障客户虚拟机 I/O 设备安全，同时实现 I/O 操作的安全隔离。

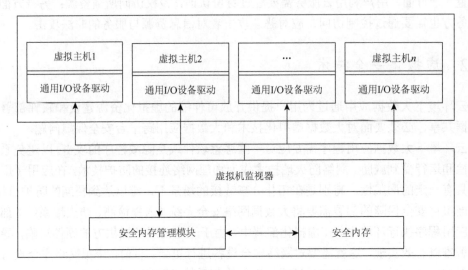

图 3-5　基于安全内存管理模块的 Xen 安全管理

　　云环境下大数据资源虚拟化安全保障中，可信性加载的目的是实现加载的可靠性和虚拟机运行的安全性，所以从源头上分析来源软件提供方的可信性十分重要。其中，可信的完整性检测在资源管理应用程序和代码安全中具有关键性。

　　虚拟机安全监测是虚拟安全保障的中心环节。对于云环境下大数据资源虚拟化安全而言，安全监测存在于安全保障的全过程，包括物理安全和运行管理安全的诸多方面。实际操作中，虚拟机安全监测的架构应涵盖虚拟化中的内部监测和外部监测，这两个方面在实施中有机结合为一个整体。在内外监测中，虚拟化内部监测通过安全域的部署来实现，可以在目标虚拟机内部植入；当监测到威胁时，通过外部监测点来实现，监测点通过监测及时发现并拦截攻击，在安全域中进行外部安全控制和内部安全保障。

　　鉴于大数据资源系统在云环境下架构，所以大数据平台所存在的安全漏洞必然导致资源系统安全风险的存在。云平台因为相关技术应用的安全脆弱性，而存在新的大数据安全漏洞，从而提出了深层次安全保障问题。

　　作为云计算的核心技术，虚拟化安全技术仍处于不断发展之中，当前存在的主要安全问题包括：在虚拟机安全隔离中，基于软件技术实现的虚拟机隔离，仍然存在较高的隔离失效风险，从而导致被其他非授权用户访问；在虚拟机迁移过程中，迁移数据、模块和虚拟机都可能遭受攻击，从而引发安全问题。对于虚拟机逃逸问题，在虚拟机上的运行程序可以绕开底层的情况下，应进行实时应对。

　　综上所述，虚拟机存在安全漏洞可能会从以下几方面对大数据资源系统产生安全威胁：第一，如果正在使用的虚拟机被攻击，大数据资源系统将直接面临安全威胁；第二，由于虚拟机的动态分配机制，如果其被攻破且未被发现与修复，后续任何使用该虚拟机的大数据资源系统都会面临安全威胁；第三，如果云平台上大量的虚拟机出现安全问题，将导致可用计算资源的不足，进而导致大数据计算资源需求无法得到满足，从而影响服务的可用性；第四，同一个物理机共用一个虚拟机监视器，当一个虚拟机被攻破，会导致其他虚拟机受感染，进而使得整个资源系统安全受到威胁。

3.3.3　大数据安全中的纵深防御技术

纵深防御（defense in depth，DID）是保障系统安全的关键。当前，云环境下大数据资源系统安全遭遇多方面威胁，由于系统安全边界归属模糊难以统一，所以在虚拟化技术的基础上的资源组织与服务实现中，有必要从整体构架上处理来自多方面的安全威胁和安全漏洞。如果攻击层明显扩大，目前所采用的单一层面上的防御一旦被攻破，将威胁整个系统的数据资源结构的安全，严重时甚至使平台陷于瘫痪。

对于大数据资源系统和网络而言，云环境下信息安全保障往往受限于单层防御体系。对此，云计算提供商需要与其他资源提供方协同合作。显然，这种合作有助于建立纵深防御机制。如果云服务提供方将所购买的软、硬件设施整合到云服务系统的深层结构之中，将大数据资源安全进行分层融合，那么可以改变单个安全节点的安全保障状况，实现大数据资源分层纵深保障目标。

云环境下大数据资源安全保障引入纵深防御机制：一方面将计算和数字资源网结合，从而扩展了防御的广度；另一方面二者的结合可以在更深层次上进行攻击监测，有利于分层安全管理的开展。

云环境下大数据资源安全涉及机构使用云服务的安全、数据用户的网络访问安全以及第三方安全，在纵深防御中，通过对网络类型的区分可以形成不同的网络安全保障防御策略。基于网络纵深防御模型，可以设置防御的技术参数，形成多层保护策略。对于深层次的攻击，如果及时监测到外围攻击信号，内部各层将提前做出反应。实践中，在利用网络安全技术防范外部威胁的同时，同步进行内部架构的安全监督，以防止大数据安全风险的发生，通过实现监测、预警、响应、保护、恢复、反制的全序安全管控，在更深的层次上构建安全体系。目前，从已有的云环境纵深防御实例上看，通过虚拟化安全技术和安全网关系统进行防御系统构建具有可操作性和稳定性。实践中，可以将系统部署到云端，以降低云平台与外部环境的边界安全风险。在纵深防御框架下的大数据资源安全保障主要涉及以下几方面内容。

基于纵深防御的云环境下大数据资源安全保障，正从单层防御部署向多层防御部署转变，这并非单纯的层次深化，而是在防御监测范围扩展的基础上向多方监测和纵深防御发展。在实践中，可以将大数据资源网络安全结构区分为物理网络、云数据中心以及资源系统主机，采用相应的安全技术进行分区部署，使之形成一个体系。其中物理网络作为最外层，无论是大数据资源机构和支持方，还是大数据资源用户，无一例外地需要通过安全网络进行连接。因此，在实施中可以通过网络安全隔离，设置入侵检测、入侵防御和安全响应，为大数据网络安全构筑第一层防线。在此基础上，通过云数据中心构建资源网监测、安全保障脆弱性警示、安全阻断列表等搭建第二层防线。继而，在资源系统主机安全防护中进行安全访问控制、病毒防范和数据警示内层防线的构建。云环境下虚拟化和技术漏洞引发的攻击面非常广,所以可通过设置多层防线进行解决。通过以上措施,系统可以进行及时的报警与响应,从而提高云环境下大数据资源安全的保障水准。

纵深防御下的大数据资源安全保障强调人员、技术和管理的深度结合。对大数据资源安全直接起作用的是安全支持,其安全管理策略直接关系到安全保障的组织。另外,人员始终处于纵深防御的核心位置,发挥着关键作用。因此,云环境下的数字信息安全,应在各个层面上进行各安全要素的关联监控,实现安全防御的深层组织目标。

云环境下大数据资源安全保障中的人员由于处于核心位置,其系统安全中的人员安全责任和行为安全规范关系到安全保障的各个层面。因此,按安全保障的结构进行安全责任划分是必要的。鉴于人员的不同隶属关系和分工,信息安全保障纵深防御中,应突出有关人员的安全责任规范,明确与安全风险引发的关系,从而在各个层面实现人员安全管理的规范化。纵深防御中需要督促云服务提供方完善其内部管理机制,明确安全责任,制定安全管理的流程规则。

划分安全区域是联动安全保障中提高防御能力的重要手段,通过安全区域的划分可以从整体上进行安全保障环节的细化,在明确分区安全保障责任的同时,强调安全区域的自治性。在有利于联动统筹安全保障的基础上,对实现基于多元主体联动的安全保障能力提升和联合安全保障的全面实现具有重要性。

大数据资源安全纵深防御中,存在着风险预警控制问题,其中行为数据库构建、行为数据处理、系统入侵检测和事件响应是关键。

(1)行为数据库构建。监控大数据资源系统运行,需要采集运行数据和用户数据。所采集的数据包括系统网络运行流量、用户访问记录和系统操作日志等,由于这些数据来源和格式上的不同,需要进行数据处理上的规范,将其纳入行为数据库。

(2)行为数据处理。在行为数据库中,应对采集到的行为数据进行处理,统一数据格式,过滤无用数据,进行数据清洗,将标准化处理的数据,按属性特征进行保存和调用。

(3)系统入侵检测。采用误用检测和异常检测相结合的方式进行,通过误用检测进行初判,如果存在则进入响应,如果未发现则进入异常检测,并通过异常指标作出判断,同时提交响应。

(4)事件响应。在大数据资源系统入侵事件响应中,按系统运行规则针对相应的入侵行为及其后果进行处理,及时控制风险,进行数据保护隔离,同时按条例进行事件结果提交。

大数据资源系统在接到安全预警后还需要对入侵的威胁程度进行判断,以决定是否需要进行干预。这一处理的依据是系统安全运行管理条例,如果入侵风险可以自动识别和控制则进行自动响应,如果涉及面广、影响难以自动控制,则需实施人员干预。

3.4　大数据应用与数字信息服务技术的标准化

大数据应用与数字信息服务技术标准是在网络信息管理与服务中为获取最大效益而制定的资源管理指导原则、技术法规等特定文件。标准文件的执行与实施不仅是行业问题,而且是各领域信息管理与服务的共同问题,所以应在开放环境下进行标准化管理。基于此,技术标准化推进应有普遍的原则、任务和措施。

3.4.1　大数据应用与数字信息服务技术标准化原则与任务

大数据应用与数字信息服务技术标准建立在信息管理技术的基础上,其实践发展决定了标准推进的任务、体系和原则。大数据应用与数字信息服务技术标准化推进的原则可以概括为以下几个方面。

（1）整体优化。包括大数据在内的网络信息资源组织与数字信息服务技术标准是网络信息管理系统建设和运行管理的技术准则,网络信息组织与服务技术不可能只涵盖一个技术标准,而需要同时使用多个技术标准的组合,这些标准应当形成一个有机整体。在处理各种标准的关系时, 要以整体最优为出发点。

（2）协调一致。协调统一对大数据应用与数字信息服务技术标准化而言, 尤为重要。这是因为, 标准的统一性越好, 其适用范围就越广, 实施标准所获得的社会和经济效益也就越大。因此, 要优先考虑制定和采用那些适用范围广的标准。

（3）实验推广。有关制定、修订、选择和贯彻实施的标准, 只有经过一段时间的试运行才能最终确定。特别是对那些重要的行业数据组织与服务平台技术标准,验证尤为重要。对于大数据应用服务来说, 为了有利于未来的技术发展,计划采用的国际标准也需要进行面向未来发展的实践验证。

（4）适时扩充。由于大数据应用与数字信息服务技术发展迅速, 数据组织与服务平台技术产品更新换代加速, 市场需求日趋多样化, 在制定或采用各种数字信息资源组织与服务技术标准时, 必须留有充分的修改或扩充空间。只有这样, 才能使标准化适应大数据资源组织与服务技术发展的需要。

（5）相对稳定。大数据应用与数字信息服务技术标准贯彻实行以后, 在一定的使用期限内, 应尽可能保持相对稳定, 这样才有利于大数据资源整合和合作服务的发展。值得指出的是, 相对稳定的标准也会随着技术进步而变化, 这就需要进行技术上的兼容, 使新的标准可以兼容原有的应用环境。

由于大数据平台连接的各服务系统中使用的资源组织与服务技术标准不但种类繁多, 而且数量大。因此, 在大数据应用与数字信息服务技术标准化推进中, 应明确其基本任务。从综合角度看, 平台化组织与服务技术标准化的主要任务包括以下几方面的内容。

（1）国际标准的采用。为了实现世界范围内的数字信息交流和大数据资源交互, 积极采用国际标准是网络大数据资源组织与服务标准化的重要任务。采用国际标准有三个条件:一是要坚持国际标准的统一和协调;二是要坚持结合我国具体情况进行试行验证;三是要坚持有利于促进网络大数据资源组织与服务技术进步的原则。

（2）国家相关标准的贯彻。大数据资源组织与数字信息服务技术标准由国家标准化部门批准、发布, 在全国范围内适用。信息技术国家标准范围非常广泛,包括数字信息系统和行业大数据网络使用的各种标准。到目前为止,我国已发布了数百项信息管理技术国家标准,大部分集中于通信领域,直接和大数据资源组织与数字信息服务相关的有 100 多项。

在这一框架下，应针对网络数字资源组织与开发技术应用发展，在关键的技术环节上扩充内容，为现实问题的解决提供完善的技术依据和准则。

（3）标准体系的确立和进一步完善。建立和健全标准体系的最根本的目的是在大数据平台化组织与数字信息服务的各个环节上将有关技术标准，进行有序组织和整合，使之形成有机体系，以利于规范大数据组织与开发技术平台建设。值得指出的是，在数字信息服务组织中，可结合具体情况，逐步形成平台化组织与服务专业标准，以提升面向大数据应用的服务支持水平。

（4）标准的科学化管理。推进大数据资源组织与数字信息服务技术标准化建设，应注重标准的贯彻实施。好的标准如果得不到认真地贯彻实施，也是不会获得理想的效益。要做到真正贯彻实施好标准，就要加强对标准的管理维护，即要对各种大数据组织与数字信息服务技术标准的贯彻实施进行监督检查，以及时发现问题并采取措施。

3.4.2 大数据资源组织与数字信息服务技术标准体系构建

大数据资源组织与数字信息服务技术标准体系的构建，应考虑技术的形成和来源，按技术应用环节来组织。大数据平台资源组织与数字信息服务技术标准化推进中，数字技术的进步决定了基本技术的应用标准，用户需求决定了服务技术平台标准，大数据网络的应用发展决定了网络信息技术标准。在技术实施上，其内容有：大数据资源载体组织技术标准化，包括资源载体数字化技术所包含的所有方面；数字信息资源开发与服务过程标准化，包括面向过程的技术研发标准、组织和实施标准；数字资源服务技术标准，包括个性化服务技术、数字挖掘技术以及各方面技术推进标准。这几方面的内容有机结合成为一体，在技术标准化推进中应全面考虑。

大数据平台资源组织与数字信息服务技术的标准化推进，应保证标准在全国范围内被广泛接受。大数据资源组织与数字信息服务技术，随着互联网的迅速发展，已成为数字化管理与服务的一项基本技术内容。

随着大数据网络服务的发展，网络化数字平台资源组织与服务出现了一些新的特点，即手段现代化、方式便捷化、环境虚拟化、对象社会化、内容务实化、发展适时化。基于这一情况，大数据网络平台组织与开发技术标准化推进的基本内容应包括数字信息载体技术标准化、数字信息内容技术标准化、数字信息组织与开发技术过程标准化和数字信息服务技术标准化。

（1）数字信息载体技术标准化。它是指所有与计算机和通信设备的设计、制造和网络传输、交换、存取等有关的技术，这些技术都应遵循通用标准。在标准化推进中，其目的是使用户正确地应用共同的数字信息技术，保证网络大数据资源开发利用的质量和效率。

（2）数字信息内容技术标准化。数字信息技术标准化不一定带来数据内容格式的标准化。事实上，信息内容格式标准化对于提高平台资源的共享、降低格式转换成本，具有重要作用。当前，虽然难以实现完全的数字信息内容格式化标准，或者说难度很大，然而这又是必须解决的问题，因此应尽快加以解决。

（3）数字信息组织与开发技术过程标准化。数字信息组织与开发过程标准化和数据内容格式标准化相联系，数字信息内容是对信息产品而言的，数字信息组织与开发强调的是对象。数字信息组织与开发过程标准化有助于减少数据冗余，提高信息管理效率。

（4）数字信息服务技术标准化。大数据平台资源组织与开发服务业务标准化，旨在为网络大数据资源的开发、采集、分类、识别、存储、传输与应用提供通用的标准，为大数据应用与网络业务的开展提供方法、程序、安全等方面的通用技术支持，以利于平台数字资源的社会化组织和服务的推进。

3.4.3　大数据资源组织与数字信息服务技术标准化推进措施

推进大数据平台资源组织与数字信息服务技术标准化，应从多方面采取措施。

（1）专门机构作用的强化。大数据平台资源组织与数字信息服务技术标准化是一项连续性很强的工作，范围十分广泛，需要进行协调和解决的问题也很多，所以只有设置或授权专门的管理机构，明确其职责范围，强化其管理职能，才能使各项任务落实。同时，网络大数据资源组织与数字信息服务技术标准化管理需要加强与行业协会的互动，充分发挥各种标准化协会和专业技术委员会的作用。

（2）规章制度的建立和完善。推进大数据平台资源组织与数字信息服务技术标准化，必须建立和完善相应的规章制度，使各有关单位在工作中有章可循。具体而言，其标准化主管部门要对数字信息资源组织与开发的各个环节进行标准化审查，审查合格后才可执行。各有关单位必须执行系统规定的各种数字信息管理技术标准、规范和规定，对违反规章制度的单位要予以必要而有效的处理。

（3）国际化进程的加速。推进大数据平台资源组织与数字信息服务技术标准化，应重视加强同世界各国的联系与合作，在制定标准化政策和认证制度方面要按照国际惯例办事，同时确保其透明度。除了尽可能多地采用国际标准外，还要促进国家标准同国际标准化组织（International Organization for Standardization，ISO）、国际电工委员会（International Electrotechnical Commission，IEC）和国际电报电话咨询委员会（International Telegraph and Telephone Consultative Committee，CCITT）等国际标准的协调，在制定重要的网络大数据资源组织与数字信息服务技术标准时，应参与国际合作。

（4）用户需求引导作用的发挥。随着大数据平台资源组织与数字信息服务技术的迅速发展，用户对网络大数据资源与数字信息服务技术标准化的需求显得十分重要。因此，应通过各种渠道获取用户对开展行业大数据组织与数字信息服务技术标准化的意见，争取尽可能多的用户直接参与大数据应用与数字信息资源开发技术标准化活动。必要时，可以通过用户机构来掌握各行业用户对大数据与数字信息服务技术标准化的实施意见，使其更具有针对性。

（5）标准化实施的改进。贯彻实施标准是大数据平台资源组织与数字信息服务技术标准化的关键环节，再好的标准如果得不到贯彻实施也不能发挥作用。大数据网络资源组织与数字信息服务技术标准化的一切效益都来自标准的贯彻实施。所以，要采取一切必要的措施确保标准的贯彻实施。首先，对标准的实施情况要随时进行勘验和检查，发现问题要及时解决；其次，对不贯彻执行标准的进行必要的处置。

在大数据应用与服务技术标准化推进中，必须注意新技术的标准化发展，例如云计算的标准化就是如此。当前智能化计算虽然还缺乏完整的技术标准，但在核心技术上，相关机构与行业已达成共识，如由美国阿贡国家实验室与南加利福尼亚大学学习科学学院合作开发的 Globus 工具包已成为事实上的标准，包括 IBM、微软、惠普、克雷、SGI、SUN、富士通、日立、NEC 在内的计算机厂商已采用 Globus 工具包。作为一种开放构架和开放标准基础设施，Globus 工具包提供了所需多种基本服务，如安全、资源发现、资源管理、数据访问等。随后，一些重大项目基于 Globus 工具包提供的协议进行建设。这些研究与应用发展的探索值得重视，为此应采取积极的标准化措施。

第4章 大数据背景下的数字信息内容揭示与关联

在大数据背景下的数字信息资源服务中,大数据资源数字信息内容的深层次揭示与序化,以适应用户认知的知识描述要求是需要面对的关键问题。大数据资源分布存储使用户对数据分散、异构和多形态数字资源交互利用需求不断加深,对此需要充分利用大数据应用技术对数字信息内容进行多维展示。

4.1 数字信息内容揭示的理论与实践发展

无论是统计数据,还关系数据,所承载的并不是一个简单的数值,而是记录对象的数字内容。例如,智能交通系统的影像数据,并不是简单的车速,而是一定范围内的行车速度及环境变化;又如,GDP 统计数据并不是一个简单的数值,而是反映各行业投入、产出及经济增长的各方面数据的汇总,其数据蕴含着行业经济的动态增长及结构。由此可见,大数据应用存在数据内容的展示和描述问题。另外,对于多种载体形态的数字信息,其符号、代码、图形、音视频承载的数字内容,理应在大数据背景下进行更深层次的内容揭示。由此可见,大数据内容描述和数据互联组织在大数据应用与数字信息服务中具有普遍性和更深层次的价值。

4.1.1 数字信息资源控制中的内容揭示

在大数据资源和数字信息服务中,用户通过交互获取和利用数据资源的过程是一个复杂的随机过程。在更广的范围内,信息的自然产生造成了社会信息的堆积。对于信息的自然老化及在信息系统中表现出的量的增长和紊乱程度加剧的现象,可以通过引进热力学中的"熵"概念来加以描述。大数据环境下,面对信息熵的加大,用户利用信息将经受来自多方面的挑战。如果不对数字信息资源流通过程及其相关活动进行有效控制,势必导致信息利用效率的下降。

为了维持或提高数字信息资源的利用率,保证用户对信息的正常使用,必须对其进行控制,以使数字信息资源流通更加科学化和有序化。控制的基本含义不仅局限于数字信息资源客体本身,也包括了以信息为中心的各种控制,其主要内容有:数字信息资源客体对象控制;数字信息资源过程控制;数字信息组织对象和方式的多样化;数字信息组织工具和方法多样化。其中,对数字信息资源客体对象控制是基础。

数字信息资源客体对象控制通过有序组织来实现,它包括自然有序化和加工有序化两个方面。自然有序化表现为用户对数字信息资源的自然选择、排序、评价、吸收等。在这一过程中，其有序化标准是复杂的，用户的个体差异决定了按知识结构、信息需求、信息价值等特性对数字信息资源进行的有序化构建。然而，社会发展的不同时期，对数字信息资源加工有序化有着不同的定义，存在着多种有序化方式。

数字信息资源过程控制包括数字信息资源产生过程的控制、交流与流通过程控制、加工过程控制和利用过程控制。从宏观上看，过程控制的结果关系到数字信息服务的优化；从微观上看，过程控制的效果又直接影响着实际效益的产生。

数字信息组织对象和方式的多样化，是面向用户的数字信息服务组织中要面对的现实问题。大数据环境下，数字信息组织的对象多样，而多种形式的组织却需要面对整体化的需求，所以需要易于理解的交互组织构架支持。

数字信息组织工具和方法的多样化是大数据资源建设中需要解决的重要问题。传统的信息组织往往采用统一的形式，将分散杂乱的信息经过组织、整序、优化、存储，形成一个便于有效利用的系统。这种信息组织的目标是建立一种科学的规范来揭示信息内容，使其能够显示明确的位置，以便于用户获取和利用。大数据网络环境下，交互信息无处不在、数量庞大、类型繁杂，信息虽然集中于网络上，但即使通过搜索也只能找到其中的一部分。这是因为信息不需要中间环节就可以直接产生，所以需要改变以资源为中心的信息组织模式，采用面向用户的信息组织与内容揭示方式。此外，大数据网络的信息组织除了考虑信息管理的科学有序外，还要承载更多的内涵，如用户的参与、大众可接受度和个人倾向等。

事实上，由于大数据网络信息来源以及信息组织的主体、对象、工具、方法和技术都发生了变化，大数据网络环境下的信息组织需要对分散在网络上的数据进行多种形式的处理。因此，应在互联网背景下进行数据内容组织理论、方法和技术的规范。

尽管大数据资源具有不同于传统信息资源的特点，但是在信息组织方面却具有共同点，即借助一定符号系统实现信息的有序化。信息组织方法大致可分为三类，即可以借助语言信息序化法（号码法、时序法等）、语义信息序化法（实物、图表、概念等）、语用信息序化法（权值法、逻辑排序法等）。同时，结合数字信息资源组织开发的现实，可以将数字信息资源组织与开发方式归纳为超文本方式、搜索引擎方式、索引库方式、元数据方式和编目方式等。从结构上看，数字信息资源的开发可划分为：网上一次信息、二次信息和三次信息的组织与开发。其中，网上一次信息的组织开发方式主要有文件方式、超媒体方式、数据库方式，二次信息的组织与开发方式主要有搜索引擎、主题树、编目方式等，三次信息开发，主要是以超文本形式进行。

根据互联网的大数据技术特点、数字信息资源的特征及用户对网络信息资源交流与利用的需求，数字信息资源组织与内容揭示应立足于数据资源序化管理目标的实现。以文本方式组织的数字化信息主要有文档、图像、音频、视频等。

数字信息资源以固定的记录格式存储，并提供相应的入口和数据线索，以便利用超链接进行面向用户的集成。这种组织方式利用数据模型对信息进行规范化处理，利用关系代数运算进行数据查询的优化，从而提高数据的可操作性。在数字信息资源组织中，数据的最小存取单元是信息项（字段），所以可根据用户需求灵活改变集合的大小，以降低网络数据传输的负载。

在大数据网络的智能化发展背景下,非结构化信息的组织和关联模型的拓展应用是值得关注的重要问题。在非结构化信息的处理中,对日益增多的多形态信息等非结构化数据的组织处理有待完善。对无法有效处理的结构复杂的数据单元,随着网络数据单元的结构变化,需要在关系数据库中表示复杂的数据对象语义。对于关系数据库系统的结构以及记录集合形式应作出进一步解析,使之与应用程序相适应,从而以较直观的方式提供给用户。对此,必须具有易用的交互界面,细化信息组织单元和信息单元内容关联揭示以及内容拓展应用。

从整体上看,数字信息资源内容描述、揭示和控制在数据描述基础上发展。计算机技术和通信技术的进步为信息控制提供了强有力的工具,引起了数据与知识控制系统的变革。大数据与智能环境下,需要进行信息组织与内容揭示体系重构,以确立面向用户的信息单元及其关联揭示与控制构架。

从整体上看,数据控制方式可归纳为外部描述控制和内容特征控制两类。外部描述控制通过信息外部特征的揭示将信息内容有序化,以达到控制信息的目的,其中的描述内容包括来源、时间、类型、结构等。由于数据内容特征控制远比外部描述控制复杂,所以需要通过数据内涵的揭示和数据关系展示进行实质性的内容控制,这也是信息控制的核心。鉴于知识结构和数据演化过程的复杂性,知识与数据处理自然是学界和行业部门长期探讨的问题。

4.1.2　数字信息内容揭示的深化

大数据时代,数据呈指数增长、知识的微分化和积分化导致信息无序状态的加剧,造成了用户利用知识信息的困难。与社会的信息利用模式相对应,数字信息服务已进入提供知识和智能的发展阶段。此外,计算机技术和远程数据处理技术的发展,使面向过程的数据提取、组织、加工和利用得以实现。从总体上看,基于数字信息内容揭示的资源控制体现在以下几方面。

1. 控制内容的单元化

数字信息内涵丰富,从应用角度和知识产生角度看,在应用中产生的知识不仅可以被表示为静态的关联关系结构,还可以描述在应用中知识产生过程的动态结构。从知识的属性上看,数据单元相互关联且处于动态演变之中,数字文本不仅包含了知识单元,体现了知识单元之间的各种关系,而且反映了知识处理过程的演化。数据内容的动态性,对于用户来说,提出了基于动态知识结构的揭示要求。事实上,用户利用信息并不限于某一时间段的知识或数据获取,而是实现基于认知的信息交互中得到启示。对于这种知识过程的揭示,任何静态控制方式都显得无能为力,其问题的解决必然求助于新的模式。

智能化数字技术使任意层次的信息元素、知识单元和数据内容以机器可识别和可理解的方式被定义、描述、指向、链接、传递和组织。因此,数字信息资源内容揭示的对象已不再停留在外部特征的描述上,而是深入到知识单元,数字信息资源内容揭示的深度和广度由此而发生改变。通过多层次、多方位的描述与控制,数字信息资源可以实时地进行交互流通和利用。当前,数字信息资源控制的内容从整体控制向单元数据组织控制方向发展,因信息的产生、老化和利用周期缩短,实时控制已成为信息内容控制的重点。同时,语义智能技术的发展及在数字信息资源组织与控制中的应用,带来了信息揭示与组织工具的变革,从而重构了知识组织控制体系。这一背景下,数字信息组织从物理层次上升到认知层次,从单纯的语法处理(主题法、分类法)转变为语义处理(专家系统、语义网络表示),从语义处理向模拟个体认知记忆结构的语用处理方向发展。其中,知识组织消除含混性和歧义性后,其传递语义可以更好地为用户提供易于理解的语用服务。

2. 控制方法的集成化

在数字信息资源内容控制方面,分类法和主题法(关键词法、叙词法和元词法等)是信息资源控制通用的方法,其要点是按一定的知识处理规则将信息内容有序化。分类法在揭示信息内容上,虽然具有较强的系统性,但缺乏应有的灵活性和揭示深度;主题法从某种程度上弥补了分类法的缺陷,却显得系统性不足。在应用中,知识按专业领域愈来愈专业,任何一个专门领域知识必然涉及多方面的知识门类,由此产生知识内容高度专业化与高度综合化并存带来的交互利用需求。面对知识产生和交互作用的变化,无论是分类法还是主题法,分别用于控制数字信息资源的效果必然会受到限制。

传统控制的局限性表明,在数字信息资源内容控制中必须求助于普遍适用的数字内容控制理论。数字信息资源的充分开发和利用,为数字信息资源控制理论和方法的发展和完善奠定了实践基础,数字信息技术和网络技术的发展,为数字信息资源的集成控制提供了必要的技术条件。

在以认知为核心的语义处理基础上,数字信息资源内容控制方法不再局限于分类法和主题法,而是出现了能够更好适应数字环境的知识组织工具,其中包括概念地图、语义网络、实用聚类等。这些技术在数字信息资源内容控制中的应用,为信息控制提供了新的组织方式和方法,基于数字信息内容揭示的资源控制方法必将随着信息资源揭示与组织的发展而不断深化和拓展,大数据网络环境下数字信息资源的控制必然是多种方法结合使用。

3. 控制主体的多样化发展

大数据交互网络环境下,信息资源的数字化存贮和网络化获取已成为人们利用数字信息资源的主流方式,数字信息资源的控制对象也随之扩展到不同层次的用户交互信息组织之中,基于信息内容揭示的资源控制因此而呈现出开放性、共享性、交互性的特点,因而形成专业化利用和社会化、大众化利用形态。对此,通过元数据和分众分类的对比分析,说明数字信息资源控制的专业化和社会化发展机制。

2005 年以来,分众分类法作为一种由用户参与和主导的数字信息资源组织控制方式,在雅虎等门户网站流行。分众分类法是用户通过标签(tag)对所需信息资源内容的标识和分类,以此与他人共享标签结果。这种方式改变了数字信息资源控制预先确定规则的形式,由用户自由选择关键词来分类描述信息内容。

作为大数据网络环境下数字信息资源的控制一种基本方式,如果说元数据是关于数据的数据,那么分众分类就是关于数据的标签。二者的出发点都是组织信息以便于用户的使用，前者是通过标准化推行的，后者则更多依赖大众参与和交互。随着互联网数字信息内容的变化，数字信息类型的日益复杂化，任何标准不但有滞后的问题，而且存在应用中的风险。对于分众分类而言，虽然也存在滥用风险，但在使用和控制方面比元数据更便捷，加上它面向互联网大众，所以具有简单易用的特点。因此，分众分类具有智能环境下的人机交互发展前景。

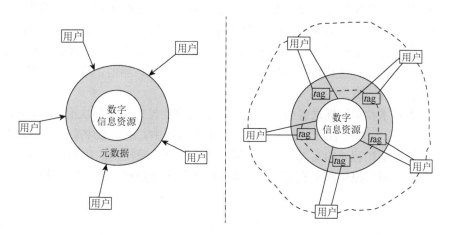

图 4-1　元数据标准化控制模式与用户标签控制模式

如图 4-1 所示，在元数据标准化控制模式和用户标签控制模式中，通常采用结构化、规范化或标准化的方式对数字信息资源进行标识，并不由使用者自己进行标识。然而，由于元数据种类繁多，相互之间缺乏有效的互操作机制，一定程度上妨碍了元数据的应用。与此同时，tag 标签则是由用户根据个人需要在汇聚数字资源过程中提交，同时对数字信息资源加以个性化的标识说明；所以，tag 标签是在应用过程中不断生成和优化的结果，而非采用预设的结构模式。基于标签的分众分类降低了数字信息资源控制的使用门槛。

事实上，在元数据标准化控制模式和用户标签控制模式中，"用户"应用的社会互联效应不尽相同。在用户标签控制模式中，用户不仅是数字信息资源的使用者，同时也是信息内容的汇聚者，在应用标签的过程中，用户之间可以便捷地进行交互并确立共享关系。

无论是元数据，还是基于 tag 的分众分类都未能从全局上解决数字信息资源的组织控制问题。从某种程度上看，分众分类提供了新的视角，用户的参与则对数字信息资源控制产生了多方面的影响，以此出发可寻求更深层次的知识描述的映射关系。

4. 控制技术的智能化

数字信息资源内容揭示以知识单元和数据单元（各种事实、概念、数值等）为基础，对其内容描述往往限于静态的列举式表征，对此需要在数字信息资源内容控制中以智能系统为基础，进行具有动态联系的判断、分析、比较和推理，从而实现面向用户的知识处理与组织目标。

数字信息资源内容智能化揭示与控制，首先面临的是对信息按认知要求进行资源内容序化和转换处理；其次是输入信息单元地表达；以及高水平的人工智能知识识别。当代人工智能技术的发展为数字信息资源的动态结构揭示和智能化控制提供了支持。当前不断发展的智能系统被称为"体外大脑"，其中的知识库相当于人脑的知识存储结构，是知识组织的必要条件，其推理机制类似于人脑的思维活动机制，智能系统对输入知识的处理和判断可以类比人对知识的处理过程。基于此，如果向系统输入数据单元，并提出显示单元组织和推理的要求，系统则可以显示推理和思维信息，而这正是所需的动态数字信息描述。智能系统可以方便地使信息揭示与内容控制融为一体，除提供动态交互信息外，还可以在更广的范围内进行信息组织与处理，将反映相关知识的数据单元进行有机结合，从而取得高层次知识。应该说，这是数字信息资源控制的一场变革。当前，这一研究处于推进中，在某些方面有待进一步完善。

人工智能技术和知识推送等技术促进了数字内容的挖掘与深层次揭示，以更好地满足不同用户的需求，提供个性化的信息服务。在组织实现中，从信息中采掘知识，再将知识转变为深层次数据和智慧的实现过程，体现了数字信息资源控制深化的发展方向。这一发展的目的在于向用户提供便于利用、可以帮助解决的序化处理问题，实现从信息层次向知识层次的转变。

4.2 数字信息资源控制中的知识描述与揭示

随着社会信息化发展，社会对数字信息资源控制质量提出了越来越高的要求，数字信息资源控制的传统方式面临着来自各方面的挑战。其中，传统分类法和主题法中的知识揭示方式的局限性显得十分突出，表现为难以适应信息内涵的全面揭示和以数据单元为基础的智能组织需要。这一情况表明，研究新的数字信息资源控制方式已成为关系大数据资源交互利用的关键。事实上，数字信息智能化处理技术的发展，使基于数字信息资源内涵的单元描述与揭示成为可能。

4.2.1 知识描述的基本方式

从整体上看，知识描述与揭示取决于知识的结构及知识环境，它不仅决定了知识应用的形式，而且决定了知识处理的方式和实现空间。知识的描述与揭示是知识获取和利用的基础，只有确定了知识描述的恰当形式，才有可能将客观世界的知识有效地在计算机中表示，也才有可能让用户获取的知识发挥作用。在知识描述中，同一知识可以有不同的描述表示方法，不同的表示形式也可能产生不同的效果。

就总体结构而论，知识的描述表示模式为：$K = F + R + C$

其中：K 表示知识项（knowledge items）；F 表示事实（facts），指人们对客观世界和世界的状态、属性和特征的描述，以及对事物之间的关系描述；R 表示规则（rules），指能表达前提和结论之间因果关系的一种形式；C 表示概念（concepts），指事实的含义、规则的语义说明等。

为了把知识（事实、规则和概念）准确地用计算机所能接受的形式表示出来，必须建立一组约定的、利于知识编码的数据结构，在计算机中存储起来。计算机以适当的方式使用这些知识，就会产生智能行为。

目前，知识描述的方法和类型复杂，主要有谓词逻辑表示法、产生式规则表示法、语义网络表示法、框架表示法、面向对象的知识表示等。这些表示方法各有特点，各具优势；只有根据求解问题的性质和方法灵活地选用合适的知识表示法，才能使信息资源控制取得较高的效率，所以知识的描述方法往往是多种表示方法的组合。

1. 谓词逻辑表示法

谓词逻辑表示法是指基于形式逻辑的知识表示方式，其关键在于利用逻辑公式描述对象、性质、状况和关系，例如：

"宇宙飞船在轨道上"可以描述成：In（spaceship，orbit）。

"所有学生都必须通过考试才能毕业"可以描述为：

$$\forall x(\text{student}(x) \wedge \text{passed}(x) \rightarrow \text{graduate}(x))$$

基于形式逻辑的知识表示是最早的知识表示方法，具有方法简单、自然、灵活和模块化程度高的特征。在表达中，也同关系数据库一样能够采用数学演绎的方式进行推理和证明。因此，在知识库系统及其他智能系统中该方式得到了广泛应用。在这一方法中，知识库可以看成一组逻辑公式的集合，知识库的修改是增加或删除逻辑公式。与此同时，使用谓词逻辑表示法表示知识，需将以自然语言描述的知识通过引入谓词、函数来进行形式上的描述，获得有关的逻辑表达式，进而以机器代码表示。

谓词逻辑表示法的缺点是表达的知识主要是浅层知识，不宜表达过程和启发式知识，且难以管理，其证明过程往往只重视其中的逻辑关系。

2. 产生式规则表示法

产生式规则表示法是根据用户认知记忆模式中的各种知识模块之间存在的因果关系或"条件-行动"方式，用"IF-THEN"产生式规则来表示知识的方法。由于这种知识表示方式接近人类思维以及交流的方式，可以提炼出用户求解问题的行为特征，并通过认知-行动的循环过程求解问题，所以得以应用到不同的知识领域。

产生式的基本形式为：$P \rightarrow Q$ 或者 IF P THEN Q

其中 P 成为前件，而 Q 成为后件。前件通常是一些事实的获取与析解，而后件通常是某一事实结果。如果考虑不确定性，则需要另附加可信度量值。

产生式语义可以解释为，如果前件满足，则可以得到后件的结论或执行后件的相应结果，即后件由前件触发，触发产生结果。另外，一个产生式生成的结论可以作为另一个产生式的前提或语言变量使用，所以可进一步构成产生式系统结果。

例如："地上有雪 ——→ 汽车带防滑链"的关系表达。

对于自然界存在的信息而言，各种知识单元中存在着复杂的因果关系，由于这些因果关系可以转化为前件和后件，所以采用产生式规则表示法比较方便。产生式规则表示法的优点是与规则性知识判断相吻合，且直观自然，便于推理。另外，规则之间相互独立，具有模块化组合优势。因此，产生式规则表示法是目前智能系统普遍选择的知识表示方式。例如，用于测定分子结构的 DENDRAL 系统、用于诊断脑膜炎和血液病毒感染的 MYCIN 系统以及用于矿藏探测的 PROSPECTOR 系统等，都是用这种方法进行知识表示和推理。然而，产生式规则表示法在不确定性推理方面还存在问题。

在应用中，如果将一组产生式规则放在一起，让它们相互匹配，协同工作，一个产生式的结论便可以供给另一个产生规则作为前件使用。产生式系统如图 4-2 所示，整个系统由知识库和推理机组成，而知识库又由数据库和规则库组成。

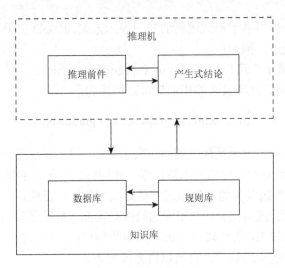

图 4-2　产生式系统结构

3. 语义网络表示法

语义网络表示法是一种用带标记的有向图来描述知识的形式。语义网出于联想记忆的认知而构建，由具有向图表示的三元组（节点 1，弧，节点 2）连接而成。节点表示各种事物、概念、对象、实体、事件等，带标记的有向弧表示所连接节点之间的特定关系。图 4-3 给出了一个语义网的简单例子，其内容是"职员 John 拳击经理 Tom"。

图 4-3 中，客体节点间存在的成员（个体）和包含（类、子类、子子类……）关系，分别用具体—抽象属性关系（Element，EL）和"ISA"（元素类）标志边来显示表达：

John 是一个职员表示为：John $\xrightarrow{\text{EL}}$ 职员；

职员是人的一部分表示为：职员 $\xrightarrow{\text{ISA}}$ EL 人。

语义网中各概念之间的关系，除 ISA（表示"具体—抽象"关系）外，还包括 PART-Of（表示"整体一构件"关系），IS（表示一个节点是另一个节点的属性），HAVE（表示"占有、具有"关系），BEFORE / AFTER / AT（表示事物间的次序关系），LOCATED ON（表事物间的位置关系）等谓词表示。

在语义网络中，程序可以从任何节点出发，沿着弧到达相关联的节点，还可继续沿弧到达更远的节点。采用这种方法表示自然事件，类似于人类的联想记忆。但是，鉴于每个节点连接多条弧，当我们从开始节点出发后，如果没有相应的搜索规则指引，就容易陷入无序连接而无解（图 4-3）。

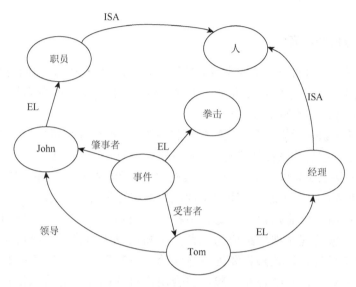

图 4-3　语义网络中的事件描述

4. 框架表示法

框架表示法是把对象的所有知识存储在一起构成复杂数据结构的表示方法。框架理论旨在将知识表示成高度模块化的结构。此后，在语义表示中不断深化和拓展。采用框架表示法可以将某个实体或实体集的相关特征集中在一起，表示事件的内部结构关系，以及事件之间的关联关系。

框架由框架名和一些槽组成，每个槽可以拥有若干个侧面，而每个侧面可以拥有若干个值。这些内容可以根据具体问题的需要来取舍。一个框架的结构如下。

〈框架名〉

〈槽 1〉　　　　　〈侧面 11〉　　　　〈值 111〉……

〈侧面 12〉　　　〈值 121〉　　　　　……

〈槽 2〉　　　　　〈侧面 21〉　　　　〈值 211〉……

……　　　　　　……

〈槽 n〉　　　　　〈侧面 n_1〉　　　　〈值 n_{11}〉……

为了能从各个不同的角度来描述一个事物，可以对不同角度的视图分别建立框架，然后再把它们联系起来组成一个框架系统。框架系统中由一个框架到另一个框架的转换可以表示状态的变化、推理或其他活动。不同的框架可以共享同一个槽值，所以这种方法可以把不同角度搜集起来的事件信息有效地协调起来。

框架表示法和语义网络表示法的不同之处在于，语义网络表示法注重表示知识对象之间的语义关系，而框架表示法更强调对象的内部结构。由于节点框架集中了概念或个体的所有属性描述和关系描述，又可用槽作为索引，所以这两种方法在知识库检索时具有较高的效率。但是由于这两种结构化的知识表示方式在刻画真值理论方面过于自由，容易引起二义性，而且由于结构化表示的复杂性，知识库维护需要付出更高代价。

5. 面向对象的知识表示

一般情况下，采用面向对象的类或对象表示知识，都可以称为面向对象的知识表示。鉴于面向对象的专指性、封装性、继承性和多态性，以抽象数据类型为基础，可以方便地描述复杂知识对象的静态特征和动态行为。

面向对象的知识表示的一个重要特性是继承性。超类的知识可以被子类所共享，超类的确定以各个子类的公共属性为依托。因此在建立子类对象时，只需表达子类的特殊属性和处理方法。各知识对象以超类、子类、实例的关系形成指令集体系结构（instruction set architectucre，ISA）的层次结构，可以由此派生得到复杂的知识类。

本质上，面向对象的知识表示是将多种单一的知识表达方法（规则、框架、过程等）按照面向对象的程序规划组成的一种混合知识表达形式，即以对象为中心，将对象的属性、动态行为、领域知识和处理方法等"封装"在表达对象的结构中。这种方法将对象概念和对象性质结合在一起，符合用户对领域对象的认知模式。面向对象的知识表示方法封装性好、层次性强、模块化程度高，有很强的表达能力，适用于解决不确定性问题。

4.2.2　知识描述与揭示的发展

随着大数据网络与智能技术的发展，语义互联网已变成一个巨大的交互知识库。这个知识库为满足人们浏览信息的需要，必须通过标准的语义规范使计算机自动读取和处理信息资源，因此需要寻找新的，适合知识描述与揭示的方法，以便为智能共享提供基础，同时使数字网络能够提供动态的主动性服务。

语义互联网环境下，数字化知识描述与揭示的主要技术有：可扩展标记语言（extensible markup Language，XML）；资源描述框架（resource description framework，RDF）；XML主题地图（XML topic maps，XTM）和知识本体（ontology of knowledge）等。

1. 基于 XML 的知识描述与揭示

XML 是标准通用置标语言（standard generalized markup language，SGML）的一个简化子集，它将 SGML 的功能和超文本链接置标语言（hypertext markup language，HTML）的易用性结合到应用之中，以一种开放的自我描述方式定义数据结构；XML 在描述数据内容的同时突出对结构的描述，从而体现数据之间的关系。XML 既是一种语义、结构化置标语言，又是一种元置标语言。XML 主要包括 3 个元素：文档类型定义（DTD）/模式（schema）、可扩展样式语言（extensible stylesheet language，XSL）和可扩展链接语言（extensible link language，XLL）。DTD 规定了 XML 文件的逻辑结构，定义了 XML 文件中的元素、元素的属性以及元素与元素属性的关系。XML 通过其标准的 DTD/Schema 定义方式，允许所有能够解读 XML 语句的系统辨识用 XML-DTD/Schema 定义的文档格式，从而解决对不同格式的释读问题。XSL 定义了 XML 的表现方式，使得数据内容与数据的表现方式独立；XLL 是 XML 关于超链接的规范，XLL 可以把一个节点和多个节点相联系，即实现一对多和多对多的对应，由此进一步扩展了 Web 上已有的简单链接。XLL 使得 XML 能够直接描述各种图结构。这样由 XML 所表示的属性和语义再加上 XLL，就可以完整地描述任何语义网络。由此可见，XML 提供了一种统一的形式来描述逻辑、产生式、框架、对象等多种类型的知识表示方法，这样就能够把不同类型的知识融合在一个完整的知识库中。

XML 为计算机提供可分辨的标记，定义了每一部分数据的内在含义。脚本（或者说程序）可以利用这些标签来获取信息，XML 以一种开放的自我描述方式对信息模式进行定义、标记、解析、解释和交换。XML 允许使用者在他们的文档中插入任意的结构，而不必说明这些结构的含义，还允许用户自定义基于信息描述、体现逻辑关系的有效的标记。XML 使用非专有的格式，独立于平台，不受版权、专利等知识产权的限制，具有较强的易读、易检索和清晰的语义性，通过它不仅能创建文字和图形，而且还能创建文档类型的多层次结构、文档相关关系系统、数据树、元数据超链接和样式表等，实现多个应用程序的共享。

XML 最重要的特点是能够用结构化方式表示数据的语义，所以利用 XML 能改善信息资源的控制效率。例如，一位用户输入检索词"莎士比亚"有可能是查询莎士比亚的作品，也有可能是查询关于莎士比亚的研究论文，如果能确定如下的表达：〈Creator〉莎士比亚〈/Creator〉；〈Subject〉莎士比亚〈/Subject〉，文档就能够用模式来分类，即采用 XML 文档的模式确认其结构和意图。这样，便可以将搜索范围限定在与特定模式或感兴趣的模式匹配的文档上，从而使检索结果更加准确。

2. 基于 RDF 的知识描述与揭示

RDF 是为描述元数据而开发的一种 XML 应用，适用于对元数据结构和语义的描述。RDF 提供一个支持 XML 数据交换的主、动、宾三元结构，解决如何采用 XML 标准语法无二义性地描述资源对象的问题，从而使所描述的资源的元数据信息成为机器可理解的信息。RDF 通过资源-属性-值的三元组来描述特定资源（图 4-4），包括有序对表示、图形表示和 XML 文件表示 3 种方式。

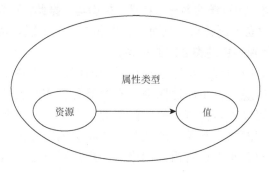

图 4-4　RDF 的数据模型

RDF 以一种标准化的方式来规范 XML，利用必要的结构限制，为表达语义提供明确的方式。RDF 使用 XML 作为句法，故其在任何基于 XML 的系统平台上都可被解析，这就构成了一个统一的人/机可读的数据标记和交换机制，从而从句法和结构角度提供了数据的交换与共享。

RDF 以标准 XML 格式的表示，遵循 XML 的语法规则，按规则的表示描述，从分析信息对象开始，分解出信息对象的资源、属性、属性值，然后选用合适的元数据进行表达。其中，可采用都柏林核心元数据（Dublin core metadata）为元数据的语义规范、RDF 为语法规范，最后以 XML 为表现或存储形式进行处理。在 RDF 技术的基础上，万维网联盟（world wide web consortium，W3C）提出了资源描述框架定义集（resource description framework schema，RDFS）。RDFS 就是将概念与概念之间的关系抽取出来，表示为知识库中的本体。它允许用户自定义除了 RDF 基本描述集合以外的特定领域的概念元数据集合，即本体。一些通过 RDFS 来定义的通用知识库概念集合，如都柏林核心元数据、本体推理层等。

3. 基于 XTM 的知识描述与揭示

XTM 是一种用于描述数字信息资源的知识结构的数据格式，它可以定位某一知识概念所在的资源位置，也可以表示知识概念间的相互联系。一个主题地图就是一个由主题（topics）、关联性（associations）以及资源实体（occurrences）组成的集合。主题地图将所有可能的对象，如人、事、时、地、物等，按对象概念进行主题描述。从描述主题本身的属性开始，进而组织与此主题相关的所有资源，并对这些资源进行定位，最终将主题之间的关系建构一个多维的主题空间，在该空间中直观展示一个主题到另一个主题的关联路径。

XTM 的优点是通过知识概念关联的显性表示来解决知识的可发现（findability）。主题地图表现方式除了直观地以图的方式展现外，还可以提供以机器理解和处理为目标的置标语言的文件方式。如主题地图基于 ISO 13250 Topic Map 标准，定义了用 XTM 描述和标记主题地图的方式。由于 XTM 标记的主题地图是 XTM 文件，所以可开放地标记叙词表和语义网络。

在主题地图逻辑结构中，主题地图将信息资源结构分为两层，包括资源域和主题域。其中，资源域包括所有的数字信息资源，如数字文档、数据库文件、网页等；主题域在资源域之上定义所有主题，如资源的名称、特性、类型等，据此，可以对已经存在的数据库文件或主题地图文档建立主题关系，继而进行主题之间的关联。按知识构架，主题地图表达也可以发现主题类别和主题类之间的关系。

主题地图中，主题间的链接可完全独立于资源域，即无论主题有无具体的资源，主题都可以存在。在客观上，主题地图中并不存储各种实际的信息资源，但对其主题的关系实例的访问却可以检索到有关的实际资源，即指引用户到特定的地址获取所需的信息。这样就可以把网络上与某一或某些主题相关的节点进行集中，按照方便用户检索的原则，使用用户熟悉的语言组织起来，向用户提供这些资源的分布情况，指引用户查找。

XTM 独立于技术平台进行主题描述及主题关系展示，所以可通过内容关联链接主题范围内的知识节点，定制面向不同用户的界面。

4. 基于本体的知识描述与揭示

知识本体是共享概念模型的形式化规范说明。如果把每一知识领域抽象成一套概念体系，再具体化为一个词表来表示，则可以展示词语之间的关系。在实现中，通过描述能够在知识领域之间形成某种规则性共识，即能够共享词表，从而构成该知识领域的"知识本体"。特定领域形式化的共享概念模型，还需要用一定的编码语言（OIL/OWL）进行明确表达，其中包括词表、词表关系、关系约束和推理规则等。

本体的目标是捕获相关领域的知识，提供对该领域知识的共同理解，确定该领域内共同认可的词汇和术语，同时对不同层次的形式化模式给出词汇（术语）和词汇间相互关系的定义，以便通过概念之间的关系来描述概念的语义。

与分类法、主题法等传统知识描述与揭示方法相比，基于本体的知识描述在于按系统中的概念、特性、限制条件等内容进行知识定义和表示。同时，本体中概念之间关系的表达要比主题法、分类法更广更深，这是由于基于本体的实用分类系统主要是为机器增加"智能"，进而实现自动处理信息。所以，在数据模型和表述语言方面，其结构与数据库很接近，通过简单的处理即可以将整个分类系统转化成数据库从而为知识采集、知识库的建立提供框架平台，这是传统主题法、分类法所不能及的。

本体与谓词逻辑、框架与其他方法的区别在于属于不同层次的知识表示方法，本体表达了概念和结构、概念之间的固有特征，而其他的知识表示方法，往往限于对领域中实体的认识，而不一定是实体的固有特征，这正是本体层与其他层次的知识表示方法上的区别。

4.3　数字信息内容揭示与数据挖掘

个性化信息提取是数字信息内容开发中的关键环节，在这一环节中需要用到相应的技术，其中数据挖掘是最常用且重要的技术。借助数据挖掘技术，可对大量的数字信息资源进行抽取、转换、分析和模型化的处理，从而提高数字信息资源的质量和利用效率。

4.3.1　数字信息内容揭示中的数据挖掘

数字信息内容揭示依赖于数据挖掘技术，其目的是从大量的数据（结构化和非结构化数据）中提取有用的信息。数据挖掘的信息源是大量的、真实的、含有干扰的。有待发现的知识隐藏在大量数据背后。所以，数据挖掘在知识提取、知识发现中具有关键作用。

数据挖掘系统大致分为数据源层、数据挖掘分析层、用户层，其技术推进可以在数据挖掘系统结构中按三个层面组织（图 4-5）。

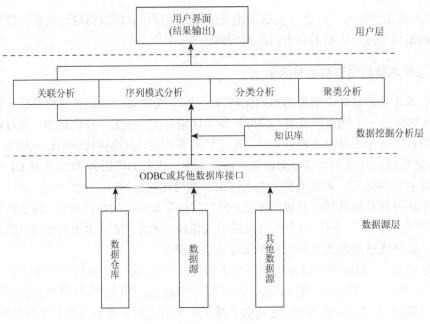

图 4-5　数据挖掘系统结构

如图 4-5 所示，数据挖掘系统第一层是数据源层，通过数据库访问接口获取开放的数据仓库等数据源中的数据；第二层是数据挖掘分析层，通过利用数据挖掘方法分析数据库中的数据，方法包括关联分析、序列模式分析、分类分析、聚类分析等；第三层是用户层，使用可视化工具将信息以便于用户理解的方式提供给用户。

在实施数据挖掘之前，需要先制订一个切实的计划，以保证数据挖掘有条不紊地进行。跨行业数据挖掘标准流程（cross-industry standard process for data mining，CRISP-DM）是一个通用的数据挖掘过程模型，用于指导人们实施数据挖掘。CRISP-DM作为数据挖掘通用标准之一，它不单是数据的组织或呈现，也不仅是数据分析和统计建模，而是一个从理解任务需求，寻求解决方案到接受实践检验的完整过程。按照CRISP-DM 的标准，数据挖掘包含任务理解、数据理解、数据准备、模型构建、挖掘实施和结果确认 6 个步骤。这一流程将数据挖掘理解为需要不断循环调整的环状结构，图 4-6 中的箭头揭示了各个阶段之间的关系和数据挖掘部署。

（1）任务理解。本阶段主要是从任务角度来理解数据挖掘的目标和要求，制订一个可行的数据挖掘计划。清晰地定义数据挖掘，是数据挖掘的关键前提。虽然挖掘的最后结果是预测，但要探索的问题应该是有预见的，如果盲目地去进行数据挖掘，是不会成功的。

（2）数据理解。数据理解阶段包括收集数据和对数据进行探索性分析两个部分。在这个阶段首先要搜集并熟悉所有与业务对象有关的内部和外部数据，在此基础上进行数据质量的鉴定，从中发现隐含信息的相关数据集。

（3）数据准备。数据准备强调在源数据的基础上运用建模工具建立最终的数据集。数据准备可能需要进行多次调整，而且没有任何预定的顺序；从实施上看，数据准备包括选择数据表、记录数据、属性分析以及转换和数据清理等。

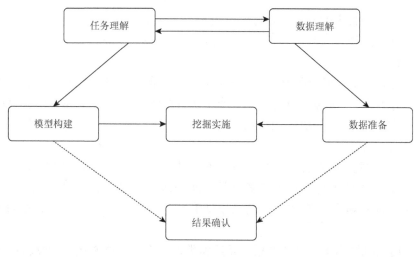

图 4-6　CRISP-DM 模型

（4）模型构建。本阶段需要选择和应用多种建模技术，设置模型参数。实施中，用户往往需要返回到数据准备阶段，以使数据适应不同模型的不同要求。由于同一数据挖掘可以采用不同模型，故要考虑数据挖掘工具在应用中的功能设计和实现。

（5）挖掘实施。挖掘实施阶段，已经建立了一个或多个数据分析的功能模型。在模型付诸应用前，还必须客观地评估模型，再回顾模型的构架，以确定模型真正能够达到预定的任务目标。其中，一个关键的问题就是确定是否存在一些重要的问题没有被充分地考虑，所以应作出数据挖掘的使用决定。

（6）结果确认。数据挖掘任务完成后的结果可以是简单的结果内容描述，也可以是对任务完成的复杂过程的描述。在结果确认阶段，要全面考虑多因素的影响，结果确认后经常要求扩展服务，以保证基于数据挖掘工具在任务实现中的正确应用。

4.3.2　数字信息挖掘的方式

数据挖掘采用的方法很多，根据不同的标准可以进行区分。一般而言，根据挖掘的任务可分为关联分析、分类分析、聚类分析、序列模式分析等。

（1）关联分析是从大量的数据中发现项集之间的关联、相关关系或因果关系以及项集的关系的分析方法。关联分析的目的是在数据库中发现存在的一类重要的关联知识。在关联分析中，若两个或多个变量的取值之间存在某种规律性联系，就视为关联关系。例如，买面包的顾客有 90%的人还买牛奶，这是一条关联规则。若商店中将面包和牛奶放在一起销售，将会提高它们的销量。

在大型数据库中，数据关联规则普遍存在，所以需要进行筛选。一般用"支持度"和"可信度"两个阈值来删除那些无用的关联规则。"支持度"表示该规则所代表的事例（元组）占全部事例（元组）的比例，如既买面包又买牛奶的顾客占全部顾客的比例；"可信度"表示该规则所代表事例占满足前提条件事例的百分比，如既买面包又买牛奶的顾客占买面包顾客中的 90%，则可信度为 90%。通常的数据挖掘系统使用最小可信度和最小支持度作为阈值来筛选有价值或有兴趣的关联规则，用户可以自行设定阈值，以调整挖掘结果。

（2）分类分析是数据挖掘中应用较多的方法，分类将信息或数据有序地集合在一起，有助于人们对事物的全面和深入了解。分类中所进行的类别概念描述，反映了数据的整体特性，即内涵描述特性，一般用规则或决策树模式表示。该模式可以把数据库中的元组映射到一定类别中的某一个。

类的内涵描述分为特征性描述和辨别性描述。特征性描述是对类中对象的共同特征的描述；辨别性描述是对两个或多个类之间的区别描述。特征性描述允许不同类具有共同特征；而在辨别性描述中不同类不能有相同特征。在应用中，辨别性描述使用更为广泛。

分类利用训练样本集（已知数据库元组和类别所组成的样本集），通过算法而求得。建立分类决策树的方法，典型的如 ID3、C4.5、IBLE 等；建立分类规则的方法，典型的有 AQ 方法、粗糙集方法、遗传分类器等。

（3）聚类分析是一种特殊的集合分类分析。与分类分析法不同，聚类分析是在预先不知道划定类的情况下（如没有预定的分类表、没有预定的类目），而需要根据信息内容相似度进行信息集聚的一种方法。聚类的目的是根据最大化类的相似度、最小化类间的相似性原则划分数据集合，途径是采用显式或隐式的方法描述不同的类别。

聚类分析方法包括统计分析方法、机器学习方法和神经网络方法等。在统计分析方法中，聚类分析是基于距离的聚类，如欧氏距离、海明距离等。这种聚类分析方法是一种基于全局比较的聚类，它需要考察所有的个体才能决定类的划分。在这里，距离是根据概念的描述来确定的，故聚类也称概念聚类。当聚类对象动态性增强时，概念聚类则称为概念形成。在神经网络中，自组织神经网络方法用于聚类，如科霍嫩模型等。这是一种无监督学习方法，当给定距离阈值后，各样本按阈值进行聚类。

（4）序列模式分析。序列模式分析和关联分析相似，其目的也是为了挖掘出数据之间的联系，但序列模式分析的重点在于分析数据间的前后（因果）关系。例如，通过挖掘发现数据库中如"在某一段时间内，顾客购买商品 A，接着购买商品 B，而后购买商品 C，即序列 A→B→C 出现的频度较高"之类的知识。序列模式分析描述的问题是：在给定的序列数据库中，按照时间排列，在序列数据库中进行排序，以得出关联结果。

根据挖掘的对象不同，数据挖掘除对数据库对象进行挖掘外，还有文本数据挖掘、多媒体数据挖掘、网络数据挖掘。由于对象不同，挖掘的方法相差很大。文本、多媒体、网络数据均是非结构化数据，其挖掘的难度相对较大。

对于通用的网络数据挖掘工具而言，人们所关注的网络数据挖掘可以分为网络内容挖掘、网络结构挖掘及网络用法挖掘。

（1）网络内容挖掘。网络内容挖掘是从网络的内容／数据／文档中发现有用信息。网络信息资源类型复杂、来源广泛，而数据资源又逐层隐藏在分布数据库之中，这就需要通过 Web 进行访问。除可以直接从网上抓取、建立索引的资源外，一些数据往往隐藏在网络之中，或存在于数据库管理系统（data base management system，DBMS）数据库管理系统之中，所以无法进行相对方便的处理。从资源形式看，网络信息内容由文本、图像、音视频、元数据等形式的数据构成，所以我们进行的网络内容挖掘实际上是一种多模态数据挖掘形式。

（2）网络结构挖掘。网络结构挖掘即挖掘 Web 潜在的链接结构。这种方式源于引文分析，即通过分析网页链接和被链接数量来建立 Web 链接结构模型。这种方式不仅可以用于网页归类，而且由此可获得不同网页的关联数据。网络结构挖掘有助于用户找到相关主题的节点，从而进行引导。

（3）网络用法挖掘。通过网络用法挖掘，可以解析用户的网络行为数据。从关系上看，网络内容挖掘和网络结构挖掘的对象是网上的原始数据，而网络用法挖掘则不同于这两者，它面对的是在用户和网络交互中抽取的数据。这些数据包括：网络服务器访问记录、代理服务器日志记录、浏览器日志记录、用户注册信息、用户交互信息等。

数据挖掘的三个方面的功能特点比较见表 4-1。

表 4-1　网络数据挖掘的比较

项目	网络数据挖掘			
	网络内容挖掘		网络结构挖掘	网络用法挖掘
	信息检索	数据库		
数据形式	非结构化、半结构化	半结构化、数据库形式的网站	链接结构	交互形式
数据构成	文本文档、超文本文档	超文本文档	链接结构	服务器日志记录 浏览器日志记录
表示	bag of words 模型、n 元语法、词、短语、概念或实体、关系型数据	边界标志图、关系型数据	图形	关系型表、图形
方法	TF-IDF 算法及其变体、机器学习、统计（包括自然语言处理）	proprietary 算法、指令级并行、修改后的关联规则	proprietary 算法	机器学习、统计分析关联规则
应用	归类、聚类、发掘抽取规则、发掘文本模式、建立分析模式	发掘高频的子结构、发掘网站体系结构	归类、聚类	站点建设、改进与管理、建立用户模式

从表 4-1 可知，网络数据挖掘涉及面广，采用的技术灵活，在面向用户的交互服务中可进行需求导向下的内容挖掘组织。

4.4　知识单元关联组织及其实现

在数字信息内容组织中，知识的关联关系是进行知识组织、知识管理、知识发现和知识创造的起点，更是构建知识链接的前提。知识关联关系的揭示需要应用共现分析、主题分析、相似度计算、知识图谱和关联数据等技术方法，从知识的本质属性出发，通过内部规律的探寻，揭示知识之间存在的序化联系，明确知识之间的隐含关联与寓意，从而发现更有价值的知识。

4.4.1　基于共现和聚类的知识关联组织

　　共现表示的是同时发生的事物或情形，或有相互联系的事物或情形。共现分析是将各种信息载体中的共现信息内容进行量化分析。在分析实现中，其方法论基础是心理学的邻近联系法则和知识结构及映射原则。基于这一理论，可以利用共现分析法来研究词汇之间的关联度，挖掘语义关联并将它应用于构造概念空间、自然语言处理、文本分类和文本聚类等方面。

　　文本共现是文本相互联系的外在表现，通过对文本共现现象的分析，可以了解文本之间所存在的关联类型和关联程度，能够从多个角度来挖掘隐含在文本中的各种信息。对于文献共现而言，受到关注的如论文耦合、论文共引、聚类等。

　　（1）论文耦合。论文耦合指两篇文献同时引用一篇或多篇相同的文献。科学文献之间的相互引用体现出科学探索的继承性。这种引证关系所构成的网络结构除了单一的相互引用关系之外，还普遍存在着数据内容耦合的现象。美国麻省理工学院研究发现，论文的专业内容越是相近，其参考文献中所拥有的相同文献的数量就越多，即耦合强度就越高。同时，相同参考文献的数目越多即耦合强度越高，就说明两篇文献之间的联系越紧密。一般认为，耦合文献之间往往具有相同的底层知识或者相同的研究背景。内容体现着文献之间的相关性，耦合强度反映出文献之间的关联程度。以此为基础，我们可以通过耦合分析来描述研究内容相近的论文簇，进而描述不同学科，不同领域的微观结构，甄别热点研究主题的核心文献等。由此可见论文耦合是文献内容相关的一种重要的外在表现，将其作为文献相关度判定是可行的。

　　（2）论文共引。论文共引在文献关联中是指两篇文献同时被其他文献所引用的现象，对于这一现象的研究，目前所取得的研究成果最多。 Small 曾对粒子物理学专业的知识关联结构进行了描述，他在研究中发现两篇论文的内容相似程度可以用被相同文献所引用的次数来加以测度。最初，Small 的共引理论提出这样的假设，即共引可以反映出文献主题内容的相似性，对共引关系的分析可以作为描述科学结构的一种有效方法。随着方法可靠性的确证，共引分析方法被越来越广泛地应用于学科内重要主题之间的关系揭示、科学交流模式展示和科学研究前沿探测等。鉴于共引行为的内在关系，共引可用于计算内容相似度计算。如中国生物医学期刊引文数据库的"相关内容"就是按共引文献展示的，可直接用共引强度衡量相关度。另外，CiteSeer 学术论文数字图书馆利用内容的共引关系来分析内容之间的相似度，分析中综合考虑了内容本身的总被引频次，借用 TF-IDF 算法来计算相关度。另一方面，共引分析也可作为知识聚类的方法，通过对学科领域内的数字文本和主题的汇集来提高分析算法的效率。

　　利用共引、耦合来判断相关性的优势在于无须对内容再次进行标引、切分和提取特征项，便可根据内容的特征信息进行关联分析。从而体现内容中涉及的理论、方法、技术及其细节上的关系，表征了内容的关联结构。

　　（3）聚类。在知识聚合中，聚类算法是将总体中的个体进行区分，以发现数据的分类结构，当一个类中的个体彼此接近或相似，而与其他内容的个体相异时，就可以对划分出来的每一类进行分析，从而概括出每一类的特点。这类算法主要分为层次化聚类方法、划分式聚类方法、基于密度的聚类方法、基于网格聚类方法、基于核的聚类算法、基于图谱的聚类方法、基于模型的聚类方法、基于遗传算法的计算方法、基于支持向量机（support vector machine，SVM）的聚类方法和基于神经网络的聚类方法等。

知识聚合中的聚类分析一般包含 4 个部分：特征获取与选择，即获取能够表示对象属性的数据，减少数据的冗余度；计算相似度，即根据对象的特征来计算对象之间的相似程度，在聚类过程中可以一次性地计算所有对象之间的相似度，也可以在聚类分析过程中按需计算对象之间的相似度。在分析中，具体过程依据所采用的聚类方法而定，根据对象之间的相似程度来判断对象之间的类别，即将相似的对象归入同一个类，不相似的对象分到不同的类中。在知识聚类结果展示中，展示的方式多样，可以只是简单地输出对象的分组，也可以是对聚类结果的图形化展示。

知识聚合中的聚类在于确定单元之间的关联关系，聚类分析方法，利用词频统计进行排序，从而得到数据挖掘和知识发现领域的主题词。为了进一步对主题词进行归纳，反映领域中研究主题之间的关系，还需要对主题词进行分析。其要点是，根据主题间关联关系，以及领域的潜在关联关系；同时，使用绘图工具绘制出主题间的关联网络图，通过关联网络发现主题间的关联结构。

4.4.2　基于语义相似度计算的知识关联组织

面对广泛存在的知识资源异构性问题，尤其是语义异构性，要满足用户对知识的深层次需求，有必要进行概念匹配分析。所谓概念匹配，即通过计算知识单元之间的语义相似度进行内容关联。语义相似度计算是知识源和目标知识单元之间在概念层面上的相似度量，在度量过程中需要考虑知识单元所涉及的语境和语义等信息。语义相似度的计算方法可以分为以下 5 种：

（1）对于字词的相似度计算。字词相似度计算主要包括字面相似度识别、多字词的词素切词识别和基于词汇一致性识别建立。基于字面相似度识别的计算方法是以词汇的构成特征为基础，经过词汇间的匹配达到同义词识别的目的。该方法的基本原理是根据构词特征进行规则性分析，以此作出判断。如果两词的字面相似度越大则成为同义词的可能性也越大。基于多字词的词素切词识别，主要针对多字词，理论依据是在多字词中按切分的词素对应关系进行处理。基于词汇一致性识别方法是利用专业词汇库中的词汇译名匹配，查找译名相同的词汇组。该方法的理论依据是在专业领域中实质性表达其含义，以此进行同义词判别，当不同词汇的译名如果完全相同，则该组专业词汇多数为同义词组。

（2）基于距离的语义相似度计算。基于距离的语义相似度计算是通过概念词在本体树状分类体系中的路径长度，来量化它们之间的语义距离，几种代表性算法有：按概念词之间的相似度与其在本体分类体系树中的距离，根据本体分类体系中所有边的距离同等重要原则进行相似度计算；在权重的处理基础上，进行相似度扩展，同时考虑概念在本体层次树中的位置信息以及边所表征的关联强度；计算时将组成连通路径的各个边的权值进行相加，以此计算两个概念词的距离；基于两个概念在本体树中与其最近公共父节点概念词的位置来计算其语义相似度；鉴于用户对相似度的比较判断往往是介于完全相似和完全不相似之间的一个具体值,所以按两个概念之间在分类体系树中的最短路径和最近公共父节点所处的深度进行计算。

（3）基于信息内容的语义相似度计算。该算法基于一个假设：如果两个概念词有共享的信息元,那么它们之间就存在语义相似度；共享的信息越多,语义相似度就越大；反之,则语义相似度就越小。根据信息论,衡量概念词中的信息含量,可以通过概念词在特定文献集中所出现的频率来表征,频率越高,其信息内容就越丰富；反之,其信息内容就越少。在本体分类体系树中,每个概念子节点都是基于其父节点概念的信息内容细分或具体化而得出的。因此,要衡量祖先节点的信息内容,可以通过其子节点概念词的信息内容来加以计量。基于同样的道理,比较两个概念词之间的相似度,可以通过比较它们的公共父节点概念词的信息内容来实现。在本体分类体系树中,一个父节点往往有多个子节点,而一个子节点概念词可能对应多个父节点概念词。因此,两个被比较的概念词之间的公共父节点概念词可能不止一个,一般取所含信息内容最多的那个。

（4）基于属性的语义相似度计算。知识的属性特征反映着信息内涵知识,人们用以区分或辨识知识的标志就是属性特征。知识之间所拥有的公共属性数决定了二者之间的关联程度,这就是基于属性的语义相似度计算的原理。总体上,两个被比较的概念词所共有的公共属性越多,二者之间的相似度就越大。属性算法模型,是一种典型的基于属性的语义相似度计算模型,但是该模型只考虑了被比较概念的属性,却未考虑其在分类体系树中的位置,同时忽略了其祖先概念节点及其自身的信息内容,所以,相应本体的属性集在这一算法中具有互补性,所以应进行综合利用。

（5）混合式语义相似度计算。混合式语义相似度计算实际上是对基于距离、基于信息内容和基于属性的语义相似度计算方法的综合。也就是说,该算法同时考虑两个被比较概念词的位置、边的类型以及其属性等。Rodriguez 等提出的语义相似度模型同时考虑关键词的位置和属性,所包括的具体内容有被比较概念词的同义词集、语义邻节点和区别特征项。事实上,两个概念之间的关联可以通过多个路径来建立,如果将所有路径都考虑在内,那必然会导致问题复杂化。因此,可以提出基于共享概念词集的计算模型。在模型中,进行复合关键词的分析,将这些概念分解成多个子概念。相比较而言,综合算法模型不仅可应用于计算同一个本体中概念词之间的相似度,而且能够用于计算不同本体中概念词之间的相似度。

4.4.3　基于主题地图和关联数据的知识关联组织

主题地图是一种用于描述信息资源知识结构的元数据图形化表达形式,它可以定位某一知识概念所在的资源位置,也可以表示概念间的相互联系和知识层面上的关联。

主题地图方法作为一种有效组织和管理大量数字资源的方法,其使用旨在建立符合资源特征的知识架构。主题地图利用丰富的语义置标来定义主题的类、关系和出处,从而表现知识结构。它既是组织的一种方法,也是知识结构的一种表示语言。所以,利用主题地图可以有效组织无序的异构资源,体现资源的语义结构,进而进行知识关联。国际标准化组织制定的相应标准对其进行了规范,所以其形式比较统一,既能以结构化方式模拟领域知识，也能实现知识结构的可视化呈现，从而便于用户领会基础概念及其之间的关系。在应用中，主题地图通过建立领域知识概念结构来建立知识导航机制。与其他知识组织技术相比，主题地图具有以下特性。

（1）主题之间可通过多种方式进行关联，能够解决大量连续生成的信息问题，所以是一种有效的知识组织和管理工具。

（2）主题展示中，可以采用高度交叉的方式对资源进行组织，构建知识关联关系，在此基础上，用户既可以了解特定的领域知识，也可通过知识地图认识庞大复杂的领域知识体系。

（3）主题地图可用于抽象知识内容的组织，形成知识地图，从而利用多方面信息来创造知识结构，构建结构化的语义网络。

在基于主题地图的知识关联组织中，可按以下步骤进行。

（1）创建概念知识库。创建概念知识库首先要分析和组织主题概念，针对各种不同的数字资源，根据资源的主题内容，析出可以代表各资源的主题概念。这一阶段需要收集知识资源涉及的概念，分析概念和概念之间的关系，构建主题地图的概念网络。由于知识资源包罗万象，建立概念模型需要各个领域专家的参与，以确保所开发出来的概念模型可以共享。在功能实现上，既能够体现共同认可的知识，又可以反映相关领域中公认的概念集。

（2）建立本体库。确定主题所包含的知识集之后，需要描述并表示知识，最终建立主题词库。这是一种知识概念化和形式化过程，需要设计领域知识的整体概念体系结构，利用主题概念和关系表示领域概念知识。其次，通过领域专家来验证主题词库，检查各主题元素在句法、逻辑和语义上的一致性，对主题概念和主题地图相关的软件环境和文档进行技术性评判。最后，将主题地图概念发布到相关的应用环境，以进行配置。

（3）编制主题地图并建立资源与主题的映射关系。采用主题地图描述语言标记生成的主题地图，对概念及概念之间的关系应经过主题地图标记，使其在相应的程序中得到正确的反映；在主题地图概念层构建之后，需要在资源层中的知识资源与概念层相应主题间来建立映射和连接；通过对资源进行自动标引和分类，确定主题词，并实现知识资源与主题地图具体概念的匹配。

关联数据是一种用来在网上发布或连接结构化数据的最佳方式。近 10 年来，使用这种方式的数据提供者越来越多，使全球数据空间的快速扩展。关联数据的应用同时使网络功能拓展，在全互联数据库中，可以获取包括来自各方面的大数据，如在线社区、统计和各领域的数据。在语义网中可以方便使用 URL 和 RDF 发布、分享、连接各类数据和知识。与混搭平台依托的固定数据源利用不同，关联数据应用依赖于一个非绑定的全球分布式数据库。所以，作为一种新型的网络数据模型，关联数据具有框架简洁、标准化、自助化、去中心化、低成本的特点，它同时强调建立已有信息的语义标注和实现数据之间的关联。在应用中，关联数据已产生了广泛的影响。为构建人际理解的数据网络提供了保障，为实现知识链接奠定了基础。

关联数据可以通过 HTTP 协议组织并获取支持，它允许用户发现、关联、描述并利用这些数据，强调数据的相互关联以及有益于人际理解的语境信息表达。Lee 认为，创建关联数据应遵循 4 条规则：用统一资源标识符（uniform resource identifier，URI）作为对象的名称；通过使用 HTTP URL，A-f3 可以定位到具体的对象；通过查询对象的 URL，可以提供有意义的信息（采用 RDF、SPARQL 标准）；通过提供相关的 URI 链接，可以发现更多的对象。根据以上 4 条规则，可以创建一系列的本体，如 FOAF（friend of a friend）所描述的用户之间的交互关系，在描述中每一用户都有唯一的 URI，可以按身份配置文件。

关联数据分析技术在知识关联组织中的应用是基于 RDF 链接来实现的。RDF 对资源的表达主要是通过由主语、谓词和对象所组成的三元组，以 RDF 模型来表达事务、特性及其关系。RDF 链接可以通过设置生成。对于大规模的数据集，则需借助于特定命名模式的算法、基于属性的关联算法等，在不同数据集之间生成自动关联。其中，需要针对特定的数据源，开发专用的特定数据集的自动关联算法。RDF 链接作为数据网络的基础，不仅可以链接同一数据源中的资源，而且可以实现不同数据集之间的关联，从而将独立的资源编织成数据网络。

采用关联数据的方式在网上发布数据集的过程通常包括三个步骤：首先，给数据集描述的实体指定 URI，通过 HTTP 协议下的 URI 参引，获取 RDF 表达；其次，设定指向网络其他数据源的 RDF 链接，这样客户端程序就能跟随 RDF 链接在整个数据库中进行导航；最后，提供发布数据进行描述的元数据，这样利用客户端可对发布数据的质量进行评估，对此可以在不同的连接方式中进行选择。

4.4.4　基于关联规则的知识关联组织

关联规则是表示数据库中一组对象之间某种关联关系的规则。关联规则问题由 Agrawal 等首先提出，后来许多研究者都对关联规则的挖掘进行了持续研究，从而改进和扩展了最初的关联规则挖掘算法。同时，关联规则的挖掘被应用到许多领域的数据库中，取得了良好的效果。

通过关联规则挖掘也可以揭示知识之间的关联关系。它主要针对用户行为和需求的分析，即使知识间具有相同/相似/相近的关联关系。关联规则挖掘主要用于帮助用户快速准确地找到所需数据内容，实现用户需求与信息推荐的匹配，以满足用户的个性化需求。诸如亚马逊等基于关联规则的挖掘，推出了多种形式的个性化推荐服务。与此同时，根据用户记录，可以为用户提供更多相关信息。关联规则挖掘可用于数字信息服务的各个方面：借助关联规则，可根据用户的历史数据来发现和挖掘数据之间的关联关系；发现用户的使用模式，根据用户的兴趣模式提供主动的个性化服务，帮助信息用户发现数据间潜在的关联；根据用户的兴趣度来推荐相关专题信息；跟踪用户的兴趣变化，发现用户的最新需要。

基于关联规则的知识关联组织，主要应用在协同过滤推荐系统中。它是通过挖掘群体用户访问行为数据来实现的，发现用户与用户之间、资源与用户之间所存在的关联关系或特征，以向当前用户推荐其可能感兴趣和有价值的资源对象。用户关联推荐步骤包括：获取有关用户访问行为、用户兴趣等信息，以及有关用户对于资源对象的属性或偏好程度的评价信息等；分析和发现用户之间，以及项目之间的特征联系，也就是其相似性或关联性；对用户之间的相似性和资源对象的关联性计算，可以通过用户对资源对象的评价计算出资源对象的相似性；根据当前用户的访问过程，适时产生和输出推荐列表，根据用户的偏好确定推荐信息内容。

关联规则的挖掘建立在拥有大量用户数据的基础上，其应用可扩展到各个领域。在应用中，可以借助面向内容的文本信息处理或者通过对信息资源获取的聚类分析来弥补其不足。一方面，从大量的文本特征中构建有效的分类器；基于分类器对文本进行分类，如果文本所分类别与用户兴趣相符，那么就推荐给用户。另一方面，用相关特征来定义将要推荐的信息，然后系统通过用户交互，按用户的兴趣推荐信息。

目录关系是界定两个或两个以上实体在目录中所存在的特定关系，目录的汇集和导航主要依据实体间的关系链接形成，通过相关编码规则的制定、查证与补充，进行规范控制。在建立目录关系的同时，可以对其中所蕴含的知识进行关联组织。

目录关系主要有如下类型：等同关系，泛指知识内容相同的信息载体，包括相同和不同载体表现的信息关系；衍生关系，指信息内容的转化和延伸关系；连续关系，反映相关目录之间呈现的时间性关系，主要包括知识所反映对象的先前和后续关系；共有特性关系，反映两个对象可能并不具有相关性，但却共有某些外部特性。

书目记录的功能需求（functional requirements for bibliographic records，FRBR）在描述内容上具有现实性。模型中包括实体、属性、实体间关系和用户认知的映射关系。FRBR打破了传统编目中概念的单一性和平面性，构建了一个具有层次结构的概念模型（图4-7）。该模型揭示出 4 个实体之间的层次关系：一个对象可以通过一种或多种"内容表达"予以揭示，但一种"内容表达"只能揭示一个对象；一个"内容表达"可以通过一个或多个"载体表现"来体现；反之，一个"载体表现"也可以体现多个"内容表达"，一个"载体表现"可以具体化为多个"单件"，每一个"单件"只能体现为一种"载体表现"。在图中，虚线之上的两层代表知识内容，属于抽象概念范畴，下面的两层是体现这些内容的物理形式。

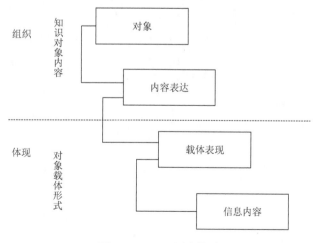

图 4-7　FRBA 层次关系

如图 4-7 所示，在揭示书目实体间关系的同时，也应反映知识之间的相互关系，以便在不同载体形态和内容知识组织中，通过内容关联将不同数据进行整合。

知识关联组织体系反映了知识概念、主题或类目间的相互关系，所注重的知识结构关系作为知识关联的基础而存在。这说明，知识关联组织体系本身就是对知识关联关系的一种组织体系。当然，不同的知识关联组织体系，其面向的对象、领域、层级深度、概念颗粒度等各不相同，所以在知识关联揭示中需要选择合适的知识关联组织体系，或对同一知识概念进行多角度的表达和组织。

在基于知识关联组织体系的内容关联中，按体系特征可采用以下不同方式。

（1）基于结构化词表可以建立知识概念间等同关系。主要是把同义词典作为同义语料库，利用该语料库中所含同义词组与领域专业词汇库匹配，找出在领域专业词汇库中出现且在同义词词库中是同义词的词组，借助现有的同义词词典匹配出专业词汇库中的同义词组，从而构建知识单元间的等同关系。

（2）基于百科词典可以实现词间关系的提取和识别。百科词典中的词汇释义解释有其固定的表达模式，通常是使用同义词、准同义词和上下位词来对概念词汇进行解释。如果以海量的词汇释义库为基础，则可以枚举计算出各种词间关系的模式，并在词汇释义库中匹配词汇释义，确定符合等同条件的词间关系。

（3）利用分类主题一体化词表中概念层级体系关系揭示知识间隶属和相关关系。以"医药卫生"为例，选择"医药卫生"类目，在此类中既有医药领域各概念的分类，又有概念之间的"用"、"代"、"属"、"分"和"参"等关系，在建立医药领域概念间知识关系时，可以方便快捷地获取所需的概念及其概念间关系。

（4）基于词库系统来确认知识概念间关联关系。词库系统基于语义结构建立概念间的关系，各词库系统的任务目标与设计构架不同，所以存在各词库系统中概念间关系与类型描述差异。由于各词库系统多数为从概念间通用语义结构角度而建立的概念间关系，所以词库系统之间的逻辑关联可用于建立知识描述关联体系。

第 5 章　　大数据应用中的智能化交互与体验设计

数字智能背景下，随着计算机技术日渐融入社会活动的各个方面，大数据应用中的人机交互已成为必须面对的重要问题。在发展中，智能化交互技术使计算机与人之间的信息交换更为便捷。数字服务中以用户为中心的智能交互，可以充分理解用户的意图，融合用户视觉、听觉等交互通道，为智能化服务的开展提供支持。

5.1　数字服务中人机交互的智能化发展

计算机从诞生到发展，对人们的工作和生活都产生了深刻的影响。人机交互技术作为人与计算机之间信息交流的接口，对人的认知和计算机的发展都起着非常重要的作用。

5.1.1　人机交互发展进程及现状

人机交互是指人与计算机之间使用某种机器语言，以一定的交互方式，为完成特定任务的人与计算机之间的信息交换过程。为实现这个过程，需要展示人的信息认知过程及交互行为习惯，以此为依据进行交互系统的设计，进而将计算机与人联系起来，实现人与计算机的高效交互。因此，人机交互研究受到了包括计算机科学、认知科学、信息科学等多个学科的关注。

人机交互的发展是从人适应计算机发展到计算机不断适应人，交互的信息也由精确的固定格式信息输入、输出，转变为较为模糊的、符合用户习惯的输入，强调计算机理解用户意图后的输出。总结人机交互的发展过程，可以大体上分为 5 个阶段，如图 5-1 所示。

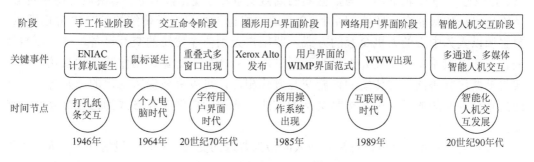

图 5-1　人机交互发展阶段

（1）手工作业阶段。1946 年世界上第一台计算机 ENIAC 在宾夕法尼亚大学诞生，此时的人机交互很难实现，一般由专人使用计算机，并依赖其手工操作通过打孔纸条的形式实现指令与结果的输入和输出。

（2）交互命令阶段。1964 年恩格巴尔特发明了鼠标，20 世纪 70 年代，Xerox 研究中心的艾伦·凯发明了重叠式多窗口系统，用户得以通过计算机实现实时编辑、复制粘贴、多窗口处理等操作，从而实现真正意义上的人机交互。此阶段主要由计算机的使用者采用交互命令语言与计算机交互，虽然使用者需要记忆很多命令程序，但已经可以较为方便地调试程序并了解程序执行的状况。

（3）图形用户界面阶段。1973 年第一个带有现代图形用户界面（graphical user interface，GUI）的设备 Xerox Alto 发布，GUI 包含了窗口（windows）、菜单（menus）、图标（icons）和点击设备（pointing device）4 个部件，这也组成了用户界面的 WIMP（window，icon，menu，pointer）界面范式。GUI 较文本界面更加直观并且不受语言限制，自出现以来受到了用户的普遍欢迎。并且由于 GUI 简明易学，即使不了解计算机的普通用户也可以熟练使用，所以 GUI 的出现扩大了计算机的用户范围，使得信息产业得到飞速的发展。

（4）网络用户界面阶段。随着万维网（world wide web，WWW）的出现和网络标准及协议的应用，人机交互得以进入网络用户界面阶段。Web 服务器应用超文本传输协议 HTTP 来传递超文本置标语言 HTML，用户通过 Web 服务器向计算机发出服务申请，计算机进行处理后采用静态响应或动态响应的方式向用户展示结果。从总体上看，此阶段人机交互技术的特点是发展迅速，新的技术如搜索引擎、多媒体动画、文本聊天工具等接连涌现。

（5）智能人机交互阶段。随着多媒体技术的发展，计算机的输入输出形式不再局限于文本内容，逐渐向文本、图片、音频、视频等多种形态信息的集成处理发展，多通道、多媒体的智能化人机交互成为人机交互的关键。智能化人机交互系统既包括前端输入信息的智能化，即支持更为灵活、复杂的用户信息输入方式，如文本、语音、图片等，也包括后端的智能化信息处理，即在进行用户信息处理和整合方面，能够准确识别用户意图，生成用户需要的结果。

随着数字信息技术的进一步发展，计算机已广泛且深入地融入人们的工作、生活之中。智能化背景下，人机交互的目的也转变为支持用户间的高效信息交流（社交网络、智慧办公等）、辅助用户与数据间的高效交互（可视化数据分析、决策支持系统等）及构建用户的智能交互环境。同时，交互的方式也不再局限于传统的 WIMP 界面范式，更强调以人为中心的人机交互的方式，即用户无须依靠传统的交互设备，便可以直接进行与计算机系统的交互。人机交互通过用户的视觉、听觉、动作等多种直接交互方式与机器进行协同，与传统的设施交互方式相比，可以有效保留用户的原始意图，从而提高交互系统的可靠性。按照交互的方式，典型的自然交互方式为语音交互和动作交互。

（1）语音交互。有声语言是人与人间最为普遍的交互方式，一般情况下，人们可以自然表达和理解他人的话语，其原因在于人们不仅能够通过语音捕获语音中传递的信息，而且可以感知和理解语音反映的对象身份特征和情感状态特征。针对传统的文本形式的局限，自然语言处理和基于文本的用户意图理解，在应用于用户交互理解中得以迅速发展。

在语音交互系统中，一般通过设备接收和发出语音信息。在信息处理中，经由后台的语音识别，为用户提供各类服务。语音交互极大地简化了用户在完成一个任务时从心理目标到物理操作的转化，用户可以直接将所需服务的心理目标转化为符合用户习惯的语音命令，无须经过与图形界面进行交互这一系列物理操作，从而简化了用户的操作步骤。语音交互界面通过命令模式和对话模式控制语音对话交互过程。从获取的语音表现形式来看，语音既具备语言学特征，也具备声学特征。在进行语音识别和用户意图理解时，既需要对语音内容进行识别，也需要对音频信号进行特征提取和用户意图建模。在进行语音文本内容建模时，主要应用语言模型刻画用户的语言表达方式，通过分析语言中词与词间的排序关系，明确词在结构上的内在联系。N-gram 语言模型是当前语音识别中最为常用的语言模型，用来表示长度为 N 的词串的出现频率。而 N-gram 语言模型引入了马尔可夫预测法，即某一个词语出现的概率只由其前面的 N−1 个词语所决定，因此词串的概率 $p(\mathrm{W})$ 可以表示为：

$$p(\mathrm{W})=p(w_1^K)=\prod_{k=1}^{K}p\left(w_k\middle|w_1^{k-1}\right)$$

其中 K 表示该次序列中包含词的个数，w_k 表示词序列中的第 k 个词。

用户的语音信息经由语音交互界面采集后形成波形数据，在声学特征方面，需要进行声学特征抽取和声学特征建模。声学特征抽取和声学建模技术曾经是两种相对独立的技术。声学特征抽取旨在从复杂多变的语音波形中抽取相对稳定的最能代表发音内容的特征向量，而声学建模意在统一描述声学特征的内在规律。随着语音识别技术的发展和神经网络的应用，声学特征抽取和声学建模技术从相对独立逐步走向融合统一。应用中，可通过利用多层网络结构对原始的声学特征进行层层变换，形成更好的声学特征；同时可在最后的顶层网络中进行区分度训练，最后将特征优化抽取和声学建模融合在同一个网络中，从而获得更好的语音识别效果。

（2）动作交互。行为动作是人与现实世界交互的主要媒介，动作可以是全身的、上肢的或者只是手部的动作。在人机交互领域，动作的高效识别和行为的准确理解可以使人机交互的方式更加自然和灵活，以此达到有效交互的目的。动作交互包括基于动作的目标获取和用户动作识别及意图分析两个方面。

目标获取是动作交互系统的前提，随着交互界面技术的发展，很多交互界面，如大屏幕、虚拟现实和增强现实设备等，为获取复杂、细致的用户行为动作提供了可能。在实现中，系统获取动作目标的方式可以分为直接和间接两种。直接的动作获取要求用户通过接触目标位置对其进行直接选取，例如在增强现实的应用中，用户通过以手部接触的方式完成虚拟目标的选取；间接的动作获取则需要用户通过身体部分的位置和姿态来控制和移动光标，借助指示位置实现目标选取，如用户通过控制一束虚拟光线选取需要交互的目标等。

用户动作识别及意图分析包括动作建模、交互动作类型划分和基于运动感知的动作意图识别三个部分。其中动作建模需要构建动作的几何模型、运动模型和交互模型。几何模型用于虚拟环境中图形显示动作形态,对于虚拟外形的几何模型建模是一个较为烦琐的过程,且在计算时会加重虚拟仿真的负担。因此,可以综合考虑将精细的虚拟人体部位几何模型进行简化处理。运动模型构建时,由于不同部位的拓扑结构差异,采用单一结构识别难以有效表达多维运动特性,所以有必要对虚拟人体运动进行建模。在此基础上,为了让用户动作能够正确地传达交互意图,还要建立高效的人体动作的交互模型。通过建立用户动作与虚拟对象间的关系,将动作与特定的指令联系起来,以便将最终处理的信息返回给用户。

5.1.2　数字智能环境下人机交互的核心问题

通过对人机交互发展和应用归纳,可以概括出目前人机交互发展的核心问题,其中包括发展模式、交互界面和智能化信息处理技术。

从人机交互实现上看,人机交互的发展模式可以归纳为技术的变革和范式的变迁这两个部分。技术的变革导致范式的变迁,而范式的变迁又进一步促进了技术的进一步发展。这一过程的结果便是人机交互技术从概念提出到范式实现,再走向实际应用。首先,从技术的发展和范式变迁的关系来看,智能技术的进步致使当前范式已经不能适应技术发展环境,所以对范式的变迁提出了要求;与此同时,新范式的出现如果满足了技术发展的需求,又会进一步促进技术的进步。

在计算机发展过程中,在某种程度上范式的变迁起着关键的作用,可以说是范式的变迁引导着人机交互的发展。例如 WIMP 界面范式的出现使图形用户界面的需要得到了满足,从而极大地促进了图形用户界面的应用,创造了个人计算机时代的辉煌。但是随着计算能力和交互场景的变化,WIMP 界面范式存在着无法满足日益变化的交互需求问题,围绕使用感知有限、输入/输出不平衡等,需要突破制约了人机交互的发展的瓶颈,以开拓新的交互应用空间。

智能交互为突破这一限制,需要新的范式来满足新技术的需求。十余年来,一些学者提出 Post-WIMP 和 Non-WIMP 等框架,力图突破图形用户界面限制,满足新应用场景,使交互过程更为自然。例如,针对交互场景 PIBG(physical object, icon, button, gesture)的局限,面向计算交互场景的用户界面和针对智能系统界面设计的 RMCP(remote mail checking protocol)范式随之出现。而正是这些新的界面范式推动着人机交互的进一步发展,从而引发新的应用。

用户界面(user interface, UI)包括支持人机之间交互的软件和硬件系统,是人机交互系统的重要组成部分。用户界面发展大致经历了 3 个阶段,分别是批处理接口(batch interface, BI)、命令行界面(command line interface, CLI)和 GUI。随着新的交互场景和交互技术的出现,GUI 已无法满足新一代交互需求,所以需要更加直观、更为人性化的自然用户界面(natural user interface, NUI)。面对下一代交互界面的主流需求,应致力于自然的交流方式(自然语言和动作)的应用发展。从总体上看,用户界面将被更为自然、更具直觉的智能交互界面取代,以满足触摸控制、动作控制、自然语言控制等功能实现。

　　用户界面框架涉及界面设计、界面开发和界面评估，其中包含隐喻、可见性、界面范式和用户体验，如图 5-2 所示。

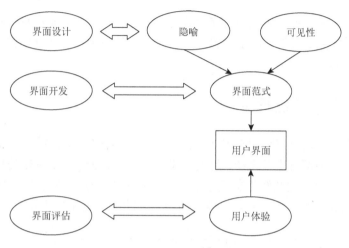

图 5-2　用户界面框架

　　界面设计中，隐喻是将用户界面中的概念拟为一种人们熟悉的认知结构，用于反映其交互内容，这些隐喻具有指示界面元素的作用，以便用户识别对象之间的特征联系。例如，WIMP 界面范式框架中，将图形界面元素喻为用户熟悉的接口表征等。

　　可见性是指认知对象所显示的固有特征反映，在于使用户能够了解如何与其交互。隐喻和可见性是一个对象作用的两个方面，可见性即对象事物的可显示性，而隐喻则是指向用户的认知引导。

　　范式是理论框架基础上的规范形式，界面范式则是用于引导用户的界面模式。界面范式可以被认为是界面设计的基础，其作用是提出设计构架。典型的界面范式如WIMP 界面范式等，在应用中规定了图形用户界面的基本组成单元，在图形界面开发中具有重要作用。

　　用户体验是指用户对客体对象主观感受，包含用户在使用界面过程中所感受到的全部内容。一定场景下，用户体验具有动态性、情境依赖性和主观性的特点。对用户体验可从情境体验、对象体验等特征出发进行描述。

　　随着深度学习在多个领域的应用发展，人工智能迎来了新的发展机遇。从而引发了人们对智能革命的进一步关注。与此同时，智能交互设备的应用使人机交互空间发生了新的变化。另一方面，语音分析、运动识别等技术的进步，对个人特征的安全认证提出了新的要求，由此决定了人机交互技术的发展轨迹。

　　未来的人机交互，将会演变成人和智能机在物理空间、数字空间及社会空间上的交融。在数字信息资源利用中，和计算机自然交互是智能机存在的必备条件。因此未来人机交互技术的发展，除从不同角度对人机交互进行实现外，人作为人机交互的核心，也将随着技术的发展与交互设备融为一体。因此，未来的人机交互将趋同于交互感知，计算机的主要交互行为将变成感知行为，以此实现智能化大数据服务目标。

5.2　智能交互系统框架与规范

智能交互系统框架是智能交互服务的基础,在技术上提供了基本的构架原则和功能结构规范。在基于智能交互框架的交互设计中,除相应的技术模块和功能组合外,智能交互设计是其中的重要环节。

5.2.1　智能交互系统框架

智能交互时代,人机交互的应用从专门领域扩展到社会活动的各个方面。对此,苹果公司开发的 Siri 智能语音交互系统、科大讯飞的讯飞语音云平台、微软的体感交互等得以迅速发展。在结构上,这些智能交互系统遵循了输入/输出层、控制层、知识层的系统框架设计原则,其具有共性特征的各个层次的模块和功能如图 5-3 所示。

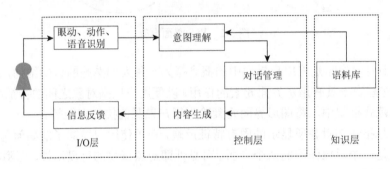

图 5-3　智能交互系统框架

如图 5-3 所示,智能交互系统框架由相互关联的模块所构成,其间的交互关联和功能作用决定了智能交互的实现。

在智能交互系统中,输入信息不再局限于单一形式的信息录入,更多的是语音识别、手势、眼动信号等自然交互信息。因此,输入层的核心任务是通过相关技术识别这些自然交互数据,将其转换成文本指令,以输入到控制层的意图理解模块中。由于各通道的媒介形式存在区别,应用的关键技术也有差异,对于以目前的语音识别和手势识别,其差异显而易见。

语音识别。语音信号是一种非平稳的数字信号,其形成和感知过程就是一个复杂信号的处理过程。同时,人脑具有多维处理结构特征,对语音信号的处理实际上是一种层次化的多维处理过程。浅层模型在语音信号的处理过程中会相对受限,而深层模型则可以在一定程度上模拟人类语音信息的结构化提取过程。由此可见,深层模型比浅层模型更适合于语音信号处理,深度学习引起了语音信号处理领域的关注。2009年,深度学习被应用到语音识别任务,相对于传统的高斯混合模型(gaussian mixture model,GMM)语音识别系统获得了超过 20% 的相对性能提升。此后,基于深度神经网络(deep neural networks,DNN)的声学模型逐渐替代了 GMM,成为语音识别声学建模的主流模型。这一实践应用，极大地促进了语音识别技术的发展，突破了某些实际应用场景下对语音识别性能要求的瓶颈，使语音识别技术走向了实用化。语音识别的核心技术是声学特征提取和声学建模技术。声学特征提取是从复杂多变的语音波形中提取相对稳定的内容特征数据；而声学建模在于统一描述声学特征内容。深度神经网络使特征提取和声学建模趋于深度融合，它通过多层网络对原始声学特征进行变换，形成可供识别的声学数据；在最后的顶层网络所进行的区分度训练中，可通过特征数据抽取和声学建模融合，在同一个网络中进行优化，以获得-性能上的提升。

　　基于计算机视觉的手势交互中，用户仅需做出手势，摄像机便会自动采集手势图像信息，机器通过对图像数据进行视觉处理和判别。因此，基于计算机视觉的手势交互技术，以其自然、无接触和符合使用习惯的优点，已成为目前较理想的人机交互方式之一。基于计算机视觉的手势识别流程包含手势检测与分割，以及手势建模两大核心构件。手势检测与分割是实现手势识别的前提，分割效果直接影响后续处理结果。手势检测旨在识别采集的图像中是否含有手势及手势在图像中的位置；手势分割则是通过相应的判断依据区分手势像素点和非手势像素点，实现手势与背景的区分。目前常用的手势检测与分割根据区分依据，有基于深度阈值的分割、像素点聚类分析和图像深度结合区分。基于深度阈值的分割得益于深度传感器的普及，可通过手势与背景深度图中的阈值来进行区分，然而此类方法多受场景限制。像素点聚类分析以特征空间点表示对应的图像像素，根据像素在特征空间的聚集对特征空间进行分割，最后通过映射到原图像空间得出分割结果。对图像的像素点进行距离分析，可通过手部形状先验数据提取聚类特征，以实现分割目标。手势建模可以帮助手势识别系统识别用户的大部分手势。手势建模方法主要有基于表观特征的手势建模和基于三维模型的手势建模。基于表观特征的手势模型利用的是肤色、纹理、手型、轮廓等来进行建模，主流的建模策略有灰度图、可变形模板、图像特征属性、运动参数模型等。基于三维模型的手势建模的依据是动态手势中存在的关节约束和运动依赖关系，建模方法包括了纹理模型、网络模型、集合模型、骨架模型等。

　　图 5-3 中的控制层主要包括意图理解、对话管理、内容生成三大模块。意图理解模块是智能交互系统的核心模块，它根据文本指令识别用户的意图，在意图理解模块中，按照概率大小可依次输出 3 个可能的意图，传递给对话管理模块。对话管理模块根据上下文进一步对意图进行判断，由内容关联模块生成应答文本，输出至 I/O 层。

　　在意图理解模块中，接收的为文本数据、图像或语音数据，其中语音数据经过语音识别后转化为文本，图像数据通过分析得到图像的特征，最终输出为预设的若干意图当中的一个或多个。也就是说输入一个文本指令，意图理解模块就输出一个或多个对应的可能意图。

　　对于文本指令，可先行对指令进行分词处理，得到相应词序列，然后通过一个适宜的语言模型对其进行建模，最后使用一个分类算法对其进行分类，输出意图列表及相应概率。而对于图像指令，则通过提取图像特征，通过机器学习、深度学习等模型训练，对图像意图进行分类，最终输出为意图列表及相应概率数据。

　　为了实现意图理解，可建立语料库，辅助进行人工标注。语料库中的数据结构为"文本指令—意图"和"图像指令—意图"形式。其中：文本指令通过各种自然语言进行表征，包含了各种说法；图像指令是指各种手势图像的特征展示，意图则是指向对应的机器操作，具体采用如下形式定义。

```
function parameter parameter [1,2,……]
```

其中函数名（function）表示了操作类型，后面的参数表示一些细节信息，以对操作进行进一步的细分。

5.2.2 人机融合智能规范设计

人机融合智能的形成以人工智能的深层发展为基础，包括机器与人、机器与环境及人、机、环境之间关系表征支持。人机融合智能作为由人、机、环境相互作用而产生的新型智能系统，其智能融合原理如图5-4所示。

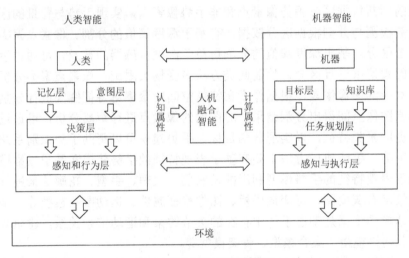

图 5-4　人机融合智能原理

人机融合智能与人工智能不同，其特征主要表现在三个方面：首先是智能输入端，人机融合智能把设备传感器采集的数据与人主观感知到的数据结合起来，构成一种新的处理方式；其次是智能数据中间处理过程，强调机器数据计算与人的认知融合，以构建一种独特的理解模型；最后是智能输出端，它将机器运算结果与人的价值决策相互匹配，形成概率化与规则化有机协调的优化判断。人机融合智能也是一种群体智能形式，不仅包括个人还包括大众，不但包括机器装备还涉及应用机制，以及自然和社会环境等。

人机交互与人工智能相互促进，随着人脸识别、语音识别、手势识别、姿态识别、情感识别等人工智能技术的进步，智能算法与人机交互出现了互相融合的趋势。目前在手势、语音视觉、情感计算等方面的人机交互技术标准具有十分重要的位置。

手势交互是人机交互技术发展的一个重要方面，旨在实现更智能、更自然的交互效果。

谷歌、微软、英特尔、苹果、联想、华为等均对手势交互方法进行系列研发，已推出使用触摸手势、笔手势、空中手势多形态的手势交互产品。然而，在信息交互与识别技术领域，手势交互的国际、国内标准比较匮乏，如针对手势交互的分类、识别并无相应标准。对此，中国电子技术化标准研究院和中国科学院软件研究所等 10 余家单位起草，通过国家市场监督管理总局、国家标准化管理委员会发布了《信息技术 手势交互系统 第 1 部分：通用技术要求》（GB/T 38665.1-2020）和《信息技术 手势交互系统 第 2 部分：系统外部接口》（GB/T 38665.2-2020）两项标准，以规范手势交互系统的框架范围、功能要求、性能结构以及输入/输出接口形式和数据格式。手势交互标准的推广应用，有助于不同操作系统、数据获取终端和识别框架下的手势交互应用开发，适用于不同手势交互系统之间的数据交换，对人机交互软件技术的发展具有重要作用。

语音交互涉及声学、语言学、数字信号处理、计算机科学等多个学科，其交互技术包括语音合成、语音识别、自然语言理解和语音评测技术等。目前，国际标准化组织 2016 年已发布《信息技术 用户接口 语言指令 第一部分：框架和通用指南》（ISO/IEC 30122-1-2016）标准，重点关注语音交互系统框架、规则、构建、测试和语音命令注册管理等。20 世纪 90 年代中期，美国国家技术与标准研究院开始组织语音识别/合成系统性能评测领域相关标准的制定。其标准重点关注语音识别/合成词错误率评价、语言模型复杂度计算、训练、合成语音自然度评价和测试语料的选取等。我国智能语音标准主要由全国信息技术标准化技术委员会用户界面分技术委员会负责研究并制定，涉及数据交换格式、系统架构、接口、系统分类、测评及数据库，以及多场景应用等方面共 13 项国家标准和行业标准。2019 年 8 月，由中国电子技术标准化研究院、中国科学院自动化所等单位联合代表我国向数据管理与交换分技术委员会提交国际提案《信息技术 人机接口 全双工语音交互》（ISO/IEC 24661），并于 2019 年 12 月正式立项，这也是我国第一个语音交互领域的国际提案。

情感认知计算是人机交互中的一个重要方面，因而赋予了数字系统感知用户情感体验的新功能，能够提高计算机系统与用户之间的协同工作效率，这说明情感反映离不开人工智能的支撑。2017 年 2 月，由中国电子技术化标准研究院、中国科学院软件研究所等单位联合向数据管理与交换分技术委员会提交的国际提案《信息技术 情感计算用户界面框架》（ISO/IEC 301150-1）正式立项，截至 2022 年该标准已进入最终草案（final draft international standard，FDIS）阶段。该标准不仅是用户界面分委会首个关于情感计算的标准，也是我国牵头的人机交互领域的国际标准和用户界面分委员会首个关于情感计算标准。2019 年，我国同时向国际标准化组织提交了 3 项情感计算标准提案，并于 2019 年 7 月推动成立了情感计算工作组。同年，国家标准化管理委员会下达了《人工智能 情感计算用户界面框架》（计划号：20190836-T-469）修订计划。2021 年 10 月国家市场监督管理总局和国家标准化管理委员会联合发布《人工智能 情感计算用户界面 模型》（GB/T 40691-2021），在标准中定义了基于情感计算用户界面的通用模型和交互模型，描述了情感表示、情感数据采集、情感识别、情感决策和情感表达等模块。该标准适用于情感计算用户界面的设计、开发和应用，已于 2022 年 5 月 1 日实施。

5.3　智能交互中的特征识别与深度学习

近 10 年来，人工智能技术已渗透到文化教育、医疗卫生、智能制造等诸多领域，其应用必然对生产和社会活动产生重要影响。人机交互作为人工智能研究领域的基本问题之一，结合人的思维和机器智能，通过协作可产生更强的混合智能系统并取得更好的执行效果。

5.3.1　智能交互中的用户注视行为及语音特征识别

人机交互和智能化服务组织中，用户注视行为及语言特征识别具有重要性，其过程处理和模式识别有助于准确获取交互行为特征数据，以支持人机交互和机器学习的有序实现。

1. 注视行为特征提取与识别

智能交互中的用户注视从本质上是环境作用下的眼动视觉行为，识别对象为人的眼部动作。在更广的范围内，人类与外界交互的眼动行为有多种形态，其中包括有意识的眼动行为和无意识的眼动行为。在人机交互过程中，人在进行有意识眼动行为的同时会伴随着无意识的眼动行为发生，从而导致一些误操作的产生。因此，展示其中的内在联系，可构建注视、眼跳和有意识眨眼三种眼动行为模型。在注视行为研究中，刘昕进行了系统性探索，以下按刘昕所提出的几个方面的问题，综合目前的模型研究，进行面向应用的归纳。

注视行为表现为注视点在界面上对某一对象的停留，可以用驻留时间来描述，一般驻留时间超过 100ms，如达到 600~200ms 区间，便可认定为注视行为。注视点和界面对象分别使 P 和 O 来表示，对应的计算为

$$P = (x, y, t)$$

$$O = (m, n, r)$$

其中，x 和 y 表示注视点在屏幕上的坐标，单位为像素；t 表示产生该注视点时对应的系统时间，单位为 ms。界面对象默认为圆形，使用 m 和 n 表示屏幕上界面对象的中心坐标；r 表示对象的半径，单位均为像素。使用 T 表示注视行为的持续时间，单位为 ms。因此，用户的注视行为可以表示为

$$\text{Fixation} = (O, T)$$

式中，用户的注视对象为 O，注视时间为 T。当 T 超过注视时长阈值 dT 时，便可判定为目标区域内的注视行为。眼跳行为指的是注视点在两个界面对象之间的跳转，可以用眼跳幅度、眼跳持续时间和眼跳速度来描述。使用 S_a、S_d 和 S_v 参数进行刻画，一般眼跳幅度的范围是 1°~40°，常规在 15°~20° 之间，眼跳持续时间大致为 30~120ms。眼跳行

为涉及的界面上的两个对象称为眼跳运动的起点和终点。在眼动交互的过程中，准确识别用户的眼动行为是确保指令被正确执行的前提。因此，基于眼动行为特征的注视行为模型、眼跳行为模型和有意识眨眼行为模型，是设计对应的眼动行为交互算法，以作为原型系统的实现基础。

注视行为交互算法描述如下：利用眼动跟踪设备实时采集注视点序列，判断用户的注视点是否位于某个对象相对应的目标区域；若注视点在目标区域内，则计算注视点在此区域内的驻留时间；当驻留时间超过注视时长阈值 dT 时，则将此眼动行为判定为注视行为。

眼跳行为交互算法利用眼动跟踪设备实时采集注视点序列，判断用户的注视点是否位于眼跳行为相对应的起点区域。若注视点在起点区域内，则计算注视点离开起点区域时的眼跳速度；若眼跳速度超过眼跳速度阈值，且位于眼跳行为的终点区域，则将此眼动行为判定为眼跳行为。

由于眨眼行为存在无意识和有意识两种形态，而有意识眨眼行为才是用户与外界交互而产生的眼动行为，所以需要设置眨眼频率阈值和眨眼时长阈值来区分两种形态。当检测到用户眨眼频率和眨眼时长均超过设定的阈值时，则将此眼动行为判定为有意识眨眼行为。

2. 智能交互中语音特征识别

人所发出的声音是受多个器官影响而产生的，由于存在个体差异，每个人的发声控制并不完全相同，这就导致了发音频率、音色、音强、音长等语音特征参数的不同。这些不同的参数又受多方面影响，从而表现出不同的声音个性。一般说来，人的发音特征可以分为音段特征、超音段特征和语言学特征。

（1）音段特征。音段特征指的是语音的音色特征，影响它的因素主要有人的性别、年龄、声道构造不同等，所以会表现出因人而异的结果，进而导致发音音色的不同。由于声带的震颤频率、发音参数均对音色有着直接的影响，所呈现的方式便是共振峰位置和带宽、基音频率、能量等声学指标的差异。

（2）超音段特征。超音段特征指的是语音的韵律特征，即不同的人说话依据自身的发音特点所表现出来的语音特性。影响超音段特征的因素有很多，不仅表现为音素时长、基音频率变化等，更会因为环境及心理状态等因素影响而形成差异，且变化的随机性较大。

（3）语言学特征。语言学特征指的是人所表现出来的一些习惯特征，这主要受人所处的环境以及个人偏好等因素影响，一般表现为习惯用语、口音等。由于存在较大的不确定性，所以在对语音行为特征模型进行构建中一般不将此因素纳入考虑范围。

按语音的音段、超音段和语言学特征，将语音特征识别分为特征参数提取和模式匹配识别两个方面。

（1）特征参数提取。由于每个人的音段特征是独一无二的，且具有稳定和难以更改的特性，即使是在不同的时间跨度或不同的地点场景下也不会发生根本性变化，所以可以对其参数进行提取并进行归类分析。为了确保说话者的身份能够被准确识别，每个个体所提取的语音特征参数之间应存在较大差异，即个性化特征差异。特征参数的提取方法主要有线性预测和小波特征提取。

线性预测在已采集的语音库基础上，计算得到语音参数，并将获得的语音参数用于语音特征描述之中。其优势是只需要较少的参数就可以对语音进行分析。小波特征指的是利用小波分析技术提取的语音特征参数，与同类方法所提取的参数相比，其优势在于分辨率的改变不会影响参数的适用性。小波分析技术对语音参数有一定的限制要求。该项技术目前已相对成熟，能够实现对被采样个体的语音特征参数进行快速提取，所以其应用范围较广。

（2）模式匹配识别。在提取并获得了被采样个体的语音特征参数的基础上便可以进行模式匹配识别，其操作主要是对其进行语言分析和匹配。简单来说，模式匹配识别可以归纳为一种比对操作，即把被采样个体的语音特征参数和模板库中的语音特征参数进行对照，以相似度来衡量匹配程度的高低，而相似度距离可通过数据或表格的方式展现。实际操作中，一般以合适的相似度距离作为阈值对结果进行筛选。目前用于模式匹配识别的模型主要有两种，分别是矢量化模型和随机模型。

矢量化模型在对被采样个体的语音特征进行矢量化处理的基础上，构建矢量模型。当需要对被采样个体的语音特征进行识别时，只需对提取出来的语音特征参数进行矢量化处理，便可比照对应标准进行规范识别。

随机模型是针对因不同环境和地点导致参数变化的概率，所提出的一种模型。识别中，通过对被采样个体的语音参数进行归类建立的语音参数模型。当系统检测到被采样个体语音状态产生转移时，便会立刻计算语音状态转移概率，进而调整针对该个体的语音分析结果。

5.3.2　深度学习算法及其应用

深度学习的概念由 Hinton 等于 2006 年提出，源于人工神经网络的研究。深度学习实质上是多层次学习的非线性组合，其中强调从数据中学习特征表示，在认识识别、分类和分析中提取数据内容。深度学习从原始数据开始将层次特征转换为更深层的抽象表示，从而发现高维数据中的复杂结构。

深度学习不仅源于机器学习，同时也离不开统计算法。1985 年，Ackley 等基于玻尔兹曼常数，提出了一种具有学习能力的玻尔兹曼机。该模型是一种对称耦合的随机反馈型二元神经网络，由可视单元和多个隐藏内容单元构成，其构建旨在利用可视单元和隐藏单元表示随机网络与随机环境的学习结构，用权值表示单元之间的关联。随后，John 基于调和理论给出了一种受限玻尔兹曼机（restricted Boltzmann machine，RBM）模型。该模型将玻尔兹曼机限定为两层网络、一个可视单元层和一个隐藏单元层，同时进一步限定层内神经元之间的独立、无连接关系，规定层间的神经元才可以相互连接。

深度学习最为典型的结构包括深度信念网络结构（deep belief network，DBN）和深度玻尔兹曼机（deep Boltzmann machine，DBM）。DBN 是由 Hinton 提出的一种基于串联堆叠 RBM 的深层模型。该模型在训练中将一层受限的 RBM 的输出作为另一层 RBM 的输入，由此逐步训练隐藏层的高阶数据相关性处理，最后采用反向传播（back propagation，BP）对权值进行调整。DBM 是一种特殊的玻尔兹曼机，除可视层之外，具有多个隐藏层，且只有相邻隐藏层的单元之间才可以有连接。它们之间的对比如图 5-5 所示。

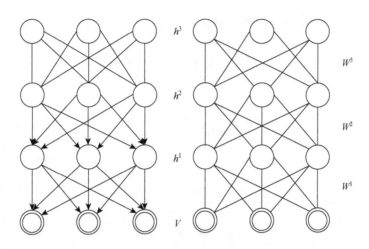

图 5-5　深度信念网络和深度玻尔兹曼机

　　深度学习的网络结构因网络的层数、共享性以及边界特点不同而有所不同。其中，绝大多数深度学习算法体现为空间维度上的深层结构计算，属于前馈神经网络计算。以递归神经网络（recurrent neural network，RNN）为代表的简单循环网络（simple recurrent network，SRN）、长短期记忆（long short term memory，LSTM）和门控循环单元（gated recurrent unit，GRU）等深度学习算法，通过引入定向循环，具有时间维度上的深层结构，从而可以处理那些输入之间有前后关联关系的问题。根据对标注数据的依赖程度，深度学习中 DBN、自编码器（auto encoder，AE）及延伸计算多为以无监督学习或半监督学习为主的过程；卷积神经网络（convolutional neural network，CNN）、RNN 计算则以监督学习为主。此外，根据学习函数的形式，深度学习算法模型可以分为生成模型和判别模型，DBN 及其延伸的卷积深度信念网络（convolutional deep belief networks，CDBN）属于生成模型。AE 深度学习模型则属于判别模型，而生成式对抗网络（generatitive adversarial networks，GAN）等深度学习模型既包括生成模型，也包括判别模型。

　　当前，深度学习在计算机图像识别、语音辨识、自然语言处理等领域应用十分广泛。深度学习的优点在于模型的表达能力强，能够处理具有高维特征的数据，而大数据所面临的挑战有待利用深度学习方法和技术进行及时有效的处置。如何将深度学习应用于大数据分析，发现数据背后的潜在价值已成为业界关注的热点。

　　大数据进行分析处理中，机器学习、数据挖掘方面的算法是重要的基础。对于这些常用的算法，目前已有许多工具库进行封装，以便在实际应用中调用，或根据实际需要进一步扩展。在大数据环境下，目前几种比较主流的工具，包括 Mahout、MLlib、TensorFlow 等。

（1）Mahout。Mahout 是 Apache 软件基金会旗下的一个开源项目，它所提供的一些可扩展的机器学习经典算法，旨在帮助开发人员方便快捷地创建智能应用程序。Mahout 包含的算法实现有分类、聚类、推荐过滤、维数约简等。此外，Mahout 可以通过 Hadoop 库有效应用在云中。

Mahout 中实现的常用机器学习与数据挖掘算法如表 5-1 所示。

表 5-1　Mahout 中常用算法

算法类	算法	说明
分类算法	logistic regression	逻辑回归
	naive bayesian	朴素贝叶斯
	SVM	支持向量机
	perceptron	感知机
	random forests	随机森林
	hidden Markov model	隐马尔可夫模型
聚类算法	canopy clustering	Canopy 聚类
	k-means clustering	快速聚类
	fuzzy k-means	模糊 k 均值
	streaming k-means	流式 k 均值
	expectation maximization	期望最大化
	spectral clustering	谱聚类
推荐/协同过滤	user-based collaborative filtering	基于用户的协同过滤
	item-based collaborative filtering	基于物品的协同过滤
	matrix factorization with ALS	ALS 矩阵分解
	weighted matrix factorization	加权矩阵分解
降维/维约简	singular value decomposition	奇异值分解
	Lanezos algorithm	Lanezos 算法
	QR decomposition	QR 分解

此外，Mahout 为大数据挖掘与个性化推荐提供了一个高效引擎 taste。该引擎基于 Java 实现，可扩展性强。它对一些推荐算法进行了 MapReduce 编程模式的转化，从而可以利用 Hadoop 进行分布式大规模处理。taste 既提供了基于用户和基于内容的推荐算法，同时也提供了扩展接口，用于实现自定义的推荐计算。taste 由以下几个组件组成。

data model。它是用户偏好信息的抽象接口，其具体实现支持从任意类型的数据源抽取用户偏好信息。taste 默认提供 JDBC data model 和 file data model，支持从数据库和文件中读取用户的偏好信息。

user similarity 和 item similarity。user similarity 用于定义两个用户间的相似度，它是协同过滤推荐引擎的核心部分，可以用来计算与当前用户偏好相似的邻近对象。类似地，item similarity 用于计算内容之间的相似度。

user neighborhood。其主要用于基于用户相似度的推荐之中，推荐的关键是基于找到与当前用户偏好相似的"邻居用户"。user neighborhood 定义了确定邻居用户的方法，具体实现一般是基于 user similarity 计算得到的。

recommender。recommender 作为推荐引擎的抽象接口，是 taste 中的核心组件。程序执行中，通过提供一个 data model，计算出面向不同用户的推荐内容。

邹骁锋等人进行了面向大数据处理的数据流程模型描述，其 taste 的组件工作原理如图 5-6 所示。

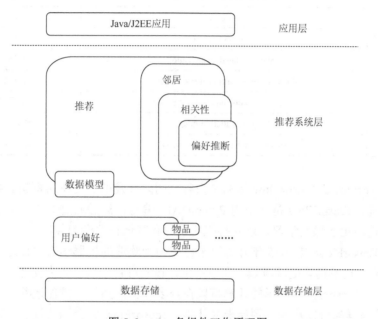

图 5-6　taste 各组件工作原理图

（2）MLlib。MLlib 是 Spark 平台中对常用机器学习算法实现的可扩展库，支持多种编程语言，包括 Java、Scala、Python 和 R 语言。由于 MLlib 构建在 Spark 平台之上，所以对大量数据进行挖掘处理时具有运行效率高的特点。

按陶皖所作的研究，MLlib 支持多种机器学习算法，其构件同时包括相应的测试和数据生成器。MLlib 包含的常见算法如表 5-2 所示。

表 5-2　MLlib 常用机器学习算法

算法类	算法	说明
基本统计	summary statistics	概括统计
	correlations	相关性
	stratified sampling	分层抽样
	hypothesis testing	假设检验
	random data generation	随机数据生成

续表

算法类	算法	说明
分类和回归	linear models（SVM，logistic regression，linear regression）	线性模型（支持向量机、逻辑回归、线性回归）
	naive bayesian	朴素贝叶斯
	decision trees	决策树
	ensembles of trees（random forests，gradient-boosted trees）	树的集成（随机森林、梯度提升树）
协同过滤	alternating least squares（ALS）	交替最小二乘法
聚类	k-Means	k-均值聚类
	gaussian mixture	高斯混合
降维/维约简	singular value decomposition	奇异值分解
	principal components analysis（PCA）	主成分分析
其他	feature extraction and transformation	特征提取和转换
	frequent pattern mining	频繁模式挖掘
	stochastic gradient descent（SGD）	随机梯度下降

（3）TensorFlow。TensorFlow 最初是由谷歌团队开发的深度学习框架。和大多数深度学习框架一样，TensorFlow 是一个用 Python API 编写，然后通过 C/C＋＋引擎加速的框架。它的用途不止于深度学习，还支持强化学习和其他机器学习算法。

目前，TensorFlow 自 2015 年开源以来已成为受欢迎的机器学习项目之一，主要应用于图像、语音、自然语言处理领域。在应用中，谷歌对它予以了大力支持，根据谷歌的官方介绍，使用 TensorFlow 表示的计算可以在众多异构的系统上方便地移植，从移动设备到 GPU 计算集群都可以执行。预计未来几年，TensorFlow 将会迅速发展，在利用深度学习对大数据进行分析处理方面将发挥作用。

TensorFlow 使用的是数据流图的计算方式，即使用有向图的节点和边共同描述数学计算。其中的节点代表数学操作，也可以表示数据输入输出的端点；边表示节点之间的关系，可在传递操作之间使用多维数组 Tensor。一些学者进行了基于 TensorFlow 的字符识别，其中 TensorFlow 程序执行数据流如图 5-7 所示。

如图 5-7 所示，Tensor 显示在数据流图中的流动，这也是 TensorFlow 名称的由来。一般来说，我们可使用 TensorFlow 支持的前端语言（C＋或 Python）构建一个计算图。

5.4　数字智能交互中的用户体验设计

智能交互时代，语音识别、动作识别、生物识别等技术更新了产品、服务与用户的交互方式，使智能交互中产品和服务的设计重心不再局限于功能需求的满足，而是逐步向提供更加智能化、持续性和沉浸式的用户体验方向发展。本节从用户体验设计出发，进行智能交互功能的实现，即以用户体验设计为切入点，进行面向用户的交互服务构架。

5.4.1　用户体验设计的发展及内涵

用户体验这一概念产生于 20 世纪 90 年代，传达的是一种以用户为中心的产品设计理念，这一理念的系统定义最早可以追溯到认知心理学家 Norman 关于用户体验的定义。其定义反映了用户体验从理论概念向实践层面发展的现实。国际标准化组织对用户体验也做了专门解释，认为用户体验是人们对于使用或期望使用的产品、系统或服务的认知印象及回应。该解释将用户体验视为人们主观产生的一种情绪和感受，因为用户经历和先验知识的不同，其体验自然存在不同程度的差异，进而反映出用户体验的多样性特征。

国内对用户体验和体验设计的研究起步稍晚，但得益于互联网应用的迅速发展，使用户体验设计。胡昌平等于 2006 年提出的基于用户体验的信息构建框架，从整体上对用户信息体验设计进行了界定。随后，在信息服务中从用户需求角度对用户体验进行了更细致的划分。在实践层面，国内用户体验研究的重点主要落在产品与服务的可用性和设计细节上，通过这些设计细节问题研究深化理论的应用。

随着用户体验研究的深入，其定义和外延也随之扩展。用户体验从一种以用户为中心的思维方式向设计对象转变，用户体验因而成为创新设计的对象。在不同的研究领域，对用户体验设计有不同的方法和维度。在工业设计中，用户体验设计的重点落在以用户为中心的设计方法上；在信息服务中，用户体验设计侧重于提供与应用感知相关联的服务框架。其共同点是，各领域研究的核心都是以用户为中心，对用户感受进行分析，进而提高产品与服务中的用户满意度。因此，展示用户体验设计结构有助于提高面向用户的服务水准。

用户体验的层次和用户体验的要素是进行用户体验设计的两个基本面，用户体验质量的评价及体验指标的量化是实现有效用户体验设计的依据。基于这一前提，拟从用户体验层次及要素、体验质量评价及指标量化出发，进行用户体验设计的实现。

用户体验层次。用户体验层次是从心理学角度对用户体验的层次界定。与需求层次相一致，用户体验也存在由低到高的层级特征，具体而言可以归纳为功能体验、感官体验、交互体验、情感体验这几个层级。功能体验强调的是产品或服务的基本方面是否满足用户的功能需求；感官体验是通过对产品或服务的外在特征感知而形成的形象作用体验；交互体验则注重用户与产品和服务的使用过程，通过实际操作和互动影响而产生的用户对产品或服务的应用感受；情感体验则是一定环境下产品或服务对用户产生的情感影响及其反应。数字智能交互服务中，数字化硬件、服务功能、交互方式等都发生了显著变化，相应地影响着各个层次用户体验的满足。因此，在智能交互中进行用户体验设计时，需要以满足用户各个层次的体验为依据，实现面向用户的数字信息资源组织与服务优化目标。

用户体验要素。用户体验要素是从体验内容角度对用户体验进行解析的依据，在于明确体验接触点。对于用户体验要素的归纳，由于视角不同及类型不同，要素归纳结果也存在着一定的差异，从总体上看，用户体验的共性要素包括：感官、情感、认知、行为要素；

用户体验与设计相关联的功能性、可用性和内容要素；用户体验层次及结构体验要素；用户需求、交互机制、信息架构、界面设计要素等。对用户体验要素的分析，使用户体验设计有了明确的指向，适应于产品和服务的设计环境。

用户体验质量。用户体验质量是指要进行用户体验设计，除了需要明确从哪些层次、要素入手外，还需要明确体验提升的方向，这就要求能够对用户体验进行有效分析。在客观环境的作用下，用户体验的本质仍然是一种主观情绪感受，对其进行评价存在一定的主观性和抽象性。因此，在进行分析时需要有针对性，即根据体验的主体和内容确定用户体验的维度，在维度内提取影响用户体验的因素。在确定了维度以后，为了在各个维度内进行平行比较，可通过量化指标反映体验结果，以保证体验展示的客观性。

用户体验的评价，在不同的评价中存在一定的差异。在评价网络服务中，从有用、可信、可用、合意、可寻、可及、价值维度呈现需求与体验之间的关系，继而从需求满足情况对用户体验进行评价。用户体验的 5E 原则是从数字产品体验的可用性角度，从有效性（effective）、易学性（easy to learn）、吸引（engaging）、容错（error tolerant）、效率（efficient）这 5 个维度评价产品的可用性满足。由谷歌用户体验团队提出的用户体验 HEART 模型则是从愉悦感（happyness）、参与度（engagement）、接受度（adoption）、留存率（retention）、任务完成率（task success）这 5 个维度评价用户体验质量。在 HEART 模型基础上，PETCH 模型从性能体验（performance）、参与度（engagement）、任务完成率（task success）、清晰度（clarity）、满意度（happiness）这 5 个维度评价网络产品的用户体验。关于 PETCH 模型的解释和度量指标如图 5-7 所示。

维度	关键度量	度量手段	
性能体验 产品性能表现，如页面打开，操作反馈速度，系统稳定性等	·服务请求响应时间 ·页面可用时长 ·页面加载时长	定量分析	·用户行为理点 ·应用性能监控
参与度 产品提供的功能是否可以满足工作需求，用户参与度、依赖度	·周访问用户数 ·周用户平均访问频次 ·周用户留存指数		·用户行为理点
任务完成率 产核心任务流程中的体验问题，成本、效率、期望等	·关键任务增长指数 ·关键任务转化指数		·用户行为理点 ·应用性能监控
清晰度 功能设计、引导、帮助系统清晰度，用户能够自主完成各项工作	·设计规范得分 ·用户主观清晰度评分 ·帮助系统完善度评分	定性分析	·卡片分类 ·问卷调查 ·用户行为理点
满意度 用户对产品不同方面的主观满意度，比如视觉美观、客户支持等	·总体满意度		·反馈文本情感分析 ·用户访谈 ·问卷调研

图 5-7　PETCH 模型

量化用户体验的评价指标,可以进行对不同产品同一维度的数据比较。在实际应用中,利克特量表和雷达象限图是常用的两种量化方法。利克特量表以陈述或描述形式呈现评价指标,提供 5 至 7 个评价等级。在进行统计时,对不同等级赋予不同的数值,根据计算结果衡量用户体验情况。雷达象限图则是以评价维度为轴,运用量表法将产品的评价指标量化后纳入坐标象限中,获得产品与服务在各个评价维度上的可视化结果,以进行各对象的可视化比较,从而直观呈现用户体验的表现和变化。

5.4.2　心流体验视角下的智能交互设计

随着人工智能、物联网技术的发展,智能交互应用出现在越来越多的使用场景之中。复杂的应用场景和个性化的服务需求对智能应用提出了更高的交互设计要求。心流体验则是产品和服务交互设计中期望达到的一种最佳用户体验状态。从心流体验出发,进行产品或服务的智能交互设计,将帮助数据产品或服务获得更佳的用户体验效果。在问题分析中,可从心流体验的特征及其对用户体验设计的需求出发,分析心流体验对用户体验设计的影响,从而归纳实现心流体验的交互设计要点。

1. 用户体验设计中的心流体验影响

心流体验由美国心理学家 Csikszentmihalyi 提出,是指个体将其精力完全投入某项活动时的情绪状态,是一种沉浸式的心理情绪感受。在心流体验下,个体能从活动中获得满足感和愉悦感,从而愿意对该项活动抱有持续的热情。Csikszentmihalyi 及其后的研究者通过对心流体验的产生条件和过程的分析,总结出心流体验的特征、因素和过程。

心流体验的这些特征对大数据应用与服务中的用户体验设计提出了更高的要求。在进行用户体验设计时,数据产品和服务的在交互设计过程中需要全面考虑用户背景、使用经验、使用特点和心理特征,以便设计具有针对性的交互方式,以使用户获得更好的使用体验和情感支持。基于心流体验的设计,要求数据产品设计需要对使用目标进行清晰界定,在设计上能够提供即时且有价值的反馈。同时,需要将使用过程简化成与用户技能相匹配的操作,以提高易用性,降低用户的学习门槛,避免用户技能与任务不匹配的情况发生。在进行数据产品或服务设计时,要求能够提供给用户一个沉浸式的使用环境,以避免外界的影响。目前,沉浸式虚拟现实技术能够很好地响应这一要求,可以使用户获得更好的交互体验。结果因素则要求数据产品或服务的用户体验设计不仅在事前达到心流的最佳状态,还需要保证获得心流体验的用户能对产品或服务产生积极的使用欲望,从而提高用户对产品的认可度。

2. 基于心流体验的用户交互设计

心流体验是用户体验的一种最佳体验状态,心流体验的产生需要多个条件的满足。根据心流体验的特征,可以在用户体验设计时尽量提供清晰的界面目标、平衡好数据产品与用户技能的关系,同时在产品的使用中提供有效且即时的反馈,以营造沉浸式的用户体验环境。

（1）目标的清晰化。清晰的目标是心流体验的条件因素之一，根据目标导向理论，目标是影响用户行为动机和方向的主要因素，越清晰的目标对用户的鼓舞作用越显著，用户参与活动的积极性也越强。在进行用户体验设计时，为提供清晰的目标，需要对用户行为进行深度分析，匹配不同用户对数据产品的目标预期，降低用户的认知障碍，推动用户进入心流状态。

（2）平衡挑战与技能的关系。由 keller 和 Blomann 提出的描述心流体验中挑战与技能关系的八通道模型，证实了平衡挑战与技能的关系是心流得以优化的重要条件，其模型如图 5-8 所示。心流体验带给用户的满足感和充实感，在于使用户愿意为维持心流体验，激发提升自我技能。从这个层面分析，在用户体验设计中，可以根据用户技能水平的差异明确任务分配，挖掘用户潜能；同时，随着用户的技能水平提升，使其能够探索新功能，增强体验的积极性。

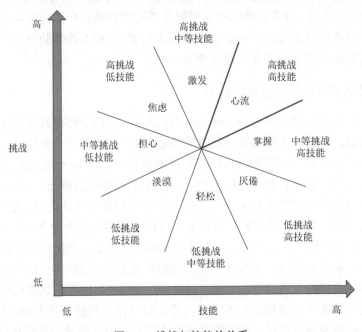

图 5-8　挑战与技能的关系

（3）提供持续有效的反馈。数据产品和服务的反馈是进行用户体验设计时重点考虑的因素之一，良好的反馈设计可以使用户获得更好的使用体验。当前，数据产品的反馈设计形式主要以视觉、听觉、触觉等为主。因此，心流体验的实现也需要在反馈设计中强化产品的应用反馈，提升产品和服务的认知度。

（4）提供沉浸式交互体验环境。智能交互应用中，虚拟现实技术得到了较为广泛的应用。与传统媒体交互技术不同，虚拟现实技术能够提供给用户实时沉浸式的高仿真虚拟环境，从而改变了用户与数字产品和服务的交互方式，为心流体验的产生提供了良好的使用环境。为实现心流体验设计的目标，可以在产品交互设计中更多地采用虚拟现实技术，为实现沉浸式体验创造良好的使用环境。

3. 基于心流的产品用户交互体验设计

鉴于心流体验与用户体验需求的关联，可以从用户、目标和行为三个层面出发，进行基于心流的产品用户体验设计，框架如图 5-9 所示。

如图 5-10 所示，基于心流的数据产品用户交互体验设计，在用户层面、目标层面和行为层面上进行，在设计中主要面对以下多方面问题。

（1）用户层面。可以通过多层次的用户定位和建立清晰的用户目标来满足心流体验的条件。用户背景的复杂性决定了用户行为习惯、认知方式和交互方式的客观差异，所以需要通过多层次的用户定位，进行服务细分，使数据产品的使用群体与产品设计预期相吻合，以便从用户端提高产品或服务的针对性和适用性。实践表明，清晰明确的目标对用户可以起到引导和激励作用，同时激励作用与目标的具体性、可操作具有强相关关系。因此，在进行产品用户体验设计时应从用户层面出发，建立清晰的用户目标促进产品与服务预期目标的实现。

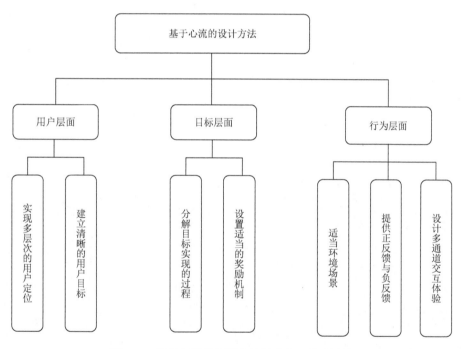

图 5-9　基于心流的数据产品用户交互体验设计

（2）目标层面。可以通过建立递进式的目标体系和设置合适的目标实现机制来促进心流体验的优化。用户在使用数据产品的过程中，其操作技能及相关技能水平处于不断提升之中，所以建立递进式的目标可以不断平衡用户技能与挑战之间的关系。其中，设置合适的机制可以强化用户使用数据产品的积极性，提升其使用的满足感和获得感，使良好的体验得以持续。

（3）行为层面。可以通过适应环境确定合适的反馈路径和多通道的交互方式，以达到行为层面上的最佳设计效果。由于用户使用场景的复杂性和场景变化难以预见，要求在数字产品用户体验设计时考虑产品的环境影响，以提升用户对产品环境的适应性。同时，在用户体验设计行为层面还需要考虑如何提供合适的反馈通道，以实现多通道的交互体验目标。从机制上看，多通道的交互体验能够为用户提供更真实和沉浸式的使用情境，有助于凝聚用户的注意力，推进心流体验状态的优化。

第 6 章　数字视觉资源聚合服务组织

数字智能背景下，图像作为一种重要的数字信息载体，其内容组织和面向用户信息揭示有重要意义。图像资源的开发不仅包括内容的描述，而且包括视觉资源聚合组织的实现。对于视觉资源而言，其语义挖掘与展示的重要性正日益增强。在图像信息的语义描述和视觉资源聚合服务中，视觉符号和特征的深层次揭示决定了图像内容的整体化组织实现。

6.1　图像内容语义描述的框架模型

在数字智能技术支持下，基于图像内容的视觉服务取决于图像与文本的进一步融合和整体描述框架构建。传统的图像语义描述多利用尺度不变特征转换（scale-invariant feature transform，SIFT）或 CNN 提取图像的视觉特征符，以此为基础利用图像标签对标注对象进行描述。与此同时，利用已标注的标准图像集可进行面向未标注图像的标签推荐。在内容标注中，这一描述方式虽然解决了粗粒度内容揭示问题，但在大数据背景下的图像内容深层次描述，则需要在框架模型基础上进一步扩展。

6.1.1　图像语义描述的框架模型

在图像内容描述中，可利用 SIFT 图像学方法处理相似图像，由于语义内容可能存在多方面差别，以此为基础的自动标注有可能导致错误发生，所以需要进行全面应对。集体智能在一般图像标注中门槛较低，在此基础上可进行图像标注面向专业领域的拓展。

由于目前自动标注的无差别性，其标注往往难以得到理想的效果。针对这一情况，图像语义描述中首先应根据图像的内容特征确定图像描述框架，然后根据图像关联数据进行特征词提取，最后按特征词类型将其映射至描述框架中。其内容描述在于，为相应领域的用户提供易于全面理解的图像信息元。

图像语义描述可以从图像描述规范、图像内容需求、图像数字化标注三个方面进行。从总体上看，图像描述可视为图像元数据处理，其规范涉及图像专用元数据标准、视觉资源通用元数据标准和元数据规范。从组织上看，国际出版电讯出版委员会（International Press Telecommunications Council，IPTC）照片元数据标准于 2004 年发布，主要针对新闻报道中的照片内容处理，2016 年版本包括 23 个核心元素和 35 个扩展元素。面向视觉资源的元数据标准包括 VRA Core、CDWA 等，这些标准多为通用标准。通用元数据标准包括都柏林核心集、MPEG-7 数字资源描述集等方面的内容，标准制定旨在适应数字环境下的图像资源内容描述与揭示。

当前，用户图像需求已成为数字内容生成与分享的重要需求之一，所以图像标注已融入面向用户需求认知的内容组织之中。Jorgensen 在图像组织技术发展初期指出，用户描述图像过程中关注于图像的内容、人物与场景，而较少关注表层的影像展示。Eakins 强调对用户来说，图像的语义比图像的颜色、形状纹理更加重要。大数据背景下，用户更加趋于对图像主题特征和内容的需求。Klavans 等对用户标注数据进行了分析，指出用户最关注的是图像表达的内容、事件和活动，最少用到的是图像的视觉特征和外部特征的直观影像。Collins 通过分析历史艺术图片库的检索日志发现，用户通常利用主题途径进行图像检索，如人物、场景、活动查询等。

图像自动化标注包括基于分类的图像内容标注、相关模型图像标注和半监督模型图像标注。基于主题分类的图像标注利用的是图像训练分类工具，如利用 SVM、贝叶斯分析、k-近邻分析等进行图像解，以此出发，Ranzato 强调采用深度学习方法进行图像自动标注与分类。从实现上看，基于框架模型的图像自动标注关注建立图像与语义关键词的相关关系，如基于上下文的图像自动标注关系，将图像区域与语义关键词进行关联对应和内容揭示。半监督模型图像自动标注是已标注和未标注的图像均参与机器学习过程，一些学者在图像模型自动识别基础上，进行了结构化特征选择的网络图像主题标注实践，其方法比较适合于大规模图像背景下的应用场景。

当前，图像标准规范相关成果已较为丰富，为图像描述提供了基本框架。然而由于其字段过多且缺乏层次化表达工具，图像自动化标注需要在智能化背景下进一步发展。面对词汇标注难以适应用户认知需求的问题，为克服语义障碍，应从用户图像认知需求出发，分析用户的认知特征与维度，从而确定科学的标注框架结构，以通过多种方法组合进行图像语义抽取，继而映射至语义描述框架之中。

图像语义描述模型包括两部分，即制定合理的图像描述框架和关键词抽取与映射规则。描述框架的制定需要结合用户需求与图像内容特征进行，图像词汇抽取则需要根据图像相关语料特征，利用多种方法组合来完成。

图像语义信息量大，通常和当时的社会环境、人物、文化有着紧密的联系。因此在描述过程中，对图像语义信息的抽取要求远高于对图像中纹理、色彩等视觉特征的描述要求。由于图像语义信息具有结构化与层级化特征，所以形式上的图像描述框架应能提供结构化的图像表达工具。

在图像信息的利用过程中，用户具有特定的认知维度和明确的认知需求，通常需要从内容上对图像进行理解，以明确图像中的客体对象、事件状态、时间地点。用户认知维度的层次划分，决定了语义信息表述的通用概念、具体概念和抽象概念。因此在内容上，图像描述框架应当能提供符合用户认知需求、认知维度的字段，同时涵盖不同字段的通用概念和具体概念。Shatford 根据用户认知水平和习惯将图像描述分为通用概念、具体概念和抽象概念三个不同层次的描述，在每一概念层次下设人物/机构、地点/环境、时间、事件 4 个维度。借鉴目前的研究成果，结合数字智能背景下的用户需求，其描述框架可归纳为表 6-1 所示的内容。

表 6-1　图像信息描述框架

描述维度	通用概念	具体概念
人物/机构	G1 通用：人物或机构	S1 具体：具体的人物或者机构
地点/环境	G2 通用：地点或环境	S2 具体：具体的地点或环境
时间	G3 通用：周期性时间或季节	S3 具体：具体的时间或时代
事件	G4 通用：事件	S4 具体：具体事件

框架中 G 类字段表示通用与泛指概念，S 类字段表示具体与特指概念；G1 字段表示一般性的人物或机构，如学生、老师、学校、政府等，这一类词所标注的对象通常指图像中发出动作的主体或承担动作的客体；S1 字段特指某一具体人物或机构，如历史名人、国家或地区的机构及办事处，通常是图像中发出动作的主体或承受动作的客体。S1 和 G1 通常发生关联关系，如某历史人文活动等。G2 字段为地点或环境，如市区、港口、高楼，通常是动作发生的地点；S2 字段为具体的地点或环境，如中国、华北、重庆等，通常为图像中事件发生的场景。G2 和 S2 字段共同确定了事件发生的具体空间范围。G3 字段为周期性的时间或季节，如春天、傍晚等，通常是图像中动作发生的时间，S3 字段为具体的时间或时代，如民国时期、晚清时期、1646 年等，通常是图像中事件所发生的具体时代背景或年代。G3 和 S3 字段共同确定了事件发生的时间点。G4 字段为一般性事件，具有可重复性和普遍性，如募捐、战争、访问等，通常指图像中的事件内容。S4 字段为具体事件，有明确的历史意义和专指名称，如鸦片战争、新中国成立等。G4 字段和 S4 字段为图像的重要描述字段，二者共同描述图像的基本内容。

在语义描述框架中，需要根据框架中的字段特征进行图像语义关键词抽取，并将抽取出的词汇映射到框架中的相应字段。抽取与映射模型的核心数据源为图像的上下文信息。一般情况下，图像通常有来自创作者所提供的介绍，其图像上下文对于图像标注往往存在直接意义，同时直观地反映图像的语义内容，所以模型的数据准备应从数据上下文开始，从中进行关键词抽取，以此映射至对应字段。

目前常用的特征词识别与抽取方法包括基于领域叙词表的关键词抽取、基于句法规则的关键词抽取和基于算法的关键词抽取。根据特征词的不同，各种方法的适用性各不相同，当文本词汇多样、内部结构性强时，可利用多方法的组合提取文本中各个部分内容，其方法的组合应是合理、适用的。基于这一考虑，可构建图像语义关键词抽取与映射模型。

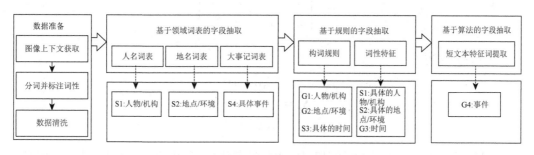

图 6-1　图像语义关键词抽取与映射模型

　　如图 6-1 所示，模型的第一部分为数据准备，通过获取图像上下文，进行图像的内容描述，其来源对象包括文本资源中的插图或图像创作者对图像的自然语言表达。在此基础上，对数据进行分词并标注词性，去掉拟声词、代词等无实际意义的词汇，利用同义词进行同义词合并，完成数据清洗。

　　将处理后的分词数据按领域词表进行抽取。领域词表可以根据对象特征，利用开放数据自行构建，也可以利用领域规范语料库进行构建。叙词表以名词为主，意指明确，图像的语义内容最为明确的名词为人物/机构、地点/环境、具体事件等，对应框架中的 S1、S2 和 S4 字段。由于这些字段专指明确，具有较高的优先级，所以需要对其进行优先抽取，其抽取方式可区分为规则抽取和算法抽取。

　　基于规则的字段抽取模块用于抽取上一环节中未能在词表中识别的领域词汇和通用词汇。这一模块规则主要是构词规则和词性特征识别规则。其中构词规则用于识别 G1、G2、S3 字段，这是因为 G1、G2 字段在构成中会表现出明显的规则特征。由于图像时间表示明确，如年/月/日或年-月-日等，故 S3 字段可通过该模块的构词规则来识别。对于模块中的词性特征，目前的分词工具正不断完善、语料库逐渐扩大，对词性的识别也愈加细致。如果词性标注过程中将词汇识别为人名、地名或时间名词，则可将这部分词汇映射至 S1、S2 或 G3 字段。

　　模型最后一个组成部分为基于算法的字段抽取。对于前模块无法识别的名词和动词，可列为 G4 字段的候选词汇。这部分词包含的信息直接反映了图像的语义，通常表达了图像中主、客体的行为和状态，这正是描述的重要内容。由于字段属性为通用，难以用词表或规则进行识别，故此模块使用传统文本抽取方式进行特征词提取。特征词提取常用方法包括卡方、互信息、信息增益、文档频率、TF-IDF（term frequency-inverse document frequency）等，然而上述方法难以适应短文本特征词提取的要求，由于图像上下文文本长度有限，故模块提出一种结合词汇相似度和页面排序算法的短文本特征词识别算法，计算流程如下。

　　（1）选取合适的相似度计算工具或算法，对候选词汇集的词汇计算其相似度，记为 λ；将结果表示为 n 行 n 列的对称矩阵，命名为 S，n 表征候选词集中词汇数量；矩阵中 S_{ij} 为词汇 i 和词汇 j 的相似程度，即连通强度，连接矩阵如下：

$$S = \begin{bmatrix} S_{11} & S_{12} & \cdots & S_{1n} \\ S_{21} & S_{22} & \cdots & S_{2n} \\ \vdots & \vdots & \vdots & \vdots \\ S_{n1} & S_{n2} & \cdots & S_{nn} \end{bmatrix}$$

其中 S_{ij} 值为：

$$S_{ij} = \begin{cases} 1, (i = j) \\ \lambda, (\lambda \neq j) \end{cases}$$

　　（2）利用页面排序算法对词汇相似度矩阵进行计算，得出每一个词汇的权重，定义 V'

为 n 维列向量，V' 计算公式为：

$$V' = a \times S \times V + (1-a)e$$

式中：a 为取值 0 到 1 之间的基尼系数，通常取值为 0.8，V 为元素值为 $1/n$ 的 n 维列向量，e 为网页数目的倒数，在此为文本中参与计算的词汇数；迭代这一公式直到收敛，最后 V' 值即为词汇权重。

（3）将词汇按权重进行排序，权重高者为提取的特征词，映射至 G4 字段。同时，进行数量控制，若原文本较长，则选取较多的词汇，较短则选词较少，具体数量由数据样本特征决定。

结合词汇相似度与页面排序算法，进行特征词识别的合理性在于，词汇相似度在一定程度反映词汇的连通度，同时一个词汇的连通度可以在一定程度上为与之相似的词汇所共享；将这种连通性与关系紧密程度相关联，即可符合页面排序算法在文档、网页及词汇权重计算中的要求。

6.1.2　图像语义描述的技术实现

在图像语义描述模型基础上，可进行具体的实际操作验证。实验操作包括数据获取与预处理、过程操作与结果分析。

1. 数据获取与预处理

老照片作为社会发展的历史记录载体，如城市变迁、人物风景的影像记录等，在内容上具有记录历史、反映当时社会面貌的史料价值。在历史图像中，我们选取国家图书馆特色资源库中的地方老照片资源库为数据源，从中采集"战争/军事"题材照片共 521 幅，均为抗日战争时期重要史料。以 1941 年 6 月 5 日晚的日机夜袭重庆的一幅照片为例，图像基本著录信息和上下文内容如表 6-2 所示。

表 6-2　图像基本著录信息与上下文内容表达

图像	著录字段	内容	上下文
	责任者	重庆图书馆	1941 年 6 月 5 日晚，日机 24 架分三批首次夜袭重庆。晚七时，第一批日机 8 架在夜色的掩护下突然侵入市区投弹。位于上清寺的国民党中央宣传部被两枚燃烧弹击中，顿时烈焰冲天。图为起火场景之一。
	主题	抗日战争；日本；史料；1941	
	收藏地	重庆	
	来源信息	重庆图书馆收藏	

在对所收集的 521 幅照片处理中，利用分词与词性标注规则对所采集的图像上下文进行描述，剔除形容词（a）、代词（r）、副词（d）、介词（p）、连词（c）、助词（u）、叹词

（e）、拟声词（o）、标点符号（w）、非汉字字符（ws）、其他符号（wu）；同时利用同义词词林合并同义词，如"士兵＝兵士"、"入侵＝侵入"；最后剔除除数字及表示时间概念外的所有单字，筛选后保留词汇 2461 个，共出现 6556 次。出现频次超过 20 次的高频词汇，如图 6-2 所示。

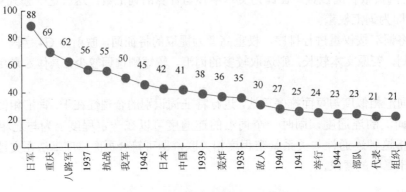

图 6-2　样本数据高频词汇统计图

从统计数据中可以看出，由于当时历史环境处于战争状态，表示战争的名词出现频次最高，主要涉及重要城市名等，同时重要的时间节点出现较多。另外，高频词的词性一般为名词、动词、数词（表示时间、频次等）。这种情况和预期较为符合，上下文关联可以保证抽取特征词的完整性。

为验证模型效果，邀请近现代史研究方向的学生，对 521 幅图片进行语义标注。作为用户的应邀者阅读图像后，通过在上下文中选取字段或用自己的语言按固定的框架进行标注。由于实验样本描绘内容是当时普遍发生的事件，特殊事件较少，所以将 G4 字段与 S4 字段予以合并。描述字段见表 6-3。

表 6-3　图像人工描述样例

字段	用户 1	用户 2	用户 3
G1	日机	轰炸机	日机
G2	市区	市区	市区
G3	1941 年 6 月 5 日	1941 年 6 月 5 日	1941 年 6 月 5 日
S1	国民党中央宣传部	国民党中央宣传部	国民党
S2	重庆；上清寺	重庆；上清寺	上清寺；重庆
S3	晚；晚 7 时	夜晚；7 时	晚
G4/S4	夜袭；夜色；掩护；投弹；起火	夜袭；轰炸；烈焰；起火	夜袭；夜色；掩护；轰炸；起火；烈焰

如表 6-3 所示，同一字段中，如果两名以上的用户选取了同一词汇，则认为该词汇为图像字段的描述准确；如果同一字段中用户意见各不相同，则视情况进行选择，以此形成图像的标准描述集。

2. 过程与结果分析

在词表模块中,根据《中国近现代名人辞典》《中国地名词典》构建人名词表和地名词表。由于分词及词性标注是识别的第一环节,将词表导入分词工具,并和分词工具中对于人名(nh)、地名(ns)使用的标识保持一致,同时映射至 S1、S2 字段;如果词汇在词表中未出现,但分词工具识别其词性为 nh 或 ns,视为对词表的补充,映射至 S1、S2 字段。规则模块中,通过对词汇构成的分析和对人名、地名词汇的特征分析,制定 G1、G2、G3、S3 规则:如果词汇为名词,且词缀为集合{女、士、人、民、长、胞、员、军、生、兵、队、将}中的词,则认为该词为 G1 字段内容;如果词汇为名词,且属于集合{区、场、楼、街、处、房、部},则认为该词为 G2 字段内容;如果数词(m)和时间名词(nt)比邻出现,则认为该词串为 S3 字段内容;如果时间名词单独出现(nt)且前一个词不是数词,则认为该词为 G3 字段内容。算法模块中,依照框架中确认的方法,可对词汇进行运算。其中,词汇相似度矩阵构建利用大型语言知识库 HowNet 完成。利用召回率、准确率和 F1[①]值 3 个指标对描述结果进行评价,同时与图书馆现有著录对比,结果如表 6-4 所示。

表 6-4 图书馆著录与本实验结果对比

评价指标	本实验结果	图书馆
准确率	63.73%	56.06%
召回率	47.10%	15.11%
F1 值	54.17%	23.80%

可以看出,实验方法所描述的图像语义信息优于图书馆现有的图像著录内容,在准确率、召回率和 F1 值三项指标上有着比较完整的体现。这是由于图书馆综合性强,所描述的信息内容广泛,频繁使用如"史料""第二次世界大战"等较宽泛的词汇或短语,而标准集中图像语义描述信息丰富,漏召回字段大量存在,导致其召回率有限。

实验取得了相对而言较好的效果。准确率为 63.73%,召回率为 47.10%、F1 值为 54.17%。其中,模型中的描述框架根据用户需求和数字化展示特征确立,涵盖内容广泛,语义维度,符合用户认知特征,所以用户的多样化认知与描述需求也能够得到满足。实验证明,领域词表、构词规则和文本抽取的基础上的综合分析方法具有适用性。

实验存在的局限性,首先在图像描述框架中,未能针对抽象概念进行字段设置,从而影响了在专门领域中的应用;其次,模块中基于算法的特征词提取部分缺乏对语义关联的充分考虑,对于原本意义鲜明的名词性短语进行了拆分,造成了误召回,一定程度上影响了模型的识别能力。

大数据时代,图像是重要的信息载体对象,图像语义描述在于解决语义鸿沟和改善检索系统设计。因此,图像标注中的语义描述具有重要性。首先,应根据用户认知特征进行结构化的语义描述框架构建,针对描述语料的特征进行抽取方法的合理组合,在符合用户

---

① F1 代表准确率和召回率的调和平均数,当召回率不变时,准确率越高越好,当准确率不变时,召回率越高越好。

认知的同时，提供结构化描述方案。针对实验的不足，拟进一步考虑上下文的语义内在关联，细化特征词识别规则，同时融合底层视觉特征构建图像描述与检索的融合系统，推进图像描述的深层发展。

6.2　数字视觉资源聚合与服务

大数据环境下，视觉资源的数字化以及直接生成的数字资源总量均在高速增长，同时表现出结构弱化和无序性。从资源内在关系上看，视觉资源语义内容丰富，不同类型资源之间关联关系复杂，且存在大量隐性相关关系。资源的特征直接导致了图像、视频利用上的困难，限制了利用的深度与广度。因此，利用聚合手段对资源进行有序化处理是视觉知识服务的必要手段，这就需要进行跨领域资源聚合，或利用异构数字网络对图像、视频信息进行内容聚合。针对这一问题，在分析领域用户需求基础上，应明确以视觉资源语义层次为核心的聚合目标，构建一种基于多源数据的聚合服务框架，在此基础上设计聚合服务原型，为数字视觉资源的开发、利用提供支持。

6.2.1　数字视觉资源知识聚合服务的体系结构

数字视觉资源信息的聚合服务不同于传统文本聚合，其服务实现需要在数字视觉资源聚合服务模型基础上展开。从内容上看，聚合的目的是在直接关联的基础上，进行语义网环境下的资源多维整合，以资源传播与可视化展示为目的进行内容集成化组织。

知识资源聚合推动了资源的序化组织与知识服务水平的提升，然而从知识元角度看，聚合主要围绕文本信息展开，难以适应大数据环境下包括数值型数据、图像和音视频资源在内的多形态知识源的融合揭示需要。对于数字视觉资源来说，所采用的聚合方式需要在场景化、细分领域的用户服务中进行变革。另一方面，数字视觉资源获取后，语义分割-再关联已成为大数据环境下资源语义化表征的通用范式，这一范式需要在数字视觉资源聚合中进行面向用户的完善。

构建系统的数字视觉资源知识聚合服务体系是在分析数字视觉资源特征的基础上，从资源采集、知识表示、知识关联聚合三方面切入，针对用户个性化需求和领域主题，提供知识服务方案及对应的保障措施。

1. 数字视觉资源的组织特征

在面向用户的数字内容服务中，资源建设处于核心地位，进行数字视觉资源聚合的基础是分析资源的特征。分析主要从三方面进行，即分析资源的内容特征、结构特征与分布特征。

（1）从内容特征看，数字视觉资源信息量大，语义内涵丰富，这种丰富必然体现在资源所表示的内容上。以叙事型图像为例，资源所描述的历史、地理、文化、人物信息十分丰富，其创作上的特征也反映出资源生成时的历史文化背景。这种丰富的语义内容一方面带来了丰富的素材，另一方面也给资源的序化组织带来困难。因此，数字视觉资源聚合服务组织中，需要充分利用标引信息和用户以自然语言形式对资源的描述特征，构建领域词表和描述框架，以揭示数字视觉资源的语义内容。另外，数字视觉资源的语义层次分明，按用户的主题关注，数字视觉资源内容深度可从物理层、元素层、语义层出发进行展示。

（2）从结构特征角度看，数字视觉资源与其他资源关系紧密，关联方式复杂。如在人文领域，文本资源和数字视觉资源在时间上表现出共时或历时关系，在逻辑空间上存在解释与被解释关系。不同类型资源的标引既相互独立又相互关联。然而，由于资源语义丰富的特性，其复杂关联已深入到语义关系层次，这种复杂联系一方面加剧了利用难度，另一方面也对资源关系网络构建与知识聚合提供了基础。

（3）数字视觉资源在空间上呈现零散分布状态，同一数字视觉资源可以分布在多处，如图书馆、档案馆、博物馆等机构，这种多部门的分布可以以跨地区甚至跨国形式存在，在进行深度揭示的同时，需要考虑到选取有代表性的版本，对物理空间上分散的资源形成逻辑上的统一。另一方面，对某一主题进行描述的多种数字视觉资源也可能与该主题的文本资源空间相联系，这就需要在建立关联关系基础上实现资源间的语义聚合。

2. 数字视觉资源聚合服务结构

对数字视觉资源的内容特征、结构特征、分布特征进行分析，需要利用文本资源、多媒体资源、关联数据，构建面向数字视觉资源的知识聚合体系。其体系结构包括资源采集层、知识表示层、关联聚合层和知识服务层，体系架构如图6-3所示。

（1）资源采集层。数字视觉资源的获取是体系构建的基础工作，在获取功能上，资源采集层需要具备获取异构视频数据的能力。面对数据的分散分布，资源采集层需要具备多源获取、过滤去重的功能；同时，在资源采集环节进行清洗和整合，以利用跨部门协同支持方式，实现物理分散资源的逻辑位置统一。对于数字视觉资源，各机构需要进行协同采集，对与之相关的关联资源，明确文本与数字视觉资源聚合对象。

（2）知识表示层。对数字视觉资源及相关的文本资源进行采集整理后，需要在知识表示层对两种类型资源分别进行描述。对数字视觉资源提取视觉描述符，建立视觉索引；对采集结果中已包含的与之相关的文本资源进行框架描述，可利用视觉描述符构建数字视觉资源数据库。视觉索引可以按图像内容特征进行组织，对于视觉颜色、纹理、形状等信息，可采用不同的内容表示方法。如颜色丰富的资源采取三原色（red green blue，RGB）矩阵表示，对于拓片、模糊照片采用灰度矩阵等偏向于纹理层的索引方法。对于关联的文本数据，在进行预处理的基础上，利用改进的 TF-IDF、互信息、页面排序算法等方法进行特征提取，并以合适的方式进行表示。在领域术语词典构建中，将提取出的特征文本进行映射；在此基础上进行数字视觉资源与相关文本资源领域词典的关联使用，即从不同层面为数字视觉资源的聚合服务奠定基础。

（3）关联聚合层。作为模型核心的关联聚合层，需要根据资源的特征和用户的需求，从不同的层面进行聚合。从描述层次的深度来看，数字视觉资源需要从三个方面进行聚合展示，即物理层、元素层、语义层。物理层的聚合需要以数字视觉资源的内容组织为出发点，即按

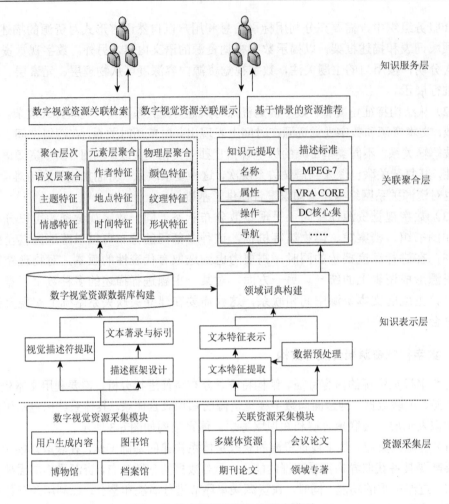

图 6-3 数字视觉资源知识聚合模型

数字视觉内容特征进行聚合，包括资源的颜色特征、纹理特征、形状特征等；元素层聚合按数字视觉资源的创作信息、时间信息、地点信息等资源描述特征进行聚合，同时对资源作者特征、资源地域风格、资源时间演化等方面进行对比展示；语义层是数字视觉资源高层，表征用户对资源理解，主要从资源的主题和情感两方面进行聚合，同时允许用户根据需求实现资源的跨层次聚合。确定聚合层次以及各层次的目的、意义、内容后，可利用关联数据方法对与数字视觉资源相关的数据资源进行组织；对数字视觉资源关联数据可利用MPEG-7、VAR CORE 进行描述，根据资源特征对多字段进行分割或合并；同时基于知识元可对数字视觉资源进行细化聚合，通过对领域词典中的知识元提取，实现元素层、语义层深度聚合。

（4）知识服务层。数字视觉资源聚合旨在以检索、浏览、推荐形式提供服务。根据资源聚合层次与用户的需求层次，将资源按照物理特征、元素特征和语义特征进行展示，同时根据用户的领域属性和要求，提供检索与推荐服务。在这一环节中需要综合分析用户的情景特征，在科学研究信息化（e-science）环境下提供协同、嵌入式的知识服务。

对于聚合层次的检索反馈,可以提供与其他层次的关联结果,同时将聚合结果以关联展示方式应用于推荐服务之中。与此同时,针对用户的不同和行为习惯的不同,提供面向环节和融合情景的视觉搜索服务;在服务中提供相应的保障措施,确保聚合资源的合理有效利用。

6.2.2 数字视觉资源知识聚合服务的组织实现

数字视觉资源知识聚合的关键是数据单元的充分标注,以便实现分层次的聚合目标。在实现中,应对聚合体系进行优化,同时在逻辑层次上进行形式和内容上的统一。

1. 数字视觉资源知识聚合层次

数字视觉资源聚合依托于资源的逻辑空间分布,这种分布式构架是按数字视觉资源来源进行逻辑上聚合的结果,所以可视为一种物理空间分布。在逻辑空间逻辑关联基础上,可设计聚合服务的原型系统。从资源的语义分布看,数字视觉资源可以视为不同语义层次上的特征向量关联,其中的同一层次处于平行结构之中,跨层次之间有可能存在关联关系。如果忽略空间距离,以拓扑距离描述的数字视觉资源语义空间分布结构如图 6-4 所示。

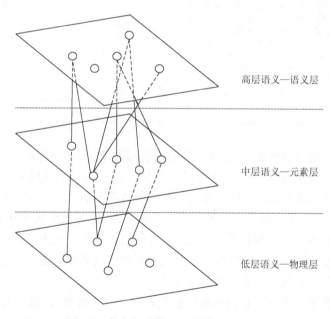

高层语义—语义层

中层语义—元素层

低层语义—物理层

图 6-4 数字视觉资源语义空间分布结构

如图 6-4 所示,资源在三层语义中反复出现,表现形式为资源的特征描述向量在不同的语义空间表征资源的不同。语义层次虽然已经实现了一次聚合,然而资源也可能因类型的不同存在某些特征上的差异,一般来说数字视觉资源都会表现出高层语义丰富且结构化特征不明显、中层语义完整且结构化特征完整、低层语义随资源类型不同而不同的特征。从总体上看，临近语义层次一般具有较强的关联性。高层语义中，资源表示出特定的情感和主题，而这种高层主题可能集中反映在某中层特征中，如中国历史上某朝代、作者或地域的人文作品倾向于集中表达某一个主题或情感。对于中层和低层来说，可能表现出某一对象、作者或地域的人文作品偏好，体现了当时的社会文化。因此，数字视觉资源的聚合，应在实现本层聚合的基础上，进行跨层次的协同聚合和分面组织。

数字视觉资源中最重要的是图像资源和视频资源，图像和视频资源内容既是语义标注的对象，也是层次聚合的基础。具体的语义标注可以使用短文本特征提取方法进行，数字视觉资源内容的关联组织可以结合领域特征对领域本体进行调整。在获取数字视觉资源的内容后，进行自动化或半自动化的标注。这也是对其内涵知识内容进行结构化处理的过程，对数字视觉资源进行标注的样例如表 6-5 所示。

表 6-5　数字视觉资源层次标注样例

视觉资源	关联文本	语义信息		
	司马金龙墓出土的彩绘漆屏风上，也画着《孝子烈女》的图画，南方北方，礼乐说教如出一辙。唐代阎立本《步辇图》上，唐太宗被画得伟岸高大，比宫女高出一倍，西藏使节禄东赞谦卑地站在旁边，比唐太宗矮了一头；人物大小的鲜明反差，正是为了突出"礼"。莫高窟唐五代《经变图》……[展开全文]	语义层	主题：	礼乐说教；舞蹈；步辇图；唐太宗；节禄东赞
			情感：	谦卑；伟岸；高大
		元素层	时间：	唐五代
			地点：	金龙墓；莫高窟
			作者：	阎立本
		物理层	颜色：	RGB 直方图；RGB 矩阵；HSV 直方图
			纹理：	灰度矩阵；随机场模型
			形状：	兴趣热区；边界特征

样例中，虽然列出的是数字人文领域的视觉资源，然而其标准具有普适性。从数字视觉资源的内容特征和关联文本中获得基本的描述信息后，可利用关联数据的方法对资源进行基本的组织。从总体上看，在数字视觉资源层次语义上的聚合，实际上是基于关联数据的视觉内容组织，在于揭示图像知识的内容和关联关系；而逻辑空间内分语义层次的聚合，则需要允许资源在跨层次上进行组合。这样，可利用探寻式分面系统来实现，以此设计聚合服务平台。在服务组织中，可根据用户提出的层次语义要求，进行细化聚合展示。基于设计逻辑形式上的聚合服务平台，如图 6-5 所示。

数字视觉资源聚合服务平台对系统中的资源在后台进行整合，以交互界面的形式向用户提供服务。服务包括 3 部分：检索服务、推荐服务与订阅服务。其中用户通过检索词向平台发起视觉信息检索，由于用户对资源的认知一般在中层或高层上展现，所以文本索引来自视觉内容表示层的领域词典，即数字视觉资源内容聚合模型第二层的左半部；而当用户关心图片或视频的低层信息（包括技法特征、材质特征）时，则认为该特征包含在图像的颜色、纹理、形状特征之中，此时提供以图搜图服务，即使用模型第二层的右半部分。对于检索的结果，按照用户对语义层次的要求提供聚合展示。如设计图中的样例，用户以

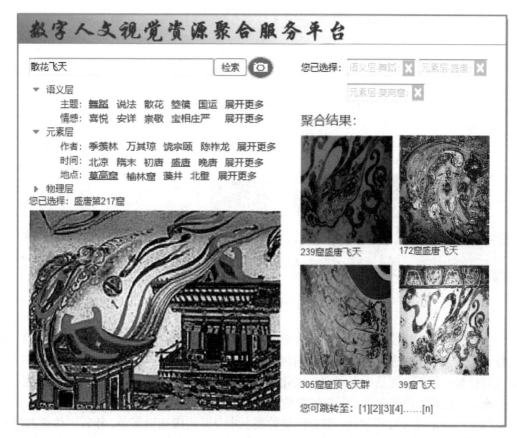

图 6-5　数字人文视觉资源聚合服务平台设计

"散花飞天"为检索词,在对感兴趣图片进行点击后,选择以莫高窟(语义层:舞蹈)、盛唐(元素层:时间)、莫高窟(元素层:地点)为跨层次聚合依据,此时平台根据用户需求进行聚合展示。展示后的结果可视为基于需求的推荐服务内容,在系统积累了一定的用户行为日志和进行用户的需求描述后,提供定向定题的专题服务。

目前,专门化的数字视觉资源聚合服务平台正处于迅速发展之中,其设计与资源关联建设已成为人们关注的重要问题。在这一场景下,服务设计的原型可用于数字视觉资源聚合服务优化之中。中国知网学术图片库是我国重要的学术类图片的知识库,图片总数量已逾 4000 万张,图片的来源涵盖 13 大学科门类,其中人文学科资源内容如历史、地理、社会、考古等。图片库提供检索、浏览等服务。从内容展示角度上看,图片库即是基于检索关键词的资源聚合。该库的开发与建设为数字化研究提供重要的数据来源支撑,考虑到图片服务的进一步发展,我们在应用中进行了面向聚合服务环节的局部尝试。将设计原型图与中国知网学术图片库进行对比,可以发现,知网学术图片库的分面体系设计尚有值得改进之处。其中,检索结果的分面导航系统设计与其学术论文检索系统类似,未能进一步考虑图像的分层次语义特征,即未能将关键词字段进行细化表示,同时对于图像低层语义特征只包含颜色选型,且细分点"彩色"与"黑白"比较粗略。中国知网学术图片库搜索页面如图 6-6 所示。

图 6-6　中国知网学术图片库

在改进的基于语义层次的数字视觉资源聚合服务设计中，允许用户根据自身需求、领域特征和处理环节，选择跨语义层次的聚合与展示方式。其内容不再以线性、单一关联的方式进行聚合展示，而是根据用户个性化需求和探寻式思考方式，进行多面组配表达。另一方面，从资源的角度来看，资源包含的特征以结构化的形式描述来体现，在聚合结果上具有较强的灵活性和可拓展性，聚合结果的展示本身即构成知识服务。相较于传统的参考文本资源聚服务，具有一定的优势。

2. 数字视觉资源服务的整体化实现

在所构建的数字视觉资源聚合服务模型基础上，为保障模型使用效果以及面向应用的服务开展，需要对用户特征和领域知识进行分析，以确定相应的服务保障策略。在实现上，拟从资源获取、服务嵌入、融合情景上进行。

资源跨部门协同采集。数字视觉资源聚合服务的基础是各类相关资源的采集与集成，其中的数据是聚合与服务的基本保障。数字人文视觉资源聚合服务中需要对图书馆、博物馆、档案馆等机构的图像数据进行跨源异构集成，同时注重用户的内容聚合需求，实现物理空间分散的资源在逻辑层面上的统一。在不同服务机构的数据建设中，字典规范、存储结构均有较大差异，这就需要在资源采集过程中进行字段统一，通过资源协同共享中心，利用云服务实现资源的多源并发调用与存储，在相同、相似数据源中选取有代表性的、有较高集成价值的资源进行交互集成管理。

对与数字视觉资源相关的文本描述资源进行采集、整理与序化。由于聚合服务对象是各领域用户，所以需要采集有价值关联信息，如科学研究成果类的文本信息，在类型上包括不同载体中的图像和视频说明或解析，所以资源层的服务保障环节需要进行数字视觉资源的跨部门协同采集。由于各服务部门对资源的描述重点、内容会有一定的差异，这就需要利用协同机制进行内容上的选择，为后续的保障奠定基础。

面向用户需求的嵌入式推送。对于已完成聚合的数字视觉资源，需要从用户个性化需求角度，以嵌入方式开展科学合理的推送服务。从学科领域上看，各细分领域用户需求以及资源的细化特征各有不同，同时各学科中的用户理解特征、行为习惯、前期积累均有不同，这就需要综合考虑数字用户的一般属性和细分领域的个性特征，构建嵌入用户工作环境的服务。同时，针对用户需求环节，提供符合用户习惯、满足当前环节需求的分层次信息。

不同领域用户对聚合模型中的元素层、物理层和知识内容嵌入式推送要求各不相同，服务保障应当更多地展示面向用户的语义层聚合内容，帮助用户理解并分析数字视觉资源对象中的主题意义与情感特征，以便将相应的服务嵌入至用户的活动之中。

服务融合情景特征。在完成服务保障中数据跨部门协同建设任务的基础上，针对用户特征进行服务环节嵌入，需要在融合服务情境中体现。数字智能背景下，用户并不局限于固定的场所或实验室，会根据研究进展和需要进行基于数字平台的响应协同；当服务环境改变时，需要有相应的保障机制为用户提供融合情景下的服务，即移动视觉服务。这一环节的服务保障需要满足用户在移动情境下的数字视觉资源获取需求，以保证活动效率与效果。这一场景下，用户可以使用各种智能移动设备，在获取信息的同时传递自身的情景视觉信息。因而，其服务组织理应适应环境的变化。

同时，计算用户在不同场景下对数字视觉资源的兴趣变化，允许用户以交互方式重构视觉检索方式；服务中可根据用户的行为记录和领域特征提供语义关联的知识聚合结果。通过获取服务记录和用户行为数据可建立服务模型，构建完整的情景案例库，用于优化基于数字视觉资源移动搜索服务。其中，提供区分语义层次、满足领域特征、符合用户获取习惯的数字视觉资源关联文本具有重要性。

数字化研究逐渐成为跨学科研究的重要方式，所以应进一步解决数字视觉资源的分布存储与资源分散利用之间的矛盾，由于数字视觉资源语义信息丰富、与其他资源关联关系复杂，拟提出一种基于语义层次分析的跨源聚合服务方案，同时，针对数字资源关联内容的复杂结构，构建以视觉资源内容揭示为核心、多部门协同资源共建共享的聚合服务模型。在实现中，通过构建跨系统的资源库，进行资源关联组织。在操作上，从资源物理层、元素层与语义层出发进行聚合，以逻辑原型的形式进行聚合服务的设计，同时进行分面点的衔接。

基于聚合服务体系的保障方案，从资源的跨部门协同、用户需求与领域特征出发，构建了完整的保障实现体系。在今后的发展中，拟根据领域资源特征和用户偏好，针对具体领域进行深度聚合，从而提高服务的精准度。

6.3 基于关联数据的数字视觉资源内容组织

数字视觉资源语义丰富，既是普遍利用的资源，又是研究的基础素材。在数字智能的背景下，数字视觉资源的需求日益广泛和深入，所以数字视觉资源的组织优化工作有着十分重要的意义。在知识组织中，文本资源结构化程度高，内容全面，一直以来都是用户获取信息的对象。然而，数字视觉资源在认知上更贴近用户的习惯，同时随着大数据技术的发展，数字视觉资源的数量增长迅速，所以用户迫切需要一种有效的组织方法对数字视觉资源进行序化整理组织，以提升资源的利用效率。

6.3.1　数字视觉资源内容关联特征

文本资源的组织，从早期的机读目录，到基于内容关联和知识元的信息组织，尤其是基于关联数据的知识组织在数据关联、知识推理等方面已得到全面实现。相对而言，数字视觉资源的组织尚缺乏一种通用、普适的标准来支持不同类型资源之间的内容关联组织，这是由于视觉资源对象语义内容丰富，且与文本信息关联关系复杂，传统的组织方法因而限制了其利用效率。针对这一情况，在分析用户需求特征的基础上，拟提出一种基于关联数据的数字视觉资源组织方法，构建从数据采集到智慧服务的完整模型。在数字视觉资源处理中，针对数据的关联关系进行整体上的实现，从而为数字视觉资源的有效利用提供组织层面的保障。

相关研究从关联数据和数字视觉资源组织两方面展开。关联数据是传统信息组织的一种形式，多用于文本资源；对于数字视觉资源组织多为单一的资源归类方式，未能深入到内容细节和与其他类型资源的关联之中。

关联数据是陈涛等提出的语义网轻量级实现方式，但其可以将跨来源、跨类型的数据进行联系，实现知识的有序化和共享。在政府、企业及机构的应用中，关联数据方法的应用旨在通过数据关联对数据内容进行组织和解析；同时，基于关联数据的语义组织框架可以实现对异构知识整合的深化。在实践中，相关研究推进了关联数据理论应用和拓展，其在数字视觉资源的应用中，取得了较好的效果。

数字视觉资源是一种通过人类视觉获取的，包括图像、几何模型、视频在内的资源。数字视觉资源以绘画、雕塑、建筑、摄影以及书籍、装饰和表演为载体而存在，资源描述核心集合的构建是其中的关键。作为数字视觉资源描述较为通用的元数据方式，在数字视觉资源的内容优化中强调内容融合的重要性，可方便图片资源的主题提取和从用户角度的资源组织。以医学图像为例，还可以通过描述文本、大众评论、标签、元数据等方式，进行图像资源的深化组织。

关联数据的优势在于将零散的数字资源进行关联组织，从而展示数据内容之间的关联关系，提升服务的水平。然而，目前关联数据应用在文本资源组织方面较多，而较少应用于数字视觉资源。因此，需要进行数字视觉资源与文本的内容关联展示，以关联数据的方式进行数字视觉资源的组织，以揭示其中的内在联系，提升智慧服务水平。

进行人文数字视觉资源关联数据模型构建，需要充分反映目标用户的需求，在此基础上进行以用户为核心的内容组织。这意味着用户特征决定了内容服务的基本特点，因而应在分析用户需求的基础上，进行数据内容组织模型构建。

相对于资源的图形图像学特征，数字视觉资源用户通常对资源的语义内容更感兴趣，如资源中包含的人物、地点、时间、事件。同时，用户通常需要资源在内容层面的深度描述，以了解图像描述点之间的关联关系。因此，其关联需要由智能交互服务来嵌入用户视觉搜索环境，尤其对于场景适应性的要求更为强烈，由此对移动视觉搜索提出了要求。从整体上看，数字视觉资源的用户需求特征如下。

（1）内容深度描述。用户需要关于数字视觉资源的内外部特征的全面信息，数字视觉资源的创作者对资源的描述往往并不局限于规范的元数据字段，所以不能满足资源的整体组织要求。如果用户对资源中的部分细节感兴趣，需要了解资源语义层面的信息，则应进行内容的深度描述。因此，对视觉资源进行组织时，需要在内容揭示环节对资源进行细粒度描述，以充分利用上下文关系，为实现的关联与推理做好准备。对内容特征而言，深度描述一方面可以使用上下文主题抽取对资源进行细粒度挖掘；另一方面可以使用无监督或半监督的机器学习方法，利用已标注的资源为待标注的资源进行标签推荐。

（2）多类型内容关联。数字视觉资源用户的需求往往并不限于资源的特征属性，而需要与之相关的其他类型的信息，如相关图像资料、历史背景、人物信息、题材风格、内容细节等。多类型关联有助于用户全面了解资源内容及与之相关的信息。数字视觉资源及其相关资源的获取在于更为全面地利用关联资源，实现资源间内容层面上的连接；同时，不同的数字视觉资源对象在时间、背景、内容主题、人物事件等语义内容上具有较强的关联性，所以需要通过语义细节的关联促进用户更深层次的资源利用，同时这也是用户的重要需求。用户的这一需求导致数字视觉资源在内容关联上需要考虑其在数据网络中的位置和语义描述粒度，从而使关联数据可以有效地应用在信息组织过程之中。

（3）移动视觉搜索。各领域人员在数字资源利用中，文本内容通常起到重要的参考作用，相比之下数字视觉资源由于存在内容描述上的差异，用户对数字视觉资源的利用往往受到限制。另外，数字视觉资源具有较强的地理情景性，如人文壁画、石刻、碑帖、民俗遗产等，除专门数据库中保留有影印片外，更多的数字视觉资源通常在实地保存，从而导致数字视觉资源的场景性。因此数字视觉资源的关联组织在于提升移动视觉搜索的服务水平，优化用户体验。其中需要构建数字视觉资源组织的关联模式，为搜索提供支持。数字视觉资源搜索的要求包含移动与视觉双重属性，即根据场景的变化，在移动情景下实现对象的视觉搜索，同时在服务中嵌入用户情景。

6.3.2　数字视觉资源内容组织模型构建

关联数据的特征在于将多种类型的知识资源进行联系，按其中的关联关系，进行基于关联数据的数字视觉资源内容组织，其操作包括从数据的采集与聚合到移动视觉搜索的完整流程。从原理上看，基于关联数据的数字视觉资源内容组织模型架构如图 6-7 所示。

（1）资源采集层。数字视觉资源采集模块中，数据的来源可以多种多样，包括众包形式收集、群体提供资源、专业数据库保存以及数据库收录文本中的图片等。数字视觉资源采集后，应对资源进行基本的分类、去重，同时获取视觉资源的上下文数据，构建初始的元数据库，为文本资源和数字视觉资源的关联处理做准备。在这一环节中，数字

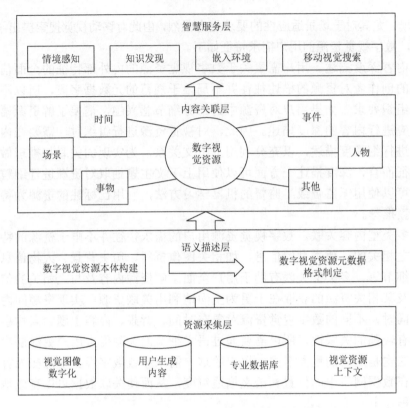

图 6-7　基于关联数据的数字视觉资源内容组织模型

信息来源多样、内容异构，对于数字视觉资源需要以内容相似度和上下文相似度为依托进行去重、聚合，同时进行集中化大规模处理，继而在关系型数据库中进行存储，为后续的关联化和语义描述做好数据准备。

（2）语义描述层。按照语义元数据格式对数字视觉资源进行本体构建，以 RDF 形成机器可以理解的描述形式。数字视觉资源的一般性描述通常为矢量特征的描述，即从资源的图形图像学角度对资源进行标引，构建视觉词袋模型；然而以用户为核心的服务模式要求从语义角度对数字视觉资源进行描述，包括数字视觉资源中的主体、客体、动作、时间背景、空间范围等，相关语义对于用户理解数字视觉资源内容和利用数字视觉资源进行二次创造具有重要性。通过基于上下文的语义信息抽取，以及基于内容的资源自动标引，旨在完善和丰富图像的语义内容。语义描述层在资源采集层的基础上完成描述，实现文本与图像的关联，为组织模型的内容关联层提供支持。

（3）内容关联层。内容关联层是基于关联数据的数字视觉资源内容组织模型的核心层，数字视觉资源在重要性日益增强的同时，与其他类型的资源关联日益紧密，尤其是描述性的文本资源；同时，由于其他类型的资源越来越多地使用关联数据的形式进行组织和发布，所以数字视觉资源需要在模块中使用转化技术进行 RDF 化，同时利用类、实例、包含、映射等关系构建以数字视觉资源语义内容为核心的多属性关联网络，即构建包括资源事件、人物、时间、场景等语义内容的网络。这一部分主要根据服务的领域，构建专有的领域本体，实现内容的深度序化与推理，提升图像内容服务的水平，为智慧服务、移动视觉搜索提供后台保障。

（4）智慧服务层。利用关联数据对数字视觉资源进行序化后，需要为用户提供智慧服务，内容包括关联数据发布、语义检索、知识发现等，形式上包括嵌入用户环境、实现基于情景的推送、移动视觉搜索等。至此，形成完整的数字视觉资源组织体系。该模块最为重要的服务为移动视觉搜索服务，由于用户的资源利用行为具有场景要求，所以智慧服务层的移动视觉搜索功能需要及时响应用户交互，有区别地给用户提供数字视觉资源检索结果以及与之相关的关联数据。

目前在尚无针对人文数字视觉资源的细粒度的领域本体模型，较为相关的多为非物质文化遗产本体模型，如国际档案理事会概念参考模型（conceptual reference model，CIDOC-CRM）等，现有的应用多是在选取相关本体模型的基础上，根据领域特征做出相应改进。

在视觉图像处理上，其主要工作围绕以下方面展开。

（1）数字视觉资源类型（type）。数字人文领域，数字视觉资源可分成诸多种类型，同时不同类型的资源所需要关注的重点各不相同。数字视觉资源对象是本体模型体现的重要属性之一，类型的确立可以通过资源内容的特征进行划分，或依据领域已有的标准进行划分。以敦煌学视觉资源为例，资源类型划分为彩塑、本生故事画\因缘故事画\说法图、经变画、佛教史迹画\瑞像图\菩萨画像、飞天画像\神道画像、建筑画、生产生活画\山水画、服饰、壁画技法、藏经洞遗画、书法与印章、供养画\其他等 12 种类型，每一个类型中包括众多具体对象，如飞天画像\神道画像包括伎乐飞天、童子飞天等，每一实例下有其各种属性。

（2）人物（agent）。人物是关联数据本体模型的重要属性，也是数字视觉资源中的主体。通常说来，12 类视觉资源对象中的佛教人物、神道、乐伎等均入此类，如"世尊""维摩诘"等，其中也包括历史上对资源有重要整理的人物，如"鸠摩罗什""玄奘"等。但由于数字人文研究通常针对资源内容。因此人物属性主要考虑前者，此类的标注中通常可以构建专属人名词表，或通过词汇的句法位置进行关键词提取。值得指出的是，由于数字人文领域视觉资源对象的内容主题可能并非具体人物，而是人物的集合，所以选用 FOAF（friend-of-a-friend）本体中的 agent 类而非其子类 person。

（3）场景（place）。场景是关联数据本体模型的另一重要属性，一方面表示视觉资源中人物行为所发生的空间范围，如"莲台""祥云"等词汇；另一方面，场景也表示资源对象的发现地点，如"北壁""125 窟""藻井"等词汇或短语。根据数字人文特征，对于资源的发掘地点较为看重，同时视觉对象的具体行为空间范围难以确定，所以场景属性取后者，即资源的出现地点。场景词汇可以通过上下文的句法分析得出，结合半自动人工标注加以完善。

（4）事件（event）。事件说明了资源对象的中人物发生的具体行为，敦煌学的佛教特色较为突出，同时与当时的社会生产活动直接相关，很多动作为人神共有，如"狩猎""战争""修行"等。对这类语义词汇的关联分析对于社会场景、民俗民风的展示有着重要的意义，由于该类词汇通常表现为动词词性特征，所以可以通过词性分析进行提取。

（5）时间范围（time-span）。时间范围应当包括资源对象中人物发起行为的时间，如"穆王七十年"；同时也存在数字视觉资源的形成时间与演变时间，如"北周""中唐""贞观十六年"等词汇。在数字人文领域，由于时间线的意义重大，资源意义与内涵的往往随时代的变化而明显不同，对于资源解读随年代变化相差较大，所以按时间线整理有助于进行纵向比较。在描述中时间范围主要表示资源的发现时期，对于时间语义词汇的提取可通过词表、构词规则等方式进行。

以敦煌学中"鸠摩罗天"形象为例，首先以"鸠摩罗天"为关键词在中国知网学术图片库与中国学术期刊库中进行检索，剔除内容不相关及文本内容中不含图像的论文，通过对剩余文本的判读，确定以《敦煌学大辞典》内容文本为基础进行语义本体标注，如表 6-6 所示。

表 6-6　数字人文视觉资源语义本体标注

图像	上下文文本（局部）	属性	值
	鸠摩罗天又名鸠摩罗伽。佛教护法诸天之一。位于西魏第285窟西壁正龛北诸天第二层。此形象裸上身，着裙，头留三片发（儿童发型），四臂，乘孔雀，胸前一手捧一白鸟（鸡），另三手，一持戟，一举莲花，一握葡萄。"鸠摩罗"是"童子"之义，故发型与传为东晋画家顾恺之《女史箴卷》上的儿童发式相似。此天神名虽梵音，形实汉式，线描、晕染、取势造型已有民族化特征	CRM entity	鸠摩罗天画像
		type	飞天画像\神道画像
		agent	鸠摩罗天
		place	第285窟西壁
		event	捧一白鸟、持戟、举莲花、握葡萄
		time-span	西魏

根据数字人文视觉资源领域本体模型，可形成语义关联，实例如图 6-8 所示。

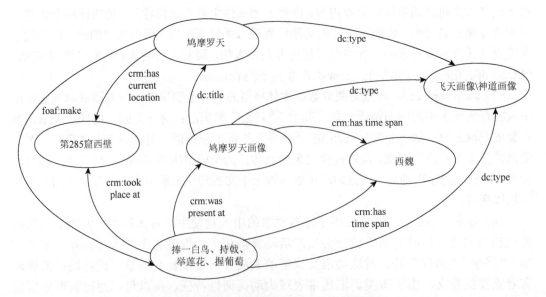

图 6-8　数字人文视觉资源语义本体关联实例

利用本体建模工具，既可以通过检索或浏览的方式了解敦煌学中以鸠摩罗天为主题的神道画像，明确是在什么时期，表现出何种行为，集中于莫高窟的哪些位置，并根据检索出的不同时代主体的不同行为、位置，进一步展示该形象随时间的变化状态。同时，可构建与视频全息资源站点"数字敦煌"网站的链接，通过关键帧的提取，即可从图、文、声、像等角度，对敦煌人文数字视觉资源进行利用。在实验中，本体构建的敦煌 12 类（type）为图像数据基础，各选取 5 幅图像共 60 幅以及与其相关的文本数据作为案例数据。实现中，在 mysql 数据库中建立实体数据表 crm-entity、type、agent、place、event 保存图像资源相关文本信息；建立关系数据表 rel-crmentity-agent、rel-event-crmentity、rel-agent-type、rel-agent-place、rel-agent-event、rel-event-type、rel-event-place、rel-event-timespan，进行关联数据概念模型中的关联关系展示；利用 D2RQ 本体发布工具进行原型实现。其关联原型图的图片类型，如图 6-9 所示。

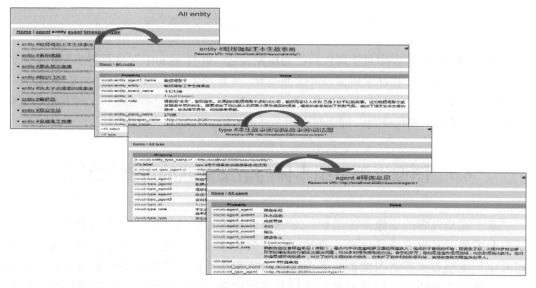

图 6-9　基于关联数据的敦煌视觉资源展示

关联展示的首页包含所有图像资源的命名主键，选择 entity "毗楞竭梨王本生故事画"为例进入，可以看到其基本的著录信息；同时，可以选择该数字视觉资源的时间字段和类型字段进入详细浏览，如选择北凉，即可了解北凉时期一切相关实体信息；以类型字段为例进入，可详细了解与主体"毗楞竭梨王"同类型主体的其他主要人物，如释迦牟尼、维摩诘、舍利弗等，再由此进入，可进一步了解这些人物的主要历史事件，如点击 agent 释迦牟尼，可了解其证悟菩提、沐水成油等具体事件，实现知识的关联推理与浏览。

在完成基本的关联、浏览和推理的基础上，实验模型可以用于关联检索。具体方法是针对系统的内容利用 SPARQL 语言进行检索，如在数据库中：人物（agent）"释迦牟尼"为 agent1，改历史人物为对象，通过这一对象的图像检索，可得出如图 6-10 所示的检索式，并获得相应结果。

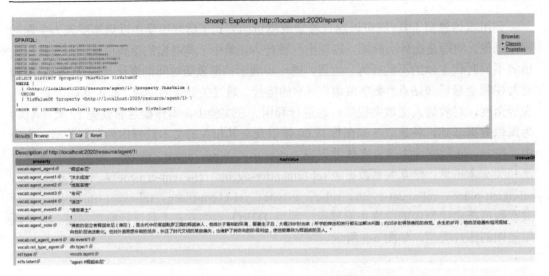

图 6-10　基于关联数据的敦煌数字视觉资源检索

利用 SPARQL 语言中对于属性和值的检索表达，针对 agent1 对象可得出释迦牟尼的最主要事件（event），如沐水成油、请饭香土等。另外为了更全面地表示视觉资源的内容，可添加字段 agent_note 进行辅助说明，用户可根据不同的事件进行浏览，了解其他与该事件最为相关的数字视觉资源，继而获取所关联的内容。

6.4　图像资源组织本体与语义关联的可视化展示

基于视觉内容的图像资源组织，对内容结构的本体描述提出了新的要求，从内容场景和图像关系出发进行语义关联是行之有效的方法。对此，曾刚在数字人文茶文化研究中，围绕万里茶道图像资源组织体系构建和基于语义关联的智能展示进行了从构架到实现的完整研究。以此出发，通过其应用实证，进行本体构架和图像内容关联的可视化展示。

6.4.1　图像资源组织本体构建

万里茶道是指 17 世纪至 20 世纪横跨今中、蒙、俄三国的长达 13000 公里、以茶叶贸易为主的国际重要经济和文化通道，自形成以来就是东西方经济、文化、政治往来的重要纽带，被称为跨越欧亚的"世纪动脉"。在世界近代史上，万里茶道具有重要的经济、文化价值，是与汉唐"丝绸之路"、西南"茶马古道"、宋元"海上丝绸之路"齐名的中西方进行政治、经济、文化交往与联系的一条国际通道。万里茶道从 17 世纪诞生就一直繁荣到 20 世纪初，直到 20 世纪 30 年代因火车的通车和商业环境的变化才慢慢衰落。虽然万里茶道已经被人们所遗弃，但其所遗留下来的大量文本、图像、遗址、非遗等资源是中华文明历史上的文化瑰宝，所以很有必要对其进行研究并开发利用。2019 年，国家文物局将"万里茶道"列入《中国世界文化遗产预备名单》，万里茶道（中国段）目前已有 49 处遗产点，分布在中国的 8 个省份，拥有着十分丰富的文化遗产资源，例如，在湖北省内就有 7 处遗产点：武汉市大智门火车站、江汉关大楼、汉口俄商近代建筑群、赤壁羊楼洞古镇、鹤峰古茶道南村段、五峰古茶道汉阳桥段、襄阳市襄樊城墙及码头。这些遗产点所对应的图像资源是数字人文领域重要的研究材料。

万里茶道图像资源是指在茶叶贸易期间，"万里茶道"沿线国家、省、市、县等地区围绕茶叶生产和贸易活动所产生并经过数字化加工、整理后保存的数字图像。在图像资源组织中，对万里茶道图像数据的获取主要分为两步：一是获取万里茶道图像资源；二是获取图像资源对应的文本描述信息，二者组合构成了图像资源数据。万里茶道图像资源相关的文本信息主要来源于历史文献、档案文献、期刊文献、专著文献等权威文献。最终，经过专家的整理与筛选信息，形成了万里茶道的"图像 + 文本"的原始数据集。

以万里茶道重要节点"羊楼洞"的图像资源为实例，构建羊楼洞图像应用本体，按数字人文图像组织本体的框架，对"万里茶道羊楼洞"图像进行实例填充，即将本体的人物、时间、地点、事件、事物、图像等 6 个核心类进行实例填充，分析其中的知识结构，明确羊楼洞图像的概念与关系属性。最终形成"羊楼洞"应用本体，在此基础上导出 RDF 数据，为羊楼洞图像知识图谱的形成奠定基础。

羊楼洞应用本体模型构建的基本流程包括：首先，进行实例的命名与 URI 的自动形成；其次，对实例进行描述，在"types"下指定实例所归属的类（class），然后在"same individual as"下定义与当前实例相同的实例，在"different individual as"下定义与实例不同的其他实例；最后，需要对实例进行对象属性与数据属性的填充。实例创建完毕后，可以在系统中自动形成关系复杂、实例丰富的羊楼洞图像资源知识网络。使用 protégé 软件创建万里茶道"羊楼洞"应用本体的界面，如图 6-11 所示。

图 6-11　羊楼洞图像资源应用本体创建界面

羊楼洞图像应用本体模型是羊楼洞图像资源组织的概念框架，定义了图像知识元的概念、属性及关系，全面描述了羊楼洞图像的低层语义、中层语义以及高层语义内容，实现了数字人文图像资源结构的分层描述。经过实例填充后，羊楼洞图像应用本体建立完成，为了清晰表达实例之间的关系，可利用 protégé 软件中的可视化功能，进行实例的可视化呈现。

在羊楼洞图像本体应用中，实例存在丰富的语义关联关系，如图 6-12 所示的地点之间的关系，以相互联系的地域为线索，进行整体上的呈现。其中，"羊楼洞石板街"与"青砖茶博物馆"位于"羊楼洞古镇"，而"羊楼洞古镇"位于"湖北赤壁"。

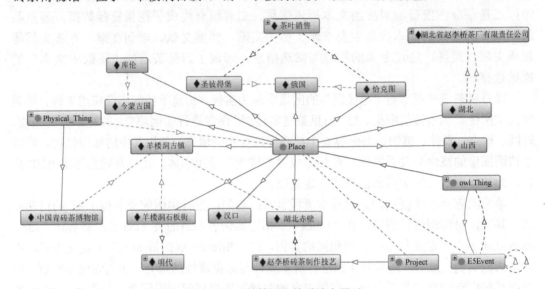

图 6-12 "羊楼洞"关联地点展示

此外，基于 protégé 软件构建的羊楼洞图像应用本体具有知识检索功能，如图 6-13 所示在搜索框中输入"茶叶"，不仅在页面中会自动出现具有"茶叶"的实例对象，而且还会出现与这些实例相互关联的其他实例对象，同时可以以语义图谱的形式展示给用户，这样的语义图谱加深了用户对内容的理解与记忆。

6.4.2 人文图像资源语义关联与可视化

以万里茶道为例，可利用 Neo4j 图形数据库对 RDF 数据进行存储，以此构建万里茶道"羊楼洞"可视化图谱，实现羊楼洞图像资源关联可视化。其中，利用 Cypher 语言展现实体、属性及关联关系。基于 Neo4j 的图谱可以实现对万里茶道"羊楼洞"图像资源的多维度关联，从人物、时间、地点、事件、主题等角度进行关联，深度揭示图像资源间的关联关系以及图像的高层语义信息，为图像资源的交互式查询、关联化推理与内容服务提供了方法和思路。在 Neo4j 中构建图谱的流程为：首先，新建一个"Project"，将其命名为"羊楼洞"；其次，点击"Add Database"，建立一个本地的图像数据库，将其命名为"万里茶道羊楼洞"；然后，选择工具库中的"Neo4j Browser"应用软件，进行节点与关系的

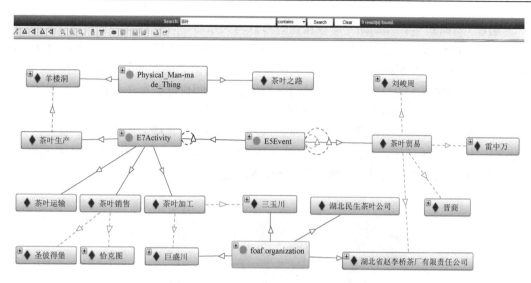

图 6-13　protégé软件中的内容检索示例

创建；最后，使用 create 和 match 命令编写 C 影片 her 脚本代码，分别创建实例节点及关系，形成关联图谱。生成万里茶道羊楼洞图像资源知识图谱。在 Neo4j 中创建图谱的核心是进行节点及关系的建立，需要使用特定的语言进行建立。按照以上格式以此创建羊楼洞图像示例包含的节点，然后再利用"match"命令进行节点间关系的创建，可实现节点与节点的关联。

　　如图 6-14 展示了基于 Neo4j 的图谱界面，在上方"neo4j\$"框中输入构建命令语言，如"*CREATE*（*n*：*Place* {*name*：'羊楼洞古镇'}）*RETURN n*"，即可在下方空白处出现相应的节点，不同类型的节点以不同颜色进行区分。

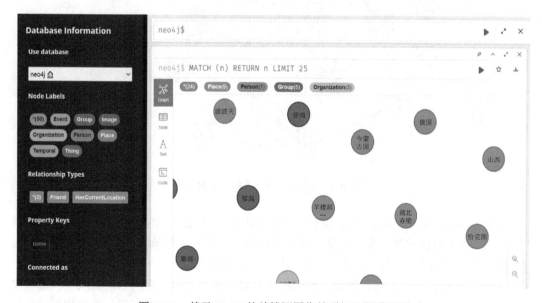

图 6-14　基于 Neo4j 的羊楼洞图像关联知识图谱界面

　　通过"create"与"match"命令构建好节点与关系后，可以得到万里茶道"羊楼洞"图像内容关联图谱，不同颜色的节点表示不同类型的实例，通过相关功能，可以直接在该数据库中聚合同一类型的实例，形成知识图谱。此外，节点之间存在复杂多样的关联关系，不仅不同类型的节点间存在关联，而且同一类型的节点间也可能存在关联，通过增加节点间的关系属性，可以增强图谱的语义内涵。

　　羊楼洞图像资源图谱构建完毕后，可以从不同维度揭示羊楼洞图像知识。首先，从事件维度，如图 6-15 所示，通过某一主题的图谱的展示，可以从中得出参与人、参与群体、行为发生的地点等关键信息，构成一个完整的叙事逻辑。

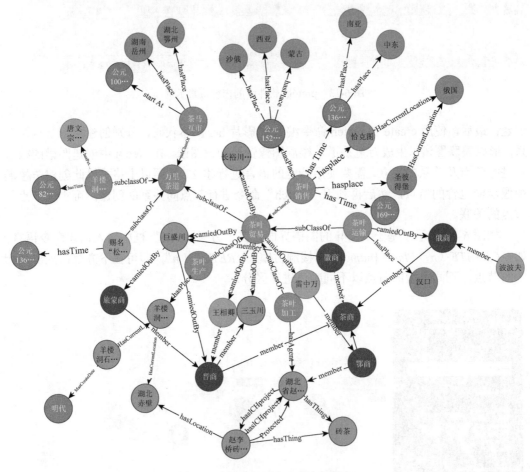

图 6-15　羊楼洞图像关联主题特征

　　另外，如图 6-16 所示，可以基于主题特征进行关联组织。例如，通过文化传承项目"赵李茶厂砖茶制作技艺"这一对象，可关联得到与之相关的传承者、保护者、申报时间、申报地、实物对象等信息，进而对该项目有一个具体的认识。

　　最后，还可以基于人物、群体、组织机构等对象建立人物关系网络，有利于快速梳理人物与群体、人物与机构、群体与机构之间的关联关系。如图 6-17 所示，在羊楼洞图像知识图谱中，人物与群体存在包含关系，如"王相卿"属于"晋商"；而群体与群体之间存在分支关系。

"羊楼洞"图像资源图谱构建过程中，为增强其语义组织的能力，从不同视角揭示了数字人文图像资源包含的语义信息。在利用中，可以对其进行基于图像视觉特征的语义关联，并将其关联关系通过知识图谱进行展示。基于图像视觉特征的语义关联主要有两方面优势：其一，图像视觉关联可以直观、生动地呈现数字人文图像知识挖掘与知识发现的结果，有利于用户开展细粒度的图像语义组织研究；其二，图像视觉关联可以从不同角度揭示数字人文图像资源之间的关系，只要任意关联图像中含有相同的特征元素，就可以对其进行关联，进而揭示两幅图像所共同表达的语义信息。以下从人物和事物两个维度进行了"羊楼洞"图像资源的视觉语义关联图谱展示，图 6-17 所示。

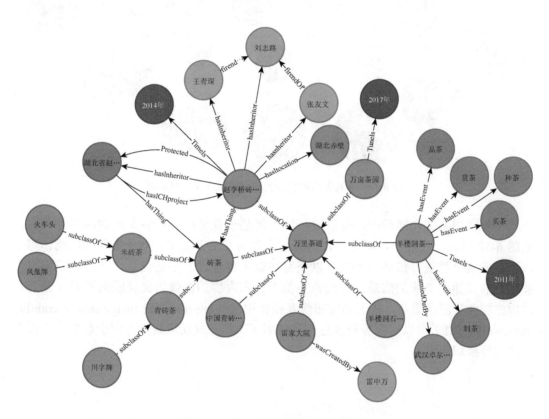

图 6-16　基于对象的羊楼洞图像关联

在图 6-17 中，人物类实体根据规模可分为个人、群体与组织机构，这三者之间存在复杂的关联关系。例如，"刘峻周"与"波波夫"是"同事"关系；"张友文"与"王春琛"、"刘志略"是"朋友"关系；"徽商"与"巨盛川"是"成员"关系。在此之上，对人物对象进行视觉语义关联，进而得到各个人物所关联的图像资源，这一展示有助于对人物信息及人物之间的关系进行深度解读，比如可以通过视觉语义关联图像中的合影信息，发现人物实体之间的关联关系。

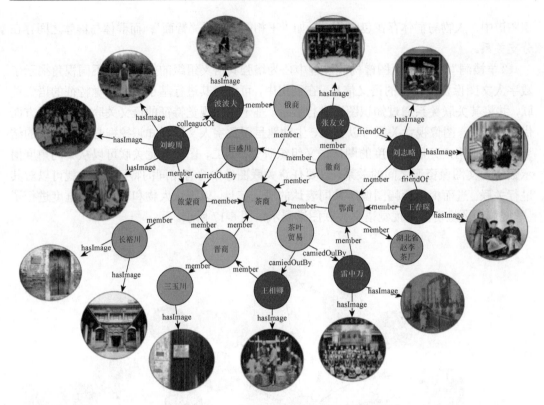

图 6-17　羊楼洞人物类图像资源视觉语义关联图谱

　　在羊楼洞茶文化展示中，可以进一步实现基于视觉特征的各个时期的事件关联，如图 6-18 所示。在图中，可以清楚地展示事件的发生及状态。对于事件的影响，可以从局部或从全局进行描述，不仅可以获得图像中事件表层描述信息，还可以获得事件被赋予的其他有价值的信息，以此弥补基于文本内容的图像语义关联的不足。最后，在构建图像资源图谱后，基于国际图像互操作框架（international image interoperability framework，IIIF）可以对图像资源进行跨域展示，其开放展示架构有利于数字人文图像资源的传播和利用。

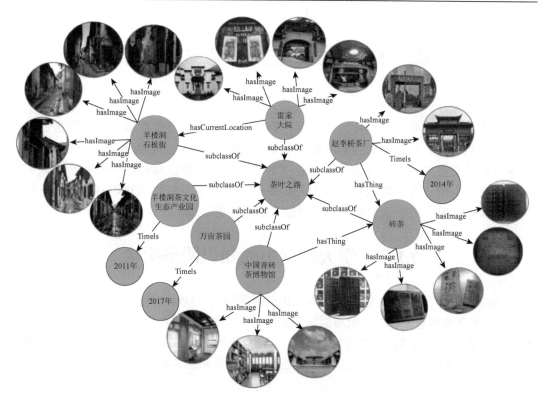

图 6-18　羊楼洞事物类图像资源视觉语义关联图谱

第 7 章　科学大数据应用与知识服务推进

随着大数据与数字智能技术的发展，科学研究范式已发生深刻变化，数据密集型计算、分析和嵌入应用已成为数字化科学研究的主要特征。科学研究信息化背景下，科学数据的交互共享和嵌入式大数据管理要求在科学数据生命周期内进行基于数字网络的全方位保障。在科学大数据应用与知识服务组织中，需要从知识网络构建与数字化交互需求出发，进行知识嵌入向协同融汇服务的推进。

7.1　科学大数据中的知识网络构建

大数据环境下，知识网络构建作为知识创新保障的一项社会化工程，日益引起各方面关注。随着数字信息服务向知识层面服务的深化，以科学数据共享为目标的社会化知识网络建设已成为信息保障的重要内容。因此，从信息保障拓展角度出发组织基于网络的数字化知识交流、共享、利用和转化服务，是社会化信息保障的发展需要，也是建设创新型国家的需要。

7.1.1　大数据应用中的知识网络与知识共享

国内外学者从不同的视角对知识网络进行了研究。Verna 把知识网纳入价值网络的范畴，提出了价值网络观。Gross 把知识网络置于社会网络中，明确了知识的创造与共享。马德辉、包昌火认为知识网络是一种获取、共享根植于组织内外社会网络中的知识资源，以创造知识、提升知识竞争力为目标的网络。国内外对知识网络的研究表明，知识网络是知识资源按照一定关联关系构建的关系网络。随着数字化知识收集、存储方式以及知识的组织与构建关系的变化，知识网络持续发生变化。国家创新中的知识网络必须打破条块分割的格局，从国家整体角度出发，组织知识资源，构架一个网络化、开放化、协同运行的知识共享与交互网。在网络构建上，按知识创新网络主体结构，知识网络包括知识数据网络、知识社区网络、专家网络等。

对于社会化信息保障来说，知识流动是在一定的知识网络中进行的，所以知识创新过程具有知识的网络传输特性。知识网络性包括知识来源网络性、知识生产网络性和知识产品营销网络性等。从知识来源的构成看，各创新主体的知识来源具有网络特征。创新的目标是实现知识的增值，最终表现为知识资源价值总量的增加。所以，各创新主体一方面要挖掘内部的知识资源，挖掘知识的目的是让隐性的经验显现出来，让个人经验变为知识创新的共同财富；另一方面，又要适度地利用外部知识源，以有效地弥补自身知识的不足。任何与知识创新有某种联系的个人和组织，如专家、客户、供应商、相关产品生产者、竞争对手等，都可能成为知识利用对象。

　　与用户显性需求和隐性需求相对应，知识的产生也有两种形式：一是外生，二是内生。所谓知识"外生"与"内生"，是相对于过程而言的。知识"外生"，即创新主体通过多种途径获取外在知识，如通过技术交易获得新的知识；"内生"，即创新主体以通过有目的、有组织的科学研究、技术发明等活动，在实践中积累经验，进而上升为理性化知识。创新主体知识生产既是外生的，又是内生的。从知识的外生可以通过掌握其他组织的知识来获取知识的外溢效应。从知识的内生上看，创新主体的实践活动，已突破了组织的边界。一方面，大数据技术所提供的便利使之成为可能，另一方面，由于需求变化使之成为必然。

　　知识创新所具有的知识网络性说明，知识创新在一定的知识网络上进行，这不仅包含创新主体的内部知识网络，更重要的是包含创新主体的外部知识网络。

　　社会化信息保障中的一个重要问题，是面向各创新主体开展基于大数据应用的知识服务。开展知识服务的支点是在数据集成中构建知识网络。按知识网络的服务主体和来源，可区分为知识资源网络、服务网络等。面向创新主体的知识网络服务包括知识网络构建服务和运行服务。

　　（1）知识网络构建服务。构建知识网络，实质上是建立核心组织与各从属主体与之间基于知识交互的合作关系，构建过程可分为：根据网络组织的战略目标，分析运行中存在的知识交互需求，明确交互知识的类别，最终确定知识网络的具体构建目标；根据知识网络构建目标进行服务选择，构建知识网络框架；明确各项知识活动，进行知识网络的架构。

　　（2）知识网络运行服务。知识网络运作要求妥善解决知识交互利用问题，提高知识资源共享绩效，在知识网络运行中实现面向网络主体的全方位服务。图 7-1 显示了知识网络的构建框架，包括专家咨询网络、服务知识网络、知识资源网络和用户知识网络的知识集成平台的构建与运行网络组织。通过知识网络，创新主体可获取所需的各类知识，与此同时，网络成员可以共享平台的知识服务。

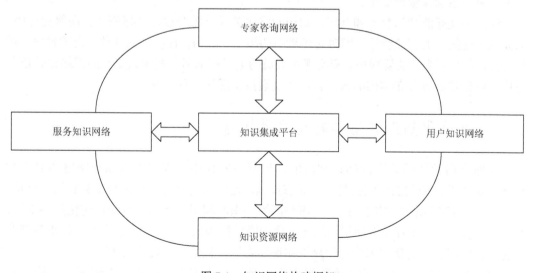

图 7-1　知识网络构建框架

在大数据背景下的网络化知识集成服务中，知识的共享和交流服务是至关重要的。对于知识创新而言，各创新主体在地理位置和行业领域上是分散的，可以是不同地域和不同领域的具有知识交互需求的人员。各创新主体在异构、分布的平台上获取、发布和交流知识信息。由于信息时效性的要求越来越高，为了满足各创新主体的交互信息需求，知识网络平台必须不断地更新知识，其服务也应面向需求进行组织。

社会化网络信息保障中的知识组织由各相关机构通过网络协同来实现，在这一过程中，各成员知识通过交流与共享，支持知识创新与应用。伴随着业务过程，面向创新主体的知识网络管理包括对知识交互的全方位管理，也就是对知识在各创新主体中的产生、交流、共享、利用进行管理。知识网络服务的核心内容是提供各创新主体的信息交互与知识沟通平台，实现面向创新主体的知识资源共享。这一服务，实现了各信息机构之间的系统交互对接，可以解决以下问题。

（1）支持分布、异构的环境。一方面，知识网络是跨系统的，在组织管理上存在着各有关机构之间的系统环境异构问题，这就要求进行知识资源的联网交互组织，使知识能够跨系统流通，知识交互能够实现系统兼容；另一方面，需要适应用户环境的变化，也就是要求系统支持异构需求和异构用户系统。这两方面的问题，在网络平台设计中应充分考虑。

（2）提供基于流程的网络化服务保障。网络的形成和管理是一种基于工作流的管理，网络交互平台应对不同类型、不同复杂程度的工作流程进行模型化统一，这就要求网络平台具有较强的流程服务能力。网络环境下，基于 Web 的分布式工作流程管理是实现知识网络管理的有效工具，它通过 Web 浏览器，客户和知识网络服务高均可以及时、方便地获取流程信息，以实现流程保障。

（3）提供系统互操作支持。在知识网络管理中，对各成员系统应该设立相应的权限，以实时查询机构的业务信息。系统的互操作要求有良好的用户界面、可靠的操作方式和支持。在系统实现互操作中，要求实现知识资源的共享和流程的规范，互操作中还应进行适当的约束，以确保管理安全。

（4）实现开放知识交互和利用。知识网络服务是一种开放性共享服务。网络运行中，对系统实现统一的交流管理，同时对环境中的用户、机构、社会部门开放。为了实现开放性目标，在交流服务的管理中，应实现对成员的无障碍服务。在知识交互的网络化开放服务中，可构建具有分布结构的云平台，实现虚拟资源服务的共享。

7.1.2 网络化知识利用和转化体系构建

在面向科学数据共享的知识创新的知识网络构建中，仅有隐性知识网络和显性知识网络还不够，毕竟知识创新是一个动态过程，是创新主体对知识进行交互利用的创造，这一过程既需要隐性知识的发掘，也需要显性知识的利用，所以应有知识转化网络支持。在这一过程中，存在着显性知识的融合过程和隐性知识的显性化过程。此外，知识创新强调新知识的产生，而新知识产生于显性知识和隐性知识的相互转换之中。

显性知识与隐性知识的转换网络实际上是一个连接人与显性知识的交互网络。知识转化在知识创新中，对隐性知识所有者（科学研究人员）利用显性知识而言，无疑是重要的。知识创新中的显性知识与隐性知识转换网络使用者可以通过这个网络，按显性知识线索找到相关的知识的所有者（如专家或其他知识所有者），也可以将自己所有的知识进行显示，以达到知识交流和共享的目的。

用户信息需求结构与知识结构具有相互关联的关系。与隐性需求和显性需求相对应，显性与隐性知识也存在着相互作用，将显性知识与隐性知识的相互作用过程称之为知识的转换。通过这一转换，显性知识和隐性知识从数量和质量得到提升。知识转化存在四种模式即：由隐性知识到隐性知识、由隐性知识到显性知识、由显性知识到显性知识和由显性知识到隐性知识，其动态过程称为知识转化模型（seci model）过程。

知识网络的社会化通过共享经验实现隐性知识的转换。由于隐性知识难以表达且有时间和空间上的限制，所以只能通过共享经验获得，例如生活在共同环境或者一起工作的人员，可以通过交流共享经验，启发各自的思维，从而达到隐性知识共享的目的。知识交互网络化可以发生在用户正式或非正式的交往之中。基于网络的隐性知识转移，依托于网络环境和知识网络服务，可以实现知识网络化融合，如企业科技人员在网络交往中，可以从对方获得隐性知识并从中受益。

知识网络活动中，可以将隐性知识明确表达为显性知识。当隐性知识变为显性知识时，知识就被明确化，并且能够为他人所共享。如新产品开发过程中的概念形成就是这种转化的典型例证。在隐性知识显性化过程中，基于用户认知的知识空间构建具有重要性，在关联知识空间中可以通过分析工具来揭示其中的关联关系，从而使创造的知识概念明确下来并加以表达，以供组织或人员应用。

融合是将不同形态的显性知识和隐性知识的集成过程，旨在实现知识增值利用的目的。在这一过程中，计算机系统通过网络和大容量数据库的创造性应用，保障了交互目标的实现。与此同时，显性知识通过主体吸收也可以在网络中形成新的隐性知识。隐性知识与主体学习密切相关，类似产品观念和生产过程之类的隐性知识是通过行动和实践获得的。当显性知识内化为主体的隐性知识时，它就成为一种有价值的财富。在知识网络中，这种蓄积在个人头脑中的隐性知识又会引发新一轮的知识创新，所以这种循环是一个螺旋上升的过程。

科学活动中的知识创新是一个动态和连续的过程，也是主体知识相互转化和新知识产生的过程，这种过程是上述四种模式彼此交互使用的结果，而不仅仅是一种模式的应用。知识创新源自多种模式的相互作用，由此形成知识创新螺旋。在知识创新螺旋中，显性知识与隐性知识的相互作用可以在知识转换网络中实现，由此形成了知识网络的基础。

大数据应用中，互联网技术、人工智能技术和虚拟现实技术的发展为显性知识和隐性知识的转化提供了新的途径，从而使基于互联网的显性知识与隐性知识的转化成为可能。由此，能够在此基础上实现显性知识网络与隐性知识网络的整合，进而构建一个面向国家知识创新的显性知识与隐性知识转换的网络。面向知识创新的显性知识与隐性知识转换网络是一个多维网络，这一网络结构能够实现显性知识与隐性知识的相互转换，进而实现知识的创造。

从图 7-2 可以看出，显性知识与隐性知识转换网络是一个全方位的人机网络，显性知识的节点除了可以与其他显性知识节点互联外，还可以与网络内的任何一个显性知识节点互连。这种相互连接的过程，包括了显性和隐性知识转化的基本环节，在知识转换网络中，转换的范围已由原来的局部扩展到社会，由最初的单个组织上的知识创新螺旋发展到联盟组织的知识创新螺旋，网络化的多知识创新螺旋主体既相互联系又相对独立。而诸多领域的知识创新螺旋共同构成了社会化的知识创新转化体系。

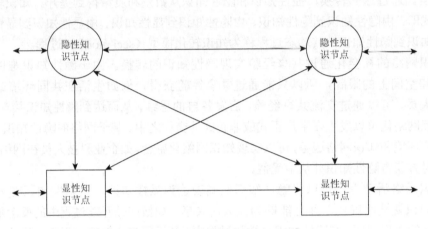

图 7-2　知识的转化网络逻辑图

面向知识创新体系的知识转换网络的层次结构模型，实质上是一种知识管理结构。如图 7-3 所示。

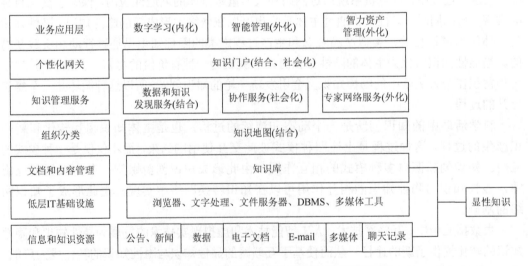

图 7-3　面向知识创新体系的知识转换网络层次结构

如图 7-3 所示，体系结构中的底层处理显性知识资源，显性知识主要存在于数字文档和分布结构的数据库中。在大数据云分布环境中，需要相应的工具对其进行处理和调用。

为了更方便地存取知识，需要建立知识地图或图谱。知识地图建立在组织内部对知识进行分类的基础上，以此构建相互的知识关系。基于知识地图，可以提供多种知识管理的服务，包括数据和知识发现服务、协作服务、专家网络服务等。为满足个性化需求，在服务的上一层是个性化网关，通过知识门户提供不同的入口。最上层是业务应用层，不同的入口提供不同的应用，如数字学习、智能管理、智力资产管理等。在知识地图应用的同时，知识图谱在于展示知识的构成和单元结构，可用于解析复杂知识的"谱线结构"，从而组织细分门类的知识创新。

从图 7-3 可以看出，显性知识是知识创新的基石，知识创新体系离不开显性知识和显性知识网络的支撑。然而，知识创新过程是一个显性知识与隐性知识相互转换的过程，仅有显性知识网络是不够的，所以，还必须注重隐性知识的管理及其网络建设，同时还要注重显性知识与隐性知识转化网络的建设，进而实现整个创新知识水平的提升。

随着大数据与智能技术的发展，面向知识创新的显性知识与隐性知识转换网络的建设更多地依赖大数据应用来完成。其中：隐性知识到隐性知识的转化，涉及数字社区、群件技术、讨论组、交互技术和专家定位系统的应用；隐性知识到显性知识的转化主要通过自助服务、文档工作流、内外网内容管理、智能搜索和数据仓库、在线分析数据与知识挖掘来实现；显性知识到显性知识的转化，主要包括知识库联网、异构数据库搜索、数据仓库和数据集门户、大数据应用集成等。

7.2　数字化科学研究中的数字嵌入式知识服务

大数据环境下的知识创新将科学研究、社会化学习与信息保障融为一体，由此形成了科学研究信息化、数字化研究（e-research）和数字学习（e-learning）的融合模式。在基于大数据的科学研究与学习中，数字服务已嵌入到知识发现、创造、传播与应用过程之中，由此形成了面向知识创新的整体化信息保障与嵌入式知识服务的组织体系。

7.2.1　科学研究信息化中的嵌入式知识服务内容

随着科学研究信息化的发展，科学研究过程与环境已趋于融合，从而形成了数字化的研究空间。用户在数字化空间中，进行知识的理解、应用和创造，将信息获取和知识利用过程有机结合，由此提出了科学研究信息化中的嵌入式知识服务要求。

1. 科学研究信息化中的嵌入式知识服务及其特点

科学研究中嵌入式知识服务指针对用户的研究需求，以适当的方式将数字服务融入用户的研究环境和过程之中，使用户无障碍地利用服务，以支持科学研究的开展。

科学研究信息化中的嵌入式知识服务产生与发展受到了多方面因素的影响。其服务在于，适应数字化的知识创新环境，以用户需求为中心，突破传统的服务组织局限，按照科学研究环节进行面向用户的信息保障，从而将数字信息服务嵌入到用户科学研究活动之中，即实现服务与研究的交互和融合，以推动知识创新的数字化发展。其推动因素主要在以下几方面。

（1）泛在服务的驱动。随着科学研究节奏的加快，高效便捷地获取知识信息和辅助科学研究变得更为迫切，以至于呈现出泛在服务的发展趋势。泛在服务是为了解决知识的融合利用困难，强调"服务不为人所知"以及服务的无所不在、无时不在，使用户在知识活动中能获取即时性的开放服务。泛在服务的实现需要将科学数据融入用户的学习和科学研究中，使数字服务与用户的学习、科学研究融为一体，实现嵌入式的无缝用户体验。

（2）创新研究的推动。科学研究信息化要求进行服务与用户的交互和协作，服务应与科学研究活动紧密融合，根据用户的研究活动特点，通过嵌入用户的环境，创造数字化科学研究条件。要实现科学研究中按需获取即时服务的目标，就必须将研究支持服务嵌入到用户的研究发展过程之中。

（3）研究服务的延伸。科学研究服务在于对数据内容进行提炼，以形成大数据增值效应。大数据交互中用户对知识的消化吸收和利用应成为服务的焦点，服务嵌入重视用户接受知识的效果，关注显性知识向用户内在知识的转化。服务的开展需要面向不同的用户群体，提供有针对性、指导性和辅助性的知识，为用户构造良好的辅助条件和情景。在知识创新需求日益强烈的情况下，科学研究服务必须通过服务嵌入，提升创新绩效。

随着数字化科学研究的发展，数字信息服务机构应直接支持用户的学习、科研行为，开展各种形式的服务融合。面向科学研究信息化的嵌入式知识服务，是指将服务嵌入到科学研究活动中，服务人员嵌入到科学研究团队中，以成为其中的组成部分。将服务嵌入到科学研究信息化的各个环节，应使服务与自主创新融为一体，这是面向科学研究的服务发展趋势。

科学研究信息化环境下，科学研究发生了根本性的变化，研究人员的需求和行为也发生了重大改变，这就要求服务从以前的分离组织向协同组织转变。科学研究信息化是信息时代科学研究环境和科学研究活动信息化的体现形式。科学研究信息化采用数字网格技术，为科学研究提供新一代的信息设施以及数字平台环境。在此环境中，科学研究方式和手段得以更新，数据和信息处理随之成为科学研究的重要组成部分。其中全球性、跨学科的大规模科学研究合作成为可能，科学研究者之间的交流比以往任何时候都要频繁和有效。科学研究周期由此大大缩短，同时促进跨学科领域的发展。

科学研究信息化作为一种科学研究活动范式，具有以下特点。

（1）科学研究的开放性。所谓开放性，是指科学研究信息化从一开始就以全球性、跨学科、跨机构的研究合作为基本目标，因而整个科学研究活动具有极大的开放性。

（2）资源共享程度高。在科学研究信息化中，大数据资源都可以得到高度有效的共享，这些资源共享不仅包括计算能力、实验数据和资料，甚至还包括实验仪器本身。

（3）研究过程高度协同。得益于开放性和资源的高度共享，分布在全球各地、不同学科、不同机构的科学家之间可以共享资源、方便地开展协同工作，共同解决科学研究中的创新难题。毫无疑问，科学研究信息化是一种有别传统的、新的科学研究环境和过程。开放、共享和协同是其基本特征，而传统的信息服务模式显然已经不能满足这种变化，所以迫切需要以协同为基本特征的全新的信息服务嵌入，由此对服务组织提出了新的要求。

科学研究信息化环境中仪器、计算能力、实验数据和资料要能够实现高度共享。对信息服务而言，面向科学研究信息化的信息资源是多种多样的，如数据资源、信息软件资源、计算资源和知识资源等；科学研究信息化客观上要求对这些资源实现共享式嵌入，从而为科学研究过程提供支持。

科学研究信息化中跨区域、跨机构、跨学科的开放协同，要求信息服务机构不应局限于本机构的资源和服务，而应与其他机构进行服务合作，在此基础上，开展服务调用，以满足科学研究信息化对服务的全程需求。

科学研究信息化迫切需要服务机构之间开展以协同为基础的知识服务。服务机构之间应通过对数据的搜寻、处理和挖掘，从中提炼出知识，并根据科学研究中遇到的问题，融入科学研究信息化过程之中，以便有效支持知识应用和知识创新。

2. 科学研究信息化中的嵌入式知识服务组织

科学研究信息化工作流可以分为：数据获取/建模（data acquisition and modeling）、研究合作（research collaboration）、数据分析/建模/可视化（data analysis, modeling and visualization）、成果传播与共享（dissemination and share）和数字存档。科学研究信息化的嵌入式知识服务通过知识化的组织流程，为用户的研究创新提供服务保障。因此，需要实现面向用户科学研究过程的服务组织，使辅助服务融入用户研究的活动。这种嵌入使信息服务机构成为科学研究群体的知识创新伙伴，从而将传统的数字信息服务变革为基于科学研究过程的动态定制、协同交互和融合服务，以此构建有机嵌入科学研究信息化的信息服务体系，如图7-4所示。

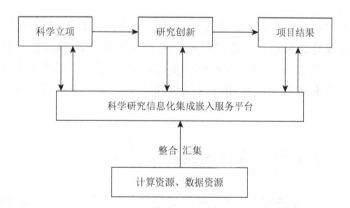

图 7-4　面向用户的科学研究信息化嵌入式知识服务

Hey 等针对科学研究信息化环境中研究者面临的困境，根据科学研究中的数据密集、分布合作的特点，明确了嵌入式知识服务的工作流组织模式。当前，随着大数据技术的发展，根据工作流程，服务嵌入方式包括以下几方面内容。

（1）知识资源服务。知识资源服务对科学研究信息化而言非常重要。在科学研究中，研究者需要各种相关数据和知识以启动研究，包括全文资料、知识元信息、知识链接信息、试验数据等。信息提供服务首先通过对相关数据库和资料库进行查询，以满足用户对文献资料和一般知识的检索获取要求；其次，对相关数字资料进行汇总，通过一定的手段进行分析，挖掘其中隐含的知识，提供给用户。

（2）支持研究服务。在研究中，研究者希望能够和其他研究者进行交互和协同。支持研究服务在于跟踪研究过程，为研究提供及时的动态集成服务，为研究者提供发布和交流平台。领域特定服务作为一种重要的支持研究服务，针对研究领域的特定需求进行特定的领域服务。如在化学合成领域，往往需要进行化合物的结构计算服务，以支持合成研究试验，最终实现基于研究的知识创新目标。

（3）数据分析服务。数据分析服务是为研究提供查证服务和验证结果的创新服务，即通常所说的查新服务。要求对研究结果进行分析时，利用序列比对查询工具对测试结果与公开数据库进行比较，利用可视化工具对研究结果进行展示。

（4）科学交流服务。科学交流服务是为研究者的交流提供嵌入平台，促进合作和跨组织研究的开展。对此，服务机构可通过构建在线仓储和基于大数据的云存取平台为研究者提供快速交流的机会。

（5）数字保存服务。科学研究信息化流程中，研究者试图保存其阶段性研究产出，以保证协同研究的进行。数字保存服务是为研究产出提供适当的协同保存机制，以共同保存科学研究进展成果。数据保存服务中要求建立科学研究产出的协同保存机制，推进分布式合作保存的开展。

科学研究嵌入式知识服务是一种有别传统的信息服务方式，基于协同的科学研究嵌入式知识服务，要求信息服务机构不再专注于自身资源的建设，而是将服务资源融入科学研究过程之中，同时要求与外界实现资源互补，实现服务与科学研究的有效结合。

数字环境下的科学研究过程，主要从三个方面提供针对用户的嵌入式知识服务：用户可以在本地集成地访问嵌入式知识服务资源及本地资源，可以自主调用数据处理、数据交互和访问查询等服务；通过智能化的资源服务机制，可以自主发现所需服务的来源，进行数据获取和扩展查询；用户通过分布式知识库，能够实现不同知识库间内容的共享和嵌入利用。

7.2.2　知识社区活动中的嵌入式知识服务

目前，传统的信息服务方式已无法及时满足用户学习的需求，这就需要将服务嵌入到用户环境中，以提供更深层次的服务。知识社区作为知识交流和学习的网络虚拟社区，为信息用户提供了理想的学习环境。知识社区虚拟活动中，可以将信息服务嵌入到以知识创新为目的的知识学习中，甚至可以嵌入到用户职业活动中的创新之中，即为用户提供实际意义上的泛在知识服务。

1. 虚拟知识空间构建与服务嵌入

在虚拟知识社区环境下，服务以用户及其需求为中心展开，这是一种嵌入式的、泛在化的服务。如中国科学院国家科学图书馆的知识学习服务场所并不限于图书馆馆区，而是扩展到用户所在的虚拟知识社区之中。在知识社区中，为用户提供包括检索培训、文献信息咨询、个性化知识环境构建等嵌入式知识服务。

随着 Web2.0 应用的拓展，用户已成为信息收集、接收、处理、发布的节点和服务单元。在这一应用背景下，数字信息服务可以在虚拟大数据环境中适时嵌入用户所需的工具，辅助用户的知识获取，实现基于数字学习的自主学习和交流。管仲等对嵌入式泛在个人知识服务模型进行了系统性研究，提出了在服务实现中，嵌入式泛在个人知识服务（embedded ubiquitous personal knowledge service，EUPKS）围绕知识链进行知识组织和服务构建。它可以使知识服务无处不在，使分散在不同应用系统间的知识产出不断沉淀，从而实现知识长期积累。EUPKS 在概念上可以抽象为在知识主体参与下，通过嵌入式知识服务将个人信息环境、需求、行为及知识空间有机结合起来，形成一个以人为本、相互联系、相互支持的知识服务综合体，如图 7-5。

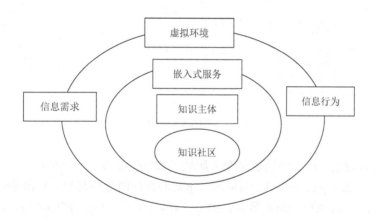

图 7-5　知识社区嵌入式知识服务模型

EUPKS 综合利用多种嵌入式知识服务方式，打破信息环境中桌面系统、Web 系统、移动服务系统间的界限，将知识服务同知识学习过程、学习情境紧密相连，围绕用户知识生产链路（信息收集→数据分析→交流协作→知识创造→知识产出→研究存档→成果管理），嵌入用户所需的服务（数据查询、知识发现、内容重组、可视化呈现、知识分享）。同时，以知识单元积累为起点，将用户的知识产出进行有效组织，构建出一个不依赖于具体应用的系统，且适应虚拟环境的知识空间。该空间遵循开放协议，能够在知识单元上实现应用系统间的互操作，使"游离"态知识得以聚集，不同应用场景得以无缝嵌入。EUPKS是由个人知识活动、知识环境、知识空间以及服务工具融合而成的知识服务集合系统，它通过系列服务工具，在用户知识活动和学习中获取需求，在大数据环境中获取内容和知识描述，从而在知识主体的参与下构建个人知识服务嵌入空间。

如图 7-6 所示，从应用逻辑上看，EUPKS 由外向内分为 4 个层次：信息环境层、知识活动链路层、嵌入式知识服务工具层和虚拟知识空间层。

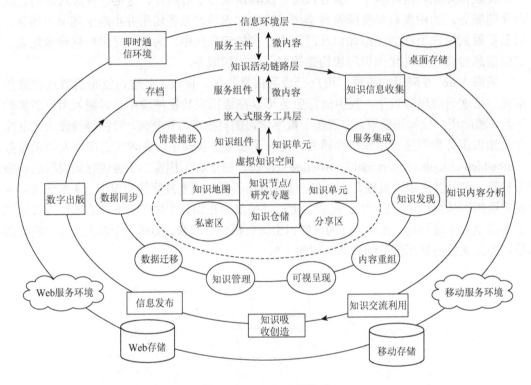

图 7-6　EUPKS 应用体系

（1）信息环境层。信息环境层是个人所处的数字信息环境及其应用情境的融合，如桌面 MS Office、AdobeAcrobat、IE 浏览器、QQ/MSN 即时通信环境，Web 服务环境下的搜索引擎、e-Learning、RSS/Atom 聚合、Blog、Wiki、P2P、Tag、网络环境，以及移动服务环境中的个人信息同步、MailPush、RSS 新闻、社区环境等方面的融合。信息环境层在 EUPKS 模型中是用户获取情境知识和构建嵌入式知识服务的场所。

（2）知识活动链路层。知识活动链路层用于描述学习与交流过程中的工作流。通常情况下，科学学习需要经历知识信息收集、知识内容分析、知识交流利用、知识吸收创造和信息发布等环节。如果将每一环节作为一个知识活动节点，串联起来便形成一条完整的学习知识活动链路。每个活动节点可以进一步定义相应的工作流，用于构建 EUPKS 模型的服务场景线路。

（3）嵌入式服务工具层。服务工具层提供嵌入工具集、组件集和功能集，同时按照上一层提供的工作逻辑和情境进行知识服务融汇，如服务集成、知识发现、内容重组、可视呈现等，然后通过定制和推送等方式为上下层提供知识服务支持。

（4）虚拟知识空间层。虚拟知识空间层是 EUPKS 模型的核心。它既是个人知识组织、存储、分享、管理的场所，又是知识网络的数据节点。对用户个人而言，它是一个逻辑上可统一管理、物理上可分散存储、应用上开放接口的虚拟个人知识空间。用户在不同应用情境下均可将自己的知识产出保存或转移。虚拟知识空间以知识单元为基本处理对象，以知识节点或知识地图的方式进行知识组织。虚拟知识空间根据应用逻辑被分为私密区和分享区，通过该层实现生命周期内学习知识资源的积累、管理和保存。

2. 知识社区中的嵌入服务实现

在知识服务层面，嵌入式知识服务通过情境与需求获取、知识组织与管理、资源与服务集成三个中心环节，为用户提供知识获取和学习，如图 7-7 所示。

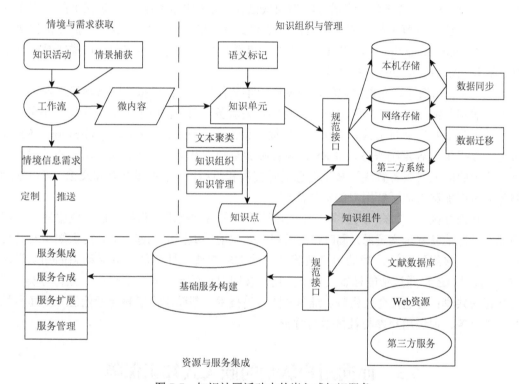

图 7-7　知识社区活动中的嵌入式知识服务

（1）情境与需求获取。情境与需求获取是模型处理的起始点，服务中，要求在客户端动态获取用户当前知识活动、工作流、情境信息需求，以便通过定制或推送的方式调用服务器端的服务。这一阶段的信息输出在于，为用户生成不同粒度的微内容，如文本片段、标注、评论、标签、文档、网页、元数据等。

（2）知识组织与管理。知识组织与管理以微内容作为处理对象，通过应用语义标记（限于用户个人应用逻辑的标记）和规范化处理将其转化为知识单元。知识单元是泛在个人知识空间的基本组织单位，能被分散存储到客户端（本机存储）、服务器（网络存储）以及第三方系统之中。在转换存贮中，通过数据同步和数据迁移处理保证其逻辑上的统一性。不同知识单元按照用户的应用逻辑，可以构成新的知识点；不同的知识点按照用户研究主题的不同层次可以构成知识组件，经规范处理后可以以知识服务组件的形式纳入基础服务构件库。

（3）资源与服务集成。资源与服务集成主要在服务器端进行，是将不同来源的资源和服务，如文献数据库、Web 资源、第三方服务等进行规范化处理，形成自适应件和扩展件，在语法水平、语义水平和协议水平上生成互操作基础服务构件。这些基础服务构件能够根据融入服务需求，进一步组织成服务工具集，供客户端直接调用。

图 7-7 所示的体系结构具有开放接口，能够实现互操作的知识单元在模型中具有关键作用。作为个人知识空间的基本数据处理单元，由主题、内容、语义描述、定位描述、元数据描述、扩展描述构成。虽然现行技术条件下还没有统一的知识单元形式化表达标准，但在语义 Web、信息聚合、集成融汇等领域已存在多种规范和协议，定义上的知识单元内容可以在这些规范中找到相应的表达方法和交互方法。这些规范多以可扩展标记语言（extensible markup language，XML）为基础，其数据格式、通信协议和接口描述具有开放性。这是知识单元的交换的技术基础。

近几年，知识社区在数字化学习中发挥了重要作用，如在虚拟的网络学习平台中加入图书馆的相关链接，即可方便用户嵌入利用相关服务。图书馆所嵌入的数字学习服务，可在网络平台上共享学习工具。其次，利用简易信息整合（really simple syndication，RSS）服务可以提供内容定制服务，将 RSS 提要添加至知识社区平台上便可获取动态资源。数字学习中的嵌入式服务解决了知识信息适时搜集和组织问题；通过交互和反馈，可以帮助服务人员更加深入地了解用户的信息需求。

在知识社区中，"嵌入式服务"通过知识管理平台和技术提供持续的增值服务，使用户能够方便地获取全文资源；同时，可以利用知识地图或图谱构建工具，提供知识及其相互关系的链接组织方法，帮助用户按照自己的需求构造个性化的、灵活动态的知识学习空间。此外，还可通过智能标签技术支持用户按照自己的意愿对信息进行个性化分类，促进知识的共享；通过社会公告牌、维基、博客等技术，帮助用户了解专题信息、新闻和社区公共事务，促进用户参与社区学习讨论。

7.3　面向用户认知的嵌入式知识保障

大科学时代，知识创新的涌现点越来越多地集中出现在跨学科合作之中。各层面上的协同创新，提出了集图像、视频、科学数据于一体的交互和共享要求。在数字化研究和智能嵌入式知识服务的实现中，图像知识资源的融入组织和面向环节的应用发展，已成为面向用户的知识服务的发展主流之一。基于此，有必要从多形态知识资源的整合出发，进行知识资源的深层挖掘和面向需求的服务拓展。

7.3.1　基于智慧融合的嵌入式知识服务框架

基于文本视觉资源内容关联组织的嵌入式知识服务架构，是针对知识创新过程进行知识的主动推送，从而将知识服务嵌入到知识创新中的具体环节之中，为知识共享提供支持。

嵌入式知识服务源于面向用户的数字化个性保障，其含义是以用户需求为导向，融入用户的任务，为之提供个性化、定制化、融合情景的知识。嵌入式知识服务还突破学科服务的局限，以融入物理空间和虚拟空间为手段，构建用户数字化资源保障环境。嵌入式知识服务的形式主要有以下三个方面。

（1）嵌入泛在知识环境。泛在知识环境是一个全面的、集成的、无所不在的数字环境，具有面向用户无所不在的交互功能和数据分布计算支持结构。在数字化发展中，以科学研究信息化、数字化研究方式为代表的泛在知识环境允许用户对海量数据进行交互，以便从中发现问题。由于泛在环境的大数据属性，传统的信息服务已无法完全满足用户的信息需求。因此，将嵌入式知识服务融入用户的学习空间已成必然，其目的是避免用户在泛在环境中迷航，以规避用户信息选择的风险。服务针对用户需要的主题，提供有针对性的深层次服务，同时进行面向用户的推送。

（2）嵌入用户情景。随着大数据环境的变化，用户的需求表现出多维、动态、复杂特性，用户的大数据需求受到情景因素的影响。传统的个性化服务仅从用户的基本记录，如习惯、研究兴趣等进行分析，难以与用户需求和认知状态相吻合。如果忽略了大数据环境下时间、地点、用户行为及任务等情景，则难以体现用户的真实需求。对此，嵌入式知识服务可以通过用情景感知，对用户所处的情景进行分析，通过选择合适的推送方式和内容嵌入模式，实现精准推送。

（3）嵌入科学研究全过程。用户的科学研究活动是一个完整的过程。无论是项目论证，还是展开研究，都存在一个从数据准备、初步实验，到系统性研究的活动过程，用户在每一阶段都有不同需求，所以需要进行面向任务的数据、图形、图像和数字文本资源的整体化保障。显然，内容获取和面向知识创新的嵌入利用，必然要求在各任务阶段予以实现。因此，嵌入式知识服务也是基于用户全过程需求的集成保障服务，旨在将服务嵌入到用户任务的每一个环节，针对不同环节的特征进行资源组织。

嵌入式知识服务的形式决定了知识服务体系的构建。首先，嵌入泛在环境强调的是针对用户的信息交互，旨在营造嵌入知识服务环境，以多种形式展开适合场景的线上协同服务。嵌入式知识服务可以针对不同的场景，提供泛在形式的服务。嵌入情景推荐强调的是用户个性推荐，按用户的知识结构、学科范式和个性差异，嵌入知识服务工具。最后，嵌入式知识服务全过程组织强调对用户任务流程和环节的针对性，由于科学研究过程复杂，各环节均需要与之对应的知识服务，嵌入知识服务理应针对流程提供支持。

嵌入式知识服务的服务方式包括：物理环境嵌入、组织结构嵌入和虚拟资源嵌入。科学研究信息化环境下，用户获取信息的形式、团队合作的方式发生了很大变化。用户任务依赖于网络环境，鉴于此，多源知识整合服务也应在用户的虚拟空间中展开。因此，嵌入用户虚拟空间的知识服务，应面向知识创新任务过程，针对创新过程环节进行相应的体系架构。

知识创新中，创新知识服务嵌入过程包括知识产生、知识储存、知识传播、知识应用嵌入和知识转化嵌入。从完整性上看，知识创新过程可以看作为以知识获取为起点，以实际应用为终点的完整过程。由于各学科领域的差异性，跨学科的研究合作在创新的过程必然会存在知识整合问题。因此，综合考虑科学创新的一般过程和跨学科团队合作的需要，团队知识创新在知识资源交互利用上涉及知识获取、知识整合与知识应用。对于所提出的知识服务要求，其创新服务过程如图 7-8 所示。

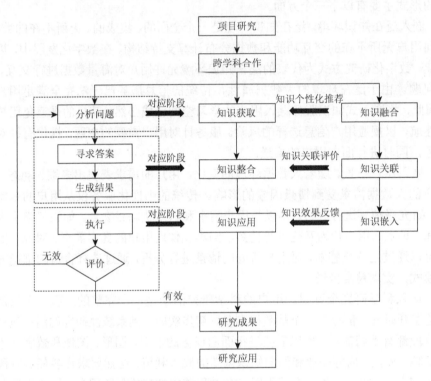

图 7-8　跨学科领域团队知识创新过程

如图 7-8 所示，知识获取阶段是创新的开始环节，这一阶段团队成员需要掌握与问题有关的外部知识和内部知识。外部知识包括问题发生的背景、环境、实践进展，内部知识包括相关理论进展、科学研究的方法、学科范式以及研究组合；知识整合阶段作为创新的核心环节，包括知识关联、重组分析，以及针对实际问题的知识体系构建；知识应用是创新的最终目的，在于实现理论或技术上的创新目标，对研究成果需要进行认证，从而为新一轮创新提供基础。在创新的三个环节中，都需要服务支持与保障。知识创新的阶段不同，其需求也存在差异，所以需要有针对性地进行知识融合、关联和嵌入。

（1）知识获取。科学研究中的知识获取，是在项目研究所解决问题的基础上进行。在知识获取中，文本资源与视觉资源的融合和转化需要在资源内容描述的基础上展开：一是数字文本中的图形和音视频信息数字化表达；二是数字文本内容的可视化。用户由于各自的学科背景和认知空间结构的不同，其接受外部信息的方式和在内容描述上存在差异。用户认知空间结构和变化知识单元内容决定了知识关联表达的形式差异，所以在知识服务组织中应以个性化的方式聚合相关知识，同时通过高效化的沟通方式开展面向用户的服务。

（2）知识整合。知识整合是将组织杂乱松散的文本和视觉知识进行选择和融合，由此成为一个面向用户的有序知识体系。知识整合是一个协同资源组织过程，文本与视觉信息交互往往会产生新的知识，由此催生新的服务。如数字人文研究中，文物的语义描述、古籍资源数字化、历史地理数据可视化、自然语言处理以及图形图像的还原等，都是多源知识的协同组织结果。在这一过程中，面向知识服务需求的知识关联整合具有可行性，其作用在于形成新的关联结构，催生知识的溢出。

（3）知识应用。知识应用中根据解决的问题目标，需要进行大数据形态内容文本与视觉知识资源的整合利用。包括用户知识交互需求的知识资源嵌入，知识关联和内容可视化，建立知识交互空间支持用户应用知识形成及反馈。其中，包括科学研究成果以不同方式的利用反馈。因此可以确定，新的知识需求是知识应用后反馈的结果，反馈信息及时和无偏差地进行交互，以提升知识效率。

7.3.2　融入创新过程的知识聚合服务组织

在用户认知互动基础上，嵌入式知识服务具有重要性。融入创新过程的基本模式和总体架构可根据不同的用户需求确定，其共性是强调针对性服务的组织，以满足跨学科不同用户在不同阶段的需求。

嵌入式知识服务旨在将面向用户的数字文本和视觉融合知识嵌入到用户的任务环节之中，其关键是按照用户任务进行知识获取、知识整合，以及知识推送嵌入。科学研究任务中的嵌入式知识服务实际上是将用户所需的知识服务融入科学研究活动流程中，实现以知识需求为导向的服务嵌入目标。其服务体系架构包括以下几个层次。

（1）用户交互层。面向用户的知识嵌入首先要有与知识聚合服务系统进行交互的平台，这是因为嵌入知识需要将资源进行聚合，从而为用户提供一站式的数据资源保障。从流程上看，服务包括数据检索、内容浏览和根据用户需求进行知识聚合。知识嵌入中，知识获取阶段在于将多源获取渠道融入用户交互工具之中；知识聚合中，按需进行文本、图形、视觉资源的多模态融合；知识应用中，其应用嵌入在于将知识推送到用户任务流程之中。

（2）大数据处理层。随着大数据技术的发展，知识复杂性愈来愈突出。科学研究中的嵌入式知识服务需要利用大数据技术，实现科学数据的分布存储与计算，同时利用知识智能处理知识的关系，将知识关联结果、知识应用单元嵌入到用户的任务环节之中。

（3）泛在互联层。科学研究信息化环境下，用户认知习惯已发生变化，获取知识的场景已不再局限于某一具体的场景，其中的协同创新、在线交互、跨平台知识利用已成为科研任务活动的重要方面。嵌入式知识服务需要对具有不同任务背景和认知习惯的用户提供无缝知识衔接，以虚拟的方式将服务嵌入到用户的工作场景之中。

（4）情景感知层。情景感知的目标任务可能产生于某一具体的物理情境下，如利用地理数据对研究对象进行描述。科学研究中用户面临的时间情景、个人情景、物理情景同样具有较高程度的复杂性，此时嵌入式知识服务应利用情景感知技术，展示用户实际情况，以推送场景知识。

（5）知识资源层。知识资源层是嵌入式知识服务实施的基础，包括各种科学资源库、学术资源库、影像资源库等。嵌入式知识服务应统筹相关资源库，以便应用大数据技术推送技术将知识有效传递给用户。同时，知识应用中需要更新现有的知识资源库。

在总体架构确定后，需要根据用户的目标进行服务组织。用户知识获取中，首先，应该明确嵌入式知识服务的界限，以便在确定的范围内进行文本数据、视觉资源的聚合和数据库构建；其次，主要进行面向用户的知识嵌入式知识服务搭建，以知识资源库和嵌入式知识交互平台为依托进行组织。知识服务架构及流程如图7-9所示。

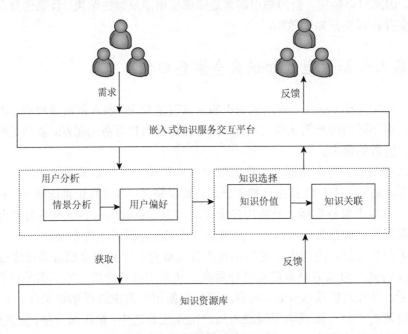

图 7-9　知识服务架构及流程

嵌入式知识服务中，用户需求可分为显式需求和隐式需求。显式需求的满足是根据用户表达，匹配文本图例或者视频数据库中的数据提供内容。隐式需求则需要嵌入式知识服务系统获取用户认知需求，通过分析用户情景和任务背景，主动推送知识。

面向用户的知识嵌入，需要进行嵌入知识与用户需求的相关性确认。嵌入式知识服务还需要考虑各领域资源的生命周期，进行知识资源的选择；在获取到相关资源后，进行用户需求与特征资源的相关性匹配；在资源聚合的基础上，进行有针对性的推送。

嵌入式知识服务在知识获取中，按需求进行知识推荐。由于用户的特殊性，认知结构存在较大差异，往往无法快速达成一致。因此，嵌入式知识服务应当考虑到这一问题，在知识获取和推送中按用户特征和知识特征进行知识的精准融合。

知识聚合是指根据实际需要进行面向用户的知识汇集，根据知识关联的结果和各种知识关联关系面向用户任务主动嵌入聚合知识。知识聚合和面向用户的知识关联可通过知识网络来实现，在数字知识网络平台上开展与用户的交互，按现实需求和潜在需求的认知描述进行面向用户任务环节的知识嵌入和反馈。基于知识聚合的嵌入服务流程如图 7-10。

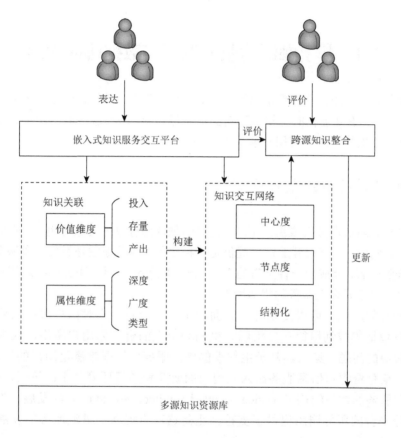

图 7-10　基于知识聚合的嵌入服务流程

嵌入式知识服务中的知识聚合，在于进行知识基于用户认知的关联，以此出发面向用户进行资源集成，其环节包括知识关联和知识网络构建。

知识关联汇集中，其影响因素包括知识的存量水平、资源的分布以及关联度等。根据知识的价值属性，嵌入式知识服务应当展示知识间的关联关系，构建面向应用的知识网络。利用知识网络展示知识之间联系，按知识节点中心度、节点度，结构化进行文本、图形、视觉知识的交互网络构建。

跨学科的知识聚合实际上是多个学科的知识关联，通常表现为以某一学科的方法或技术解决另一学科界定的问题。这种情况下，嵌入式知识服务应该及时发现这种关联，以激活用户的隐性认知，促进知识面向用户任务环节的嵌入。同时，嵌入式知识服务应充分利用大数据技术，迭代更新知识资源库。

嵌入式知识服务中的隐式信息处理处于十分重要的位置，这就需要针对用户的特点、专长、贡献，为其推荐符合个性认知的知识。另外，嵌入式知识服务需要按问题解决的程度和问题演化的方向，将相关的知识推送给用户，问题的解决方法应具有场景性。面向用户创新过程的嵌入式知识服务，根据用户在知识获取、知识交互、知识应用中的不同需求进行针对性的组织，旨在提供更为高效的服务，同时实现文本、图形、视频资源在知识层向面向用户的融入。

7.4　基于融汇的服务调用与数据协同保障

近十余年，融汇服务正得到快速发展，如谷歌、雅虎、微软、亚马逊等融汇服务处于持续扩展之中。这意味着在面向知识创新的信息保障中，融汇服务的组织机制和发展优势决定了基于融汇的协同服务应用拓展。

7.4.1　知识创新中的服务融汇

融汇是一种新的服务集成组织形式，是将两种或两种以上的服务组合，生成一种新的服务的过程。例如，图书馆开放信息提供是一种服务，谷歌地图是另外一种服务，将这两种服务组合到一起，就成为一种全新的服务，这项服务允许用户通过谷歌地图查找图书馆的开放信息，这就是融汇服务的优势所在。

回顾融汇的产生，可以发现有三方面因素：第一是用户对信息服务的要求越来越高，如何有效地集成利用第三方组织、机构和个人的资源为用户所用，成为集成信息服务需要解决的问题；第二，基于主体端的信息服务已经很难满足用户的需求，所以，迫切需要将信息资源和信息服务嵌入到用户的研究和学习环境之中；第三，信息技术，特别是面向服务的体系结构（service-oriented architecture，SOA）的发展，为跨机构、跨系统和跨平台的服务调用提供了支持。正是这三点推动了融汇服务的发展，促进信息服务范式的改变。

1. 融汇服务方式

融汇服务中的对象是非常广泛的。所有在 Web 上遵循开放接口规范的公共服务以及特定组织机构创建的、可授权调用的资源与服务都可以成为融汇的对象。

融汇对象的调用主要有以下几方面来源。

（1）公共应用程序接口（application programming interface，API）方式。这种方式是指内容提供者发布自己的公共 API，融汇服务器通过简单对象访问协议（simple object access protocol，SOAP）或者 XML-RPC 协议与内容提供者进行请求与响应的通信，把数据传递到融汇服务器端，以根据用户需要进行调用。自 2005 年谷歌公司开放谷歌地图的 API 以来，诸多信息提供商以及消费服务网站也相继公开了自己的 API，如雅虎开放的 Maps API，微软公开的 MSN 搜索 API 等。在国内，豆瓣网、中国科学院文献情报中心都开放了自己的 API。API 的开放使得 Web 开发人员可以随时调用所需要的 API，进行融汇和服务组织。

（2）Web 提要方式。在服务融汇中，以 RSS 为代表的简单内容聚合，使得应用程序开发人员不必花费大量时间开发自己的传输协议和软件来实现内容的聚合，只需将一系列的 RSS 提要组合应用即可。目前，已有一系列工具可以用来创建 RSS 提要的融汇，如 FeedBurner Networks 就是一个典型的 RSS 提要融汇工具。

（3）描述性状态迁移（representational state transfer，REST）方式。REST 具有 Web Service 架构风格，其实现和操作比 SOAP 和 XML-RPC 更为简洁，可以通过 HTTP 协议实现。其性能、效率和易用性上优于 SOAP 协议。REST 软件架构遵循 CRUD 原则，通过资源的创建（create）、读取（read）、更新（update）和删除（delete）可以完成操作和处理。REST 将所有事物抽象为"资源"，每个资源对应一个唯一的资源标识符，可以通过通用的连接器接口（generic connector interface）对资源进行操作。REST 架构是针对 Web 应用而设计，开发的简单性、耦合松散和可伸缩性是其特点。由于使用上的优势，已有越来越多的信息服务商提供对 REST 的支持，如亚马逊、易趣、谷歌、雅虎等。

（4）屏幕抓取方式。由于潜在内容提供者很可能没有对外提供 API。因此，可以使用一种被称为屏幕抓取的技术，从诸如政府和公共领域的 Web 站点上提取内容，以创建融汇服务。在这种情况下，屏幕抓取可以获取和处理有关内容，从中提取出可以通过编程使用和操作的语义数据结构表示，以创建融汇项目。

2. 知识创新中的融汇

融汇应用主要体现在以下三个方面：外层融汇、数据融汇和流程融汇。在面向知识创新的融汇服务组织中，这三个方面的融汇同样具有适用性。

（1）外层融汇。外层融汇应用最为简单，它能把多种数据来源聚合到一起，对它们的位置、外观等属性进行定义，以统一外观方式将其显示出来，从而使用户在一个页面内就可以利用多种资源和服务。在知识创新信息保障中，其信息来源具有分散性，所以可以按知识创新价值链关系将相关系统的资源和服务进行位置和外观连接，以此整合为一个界面。通过融汇后的界面，用户即可获取所需信息的位置和服务的来源。从组织上看，这种融汇只是初步的，甚至只是简单的信息集成；然而在资源与服务的应用上，却具有相当的灵活性。

（2）数据融汇。数据融汇应用是从多个开放数据源获取相关数据，加以组合、处理和捆绑，通过构建新的数据对象，以统一的方式进行显示的过程。数据融汇旨在满足用户对分布数据的复杂应用的请求。数据融汇可分为简单数据融汇和分析数据融汇两种类型。其中简单数据融汇是将来自多个开放数据源的数据按照某一属性，如时间、位置、主题等，进行组织排列。

（3）流程融汇。流程融汇应用不仅需要将从多个开放数据源获取的数据进行集成分析，而且还需对服务流程进行处理和组合，以便用户打造各类定制化服务应用。例如，在气象研究中的气象信息获取。此外，对于企业应用来说，完全可以定制组合这样的页面，在该页面上，可以查询某个配送订单，用地图来查看物流公司具体配送货品的地理位置，同时用其他服务来计算成本等。

3. 融汇工作方式

在融汇服务组织中，服务器端融汇和客户端融汇是两种基本融汇方式。对于融汇工作方式，进行了面向流程的归纳。

（1）服务器端融汇是指在融汇服务器中实现客户端 Web 应用程序。从而进行融汇代理的过程。服务器端融汇的工作方式如图 7-11 所示。

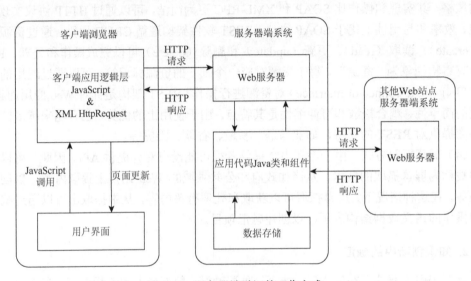

图 7-11　服务器端融汇的工作方式

具体步骤如下。

①用户在客户端内生成一个事件，通常是浏览器中的一个 Web 页面，事件在客户端内触发 JavaScript 函数。

②客户端向 Web 站点中的服务器发送请求，其请求通常是以 XML HttpRequest 对象形式存在的 Ajax 请求。

③Servlet 等 Web 组件接收请求并调用一个 Java 类或者多个 Java 类上的方法，以便与融汇中的其他 Web 站点连接并发生交互，这个代理类可以是一个 Java Platform Enterprise Edition（Java EE）组件或一个纯 Java 类。

④代理类处理请求和所需参数，实现与融汇站点（即提供所需服务的 Web 站点）之间的连接。

⑤融汇站点通常以 HTTP 请求或者 HTTP 响应的形式接收请求，处理该请求并将数据返回到代理类。

⑥代理类接收响应并将其转换为用于客户机的适当数据格式，同时为未来的请求处理缓存响应。

⑦Servlet 将响应返回给客户机；同时在 XML HttpRequest 中公开的回调函数，通过操作显示页面的文档对象模型（docament object model，DOM），更新页面的客户端视图。

服务器端融汇方式的优点在于，由于融汇服务器承担了所有的代理任务，所以对客户端浏览器的要求并不高，所以不用考虑浏览器兼容的问题；缺点在于当访问量增加时，融汇服务器的工作量会大大增加；而且由于服务器做了所有的融汇工作，对于用户来说，可扩展性降低。

（2）客户端融汇是在客户端上实现的，浏览器从服务器装载预先定义好的 HTML + JavaScript 脚本代码，通过 Ajax 技术建立浏览器与融汇服务器之间的异步交互，融汇服务器负责转发浏览器的请求，从而在客户端发生融汇。客户端融汇的工作方式如图 7-12 所示。

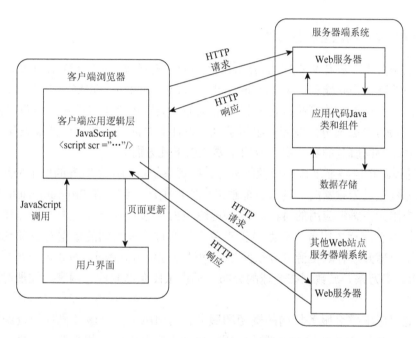

图 7-12   客户端融汇的工作方式

客户端融汇过程的具体步骤如下。

①浏览器针对 Web 页面向 Web 站点中的服务器发送请求。

②Web 站点上的服务器将页面加载到客户机上，其页面通常包含来自融汇站点（如谷歌地图站点）的 JavaScript 库，以启用融汇站点的服务，如果页面不包含 JavaScript 库，可以编写一个自定义 JavaScript 函数来实现融汇。

③浏览器页面中的相应操作调用由融汇站点提供的 JavaScript 库中的函数，或者调用自定义的 JavaScript 函数，函数创建指向融汇站点的〈script〉元素。

④根据所创建的〈script〉元素，向 Mashup 站点发出请求以便加载脚本。

⑤融汇站点加载脚本，供浏览器页面中的本地回调使用，可作为一个参数发送的 JavaScript Object Notation（JSON）对象来执行。

⑥回调函数通过操作表示页面的 DOM，更新页面的客户机视图。

⑦客户端融汇方式的优点在于，由于融汇发生在客户端，服务器的负担较小，同时对用户来说，可扩展性强；缺点是对客户端浏览器的要求较高，必须考虑浏览器兼容问题。

7.4.2　面向用户的融汇服务组织

在面向用户的信息保障中，融汇正得到愈来愈广泛的应用。对于知识创新服务而言，目前的融汇应用更多地集中在企业、生物医学、图书馆、教育、音乐等领域。从我国目前对融汇的应用研究看，主要集中在知识服务和企业服务上。

1. 知识服务中的融汇服务组织

在知识服务中，随着 Web2.0 的应用以及 Lib2.0 的形成，融汇在实践中已取得较好成效，如图书馆联机公共检索目录（online public access catalog，OPAC）与豆瓣、亚马逊等网站的融汇。在国外，为了推动图书馆融汇服务，英国图书馆自动化系统供应商 TALIS 公司、美国 OCLC 公司分别发起并组织了融汇设计竞赛活动，通过设计推进其应用。

在跨系统协同服务的实现中，应用主要在以下几方面。

（1）通过地图服务显示协同资源的分布。在跨系统协同信息服务的融汇应用中，地图应用调用无疑是最为频繁的，这与目前融汇应用的情况一致，在 Programmable Web 网站上，地图应用约占融汇应用的 44%。这些地图 API 主要是用于定位参与跨系统协同的信息服务机构并获取相关服务。新西兰奥克兰大学通过将采集到的数据与谷歌地图进行融汇，创建了全球开放存取资源的导航网站。网站以地图方式揭示 1600 多个开放存取数据库以及 2700 多万条开放数据在全球的分布，提供按照仓储软件、国家、注册时间的资源统计服务。

（2）通过融汇整合服务机构的资源和服务。利用融汇整合服务机构的资源和服务是融汇在跨系统协同服务中最为重要的应用，也是未来融汇发展的主要方向之一。佐治亚州州立大学数字图书馆，在服务中整合了众多图书馆、档案馆、博物馆等信息服务机构的有关专业文献资源，继而对多种类型的资源进行了融合，在服务重组中建立基于时间、谷歌地图等多种信息的揭示关系，以此出发为专业教学与研究提供内容综合、主题关联服务。在科学技术新兴领域，已经积累起了庞大的数据，这些数据以不同的存储格式分布在不同网络环境的数据库中，利用融汇将这些数据进行整合和分析是一种新的行之有效的方法。

（3）通过融汇整合信息服务机构与第三方机构的数据和服务。通过融汇整合信息服务机构与第三方机构的数据和服务，可以使信息服务机构充分利用社会化的资源，最大限度地发挥自身的优势，这是信息服务机构进行开放服务转型的发展需要。加拿大安大略省公共图书馆提供的一个名为新书展示台服务的融汇应用，使图书馆不需要建立新书数据库即可获得新书内容展示的效果。

（4）通过嵌入用户环境实现与用户的协同。对数字信息服务机构而言，与用户协同的实质在于将服务嵌入用户环境，以使信息服务机构的服务成为用户专业活动的一部分。在服务嵌入中，美国密歇根大学安阿伯分校图书馆从 OPAC 数据库中提炼出四种服务（最热门图书、最新图书、当前所借图书以及预约图书服务），通过谷歌小工具 API 将其封装为融汇组件，在谷歌上提供了个性化定制页面。中国科学院文献情报中心在服务中对相关内容进行了封装，创建了跨界检索服务、在线咨询服务、地图定位服务、百度百科查字典服务等融合组件。我们有理由相信，融汇在跨系统协同信息服务中的应用将不断拓展，在知识创新中将创造出新的服务应用。

2. 融汇服务的实现

在面向用户的信息保障中，基于融汇的协同服务封装和调用，利用已有的 Web 资源与服务，通过集成拓展服务内容，支持服务向用户工作流和用户工作环境的嵌入。

完整的融汇应用采用类似于 Web 服务架构的三元模型，融汇的实现涉及内容提供者、融汇服务器和融汇应用者，如图 7-13 所示。

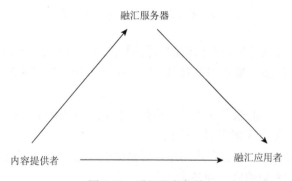

图 7-13　融汇服务架构

如图 7-13 所示，内容提供者负责提供融汇信息内容，通过 Web 协议封装成标准的组件接口；融汇服务器将自有的资源和服务封装成标准组件，响应应用程序对于组件的开放调用；融汇应用者选择相关组件，创建融汇应用。对跨系统的信息保障而言，内容提供者可以是任何一个参与协同的信息服务实体，实体将自身资源和服务封装成标准组件；融汇服务器获取并管理这些组件，同时响应应用程序对于这些组件的开放调用；融汇应用者可以是用户也可以是第三方信息服务机构，负责调用组件和与浏览器的交互。

基于融汇的协同服务应用构建过程如图 7-14 所示。其流程如下：

①获取资源和服务。在融汇组件创建中通过 Web 提要、API 调用、屏幕抓取、REST 协议等方式，从指定站点获取构建融汇应用的资源。其中，融汇组件创建者可以是一个信息服务机构、也可以是第三方机构，甚至可以是信息服务机构的用户。

②创建融汇组件。在融汇服务开展中，利用融汇组件创建器对所获取的资源和服务进行融汇，生成新的包括 UI 组件、服务组件和执行组件在内的融汇组件。从跨系统

协同信息服务的实现上看，融汇协同服务组件可以是信息服务机构或第三方机构的资源和服务。

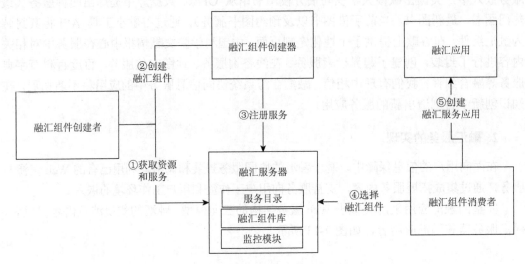

图 7-14　基于融汇的协同服务应用构建

③注册服务。注册服务是将新构建的协同服务组件在融汇服务器上进行注册标识，以便用户选择使用。融汇服务器由服务目录、融汇组件库和监控模块三部分组成，在注册中应有明确的标识。

④选择融汇组件。融汇服务应用者可根据需要选择多个融汇协同服务组件。这里，融汇服务应用者可以是用户或信息服务机构。

⑤创建融汇服务应用。在服务应用中，可借助融汇应用构建工具，将多个融汇组件进行适当组合，以形成所需的服务业务。

第8章 公共与行业大数据组织与服务

大数据中心建设与社会化数据服务平台构建，为公共与行业大数据组织和数字服务的开展提供了基础性保障。公共与行业大数据组织虽然存在领域、结构和方式上的差异，然而其总体构架却具有一致性。其中，最基本的是面向数字智能需求的大数据资源保障和大数据应用。

8.1 公共与行业大数据资源保障

公共与行业大数据资源保障是指面向公共与行业领域需求的大数据资源、数据工具与交互网络保障，旨在适应数字智能、智慧服务与互联网 + 背景下的公共服务与产业经济运行环境。从总体上看，公共与行业服务中，大数据中心建设和数字智能交互的社会化处于关键位置。

8.1.1 大数据中心建设与数据服务保障

我国国家大数据中心项目于 2015 年全面启动，作为国家大数据基础设施建设项目，定位于国家级超大云数据中心全方位、全覆盖建设目标的实现。其中，包括中国电信、中国联通、中国移动在内的运营商和包括华为、腾讯等服务商参与了中心及分中心建设，业已形成了超大容量的大数据网络。在全国范围内，国家大数据网络中心基地由北京基地、贵州南方基地、乌兰察布北方基地组成，中心节点包括北京、上海、广州、西安、成都、武汉和沈阳节点。其中北京、上海、广州为核心节点，分别覆盖全国各区域。国家大数据中心通过中国公用计算机互联网（ChinaNet）进行国际互联，同时为大数据存储、传输和交互组织提供基础性保障，大数据智能化背景下的公共与行业服务也必然构建在全域互联基础之上。

全球范围内，大数据的深层开发和数据产业链成为了新的发展引擎，其产业集群效应催生了新的业态。在大数据应用驱动下，上海、哈尔滨、贵阳、武汉、江苏、浙江、重庆等地创建了集交易、创新、产业、发展于一体的大数据交易中心。中心承担着促进商业数据流通、跨区域机构合作、数据互联、政府数据与商业数据融合应用的工作。

上海数据交易中心有限公司（简称"上海数据交易中心"）于 2016 年 4 月成立，是经上海市人民政府批准，上海市经济和信息化委员会、上海商务委员会联合批复成立的国有控股企业，由上海市信息投资股份有限公司、中国联合网络通信集团有限公司、中国电子信息产业集团有限公司、申能（集团）有限公司、上海仪电控股（集团）公司、上海晶赞科技发展有限公司、万得信息技术股份有限公司、万达信息股份有限公司、上海联新投资管理有限公司等联合发起成立。

上海数据交易中心以构建数据融合生态为使命，提供数据流通开放平台，开展以数据有效连接为目标的标准、技术、规范建设，所形成的元数据规整方法已成为大数据流通领域行业认可的基础规范；与公安部第三研究所联合研制的 xID 标记技术是当前实现个人信息保护的通用方案。上海数据交易中心在数据流通、数据开放、数据服务三个业务领域为政府机构与行业提供专业服务。上海数据交易中心在国家有关部委和上海市人民政府的监督指导下，致力推动泛长三角地区乃至全国数据交易机构的互联互通和深度合作，以此形成健全规范的商业数据交易、交换机制，共同促进商业数据流通使用。

2021 年 7 月上海举办的"2021 世界人工智能大会"，对大数据资源平台、流通结构、开放服务要素进行了整体展示。围绕公共大数据服务，笔者从公开发布的成果中归纳了通用平台构架。通过分析发现，其构架适应于公共大数据应用环境。在面向公共领域和行业的大数据保障中，大数据平台围绕数据流通、数据开放和数据服务进行构架，其组织结构如图 8-1 所示。

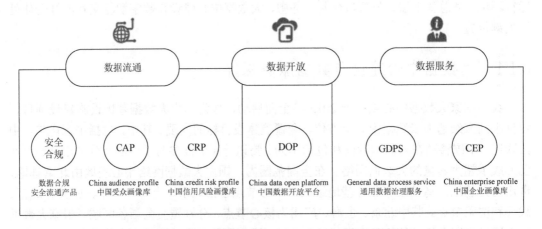

图 8-1　面向公共领域和行业的大数据资源服务平台

在大数据流通中，数据流通是基于 xID 技术构建的，针对公共服务主体或企业间的数据流通和应用场景，提供实时数据安全流通服务。xID 技术体系是公安部第三研究所基于密码算法构建的数据去标识化技术体系，是规范数据主体 ID 的去标识化处理及应用，可为应用机构的数据主体 ID 生成不同的 xID 标记信息，并实现受控映射。受控映射后，可以实现不带数据主体 ID 属性的数据流通，且在受控映射中，对数据主体 ID 的生成和映射进行有效控制，同时保证生成映射记录的实时查询。

在此基础上，数据中心通过建立健全依法合规的数据融合应用机制与规范、完善的数据流通安全保护制度，实现信息安全、运行高效的实时在线数据流通安全合规服务。数据交换中心的数据流通结构如图 8-2 所示。

如图 8-2 所示，大数据流通在数据收集方和应用方之间进行，其流通组织环节包括数据筹集基础上的收集、存储、处理、传输、整合和使用。其实施由数据收集方与应用方的协同机制和大数据管理机制决定。

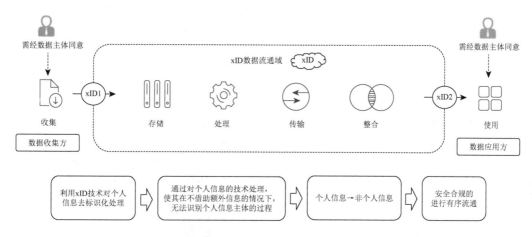

图 8-2　数据中心流通结构

中国数据开放平台是面向政府用户的公共数据开放管理套件平台，由数据开放门户、数据管理系统、开放数据网关三个核心组件构成。

数据开放门户（open data portal，ODP）是面向公众的互联网门户，能为用户提供"无条件"和"有条件"两种管理要求的开放数据。对于"无条件"开放数据，用户可直接下载获取，对于"有条件"开放数据的门户可提供申请，经开放主体同意后获取数据资源。此外，开放门户还提供数据搜索引擎、数据资源统计分析、数据纠错、数据维权等面向数据利用主体的服务。

数据管理系统（data management system，DMS），是面向政府用户的数据开放管理控制平台，能为数据流通管理机构提供数据"有条件"流通的全过程管理。例如：在公共数据开放应用中，为数据管理部门提供开放清单、申请审核、数据开放任务管理、日志管理等功能。结合 DMS 系统的控制，平台能为对应开放主体生成数据获取链接，数据利用主体即可获取所需数据，形成公共数据"有条件"开放共享，为数据要素市场的形成提供体系化的流通保障机制。

开放数据网关（open data gateway，ODG）是面向系统层的数据流通软件。网关可在数据开放主体与数据利用主体间建立起"安全、合规、高效"的数据资源传输通道，该软件既可单独部署，亦可结合 DMS 控制信息，搭建区域内或行业内的数据流通平台。ODG 可为公共数据开放，以及政企数据融合应用提供文件、接口两种方式的数据配送服务，为大数据行业提供底层数据流通服务。中国数据开放平台结构和服务方式，如图 8-3 所示。

大数据中心的数据服务面向公共和行业大数据应用，进行功能开发和组织，旨在适应数字化发展需要。其中的画像服务和通用数据治理颇具代表性。

大数据中心针对公共数据与行业数据两类数据资源，组织了中国企业画像数据服务

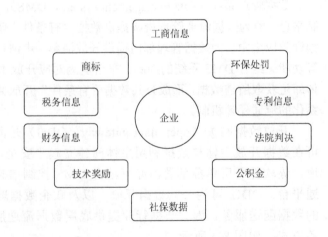

面向：政府部门、科研机构、企业

支持："无条件" | "有条件" 开放

实现：开放数据三种管理

　• 管理利用主体

　• 管理数据内容

　• 管理开放过程

图 8-3　中国数据开放平台

（China enterprise Profile，CEP）。CEP 是面向数据资源方与数据利用方的数据集组织标准。数据资源方可按 CEP 标准提供相关数据资源，数据利用方可按此标准获取所需数据。CEP 目前主要面向金融行业，在授权情况下，帮助金融机构了解基础信息与经营情况，解决银行在普惠金融小微企业贷款融资过程中的信息不对称问题。数据利用方可通过企业名称、企业三证代码获取企业工商信息、税务信息、社保数据、商标、专利信息、技术奖励、环保处罚等，共 400 余项数据（图 8-4）。

描述对象：企业

数据组织：30个数据维度；400个数据项

数据来源：8个政府部门，一数一源

使用场景：普惠金融应用

图 8-4　CEP

　　在大数据开放平台中，CEP 具有普遍性和较广的应用范围。其基本结构具有可移植性，不仅适用于企业画像，而且适用于公共领域和行业数字服务的多个层面。在大数据公共服务中，数据安全治理处于重要位置。其中，通用数据治理服务（general date process service，GDPS），从数据源到数据利用场景之间，实现数据资源采集、归集、分析、流通的全程治理。实施中，组织了 16 个具有通用性的数据服务标准，确保了数据从"资源侧"至"利用侧"的安全性、一致性、时效性和合规性。

上海"2021 世界人工智能大会"展示了通用数据治理结构，如图 8-5 所示。其中，4 个阶段 16 项治理服务分别为：采集阶段进行数据维度校验、时效性校验、漏采数据补充、数据格式校验；归集阶段进行编码格式一致性校验、数据覆盖度校验、数据查重校验、问题数据修复、分类分级标准；处理阶段主要是对敏感数据处理、数据一致性抽检、样本数据集处理；流通阶段组织合规性管控、控制性检查、日志行为记录、数据审计服务。在实施上，通用数据治理结构如图 8-5 所示。

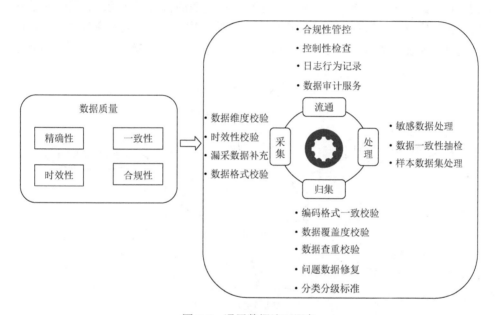

图 8-5　通用数据治理服务

在公共与行业大数据资源保障中，大数据中心的数据流通、开放和服务构架具有普遍意义，其规则制定和组织实现适应了大数据应用发展中的公共与行业领域数字化管理需要。在面向公共和行业的数据保障中，其整体化方案可供参考应用。

8.1.2　基于大数据中心网络设施的公共与行业云数据保障

国家大数据中心（简称大数据中心）基础设施建设和覆盖各区域的网络构建，为面向公共和行业领域的数据资源组织、传输与应用提供了深层次服务保障。除大数据中心所提供的数据资源外，数据中心的特定设备网络用于在互联网基础设施上传递、加速、展示、计算和存储海量数据资源；所提供的物理设施不仅包括服务器，而且包括用于环境设施。云计算作为一种基于互联网的计算方式，共享的软、硬件资源分布在协作互联的特定设备网络之中。在大数据组织中，数据基础设施直接关系到服务器资源、带宽、流量分配和大数据云服务的存在形式。

在大数据应用中，如果说大数据是互联网＋和物联网背景下的应用场景，各种应用的产生和巨量数据的处理、分析与挖掘则依赖于云计算。这说明，云计算作为一种具有普遍性的解决方案而存在，处理大数据计算、存储、分析和应用问题。由此可见，基于数据中心网络设施的大数据保障必然构建在云数据基础之上，由此决定了公共与行业大数据保障基础。在这一背景下，云数据服务在面向数据集成、数据分析、数据整合、数据分配的应用中得以迅速发展。从总体上看，大数据中心网络建设与云计算服务密切结合，已成为公共与行业数据保障的一种主流形式，其应用在公共和各行业领域得到迅速发展。

公共与行业大数据共享，按云计算的关联结构，在服务组织中可采用面向云计算的集成架构进行。云服务平台作为虚拟中心，进行数据资源的云组织和管理；同时通过各节点机构的连接，构成以云服务平台为中心的网状数据结构。其中，数字资源提供方、技术服务方；基础设施支持方和服务承担方的交互关系，决定了服务链结构，如图 8-6 所示。

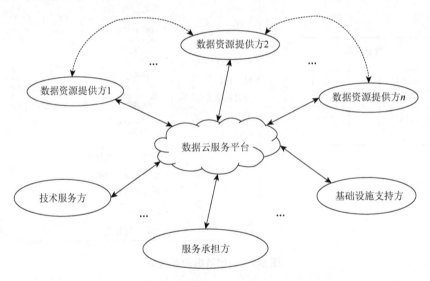

图 8-6　基于云服务平台的大数据资源组织结构

基于云平台的大数据资源网络中的各节点，进行数据内容的传送和接收，在大数据资源组织与技术支持上进行基于服务链的协同。在数据流的整合基础上，平台面向用户提供数据资源服务。

云服务平台具有多样性，按功能和服务内容可区分为硬件服务、软件服务、平台服务、基础设施服务和存储服务等。对于行业信息云服务而言，主要形式是软件服务、平台服务和基础设施服务。参考 IBM、微软等云计算平台体系结构，对于公共领域和行业领域服务组织而言，可以采用服务链云平台模式进行架构，其基本构架如图 8-7 所示。

公共领域和行业数据云平台在构建层包括服务基础、服务技术、服务资源、服务结构和服务应用，作为平台服务的支持框架而存在。服务中间件层围绕服务聚合、服务组合、数据中介、服务描述、服务匹配、服务业务、服务管理和服务调用进行构架。

管理中间件层是通过用户管理、任务管理和资源管理的功能细化和协调实现。资源层构建按计算、存储、网络、数据和软件展开。物理资源层构建涉及计算机系统、存储器、网络设施、数据库和软件系统构建。在基于整体框架的实现中，应进行分层构建的协同。

资源构建层，是服务的基础层，从服务技术、服务资源、服务结构和服务应用上进行的关联，在实现中通过契约和服务接口来完成。其中，接口独立于服务的操作系统和硬件平台。因此能够将不同行业系统中的服务进行统一交互。行业信息服务云平台所采用的面向服务的架构，适应了服务、注册、发现和访问需要。

服务中间件层。服务中间件提供服务链协同的标准化构件，包括消息中间件等功能组件，通过功能组件的组合形成面向用户的服务融合工具。同时，在服务调用中，进行服务链节点的协同，通过服务构件的灵活组合提供面向用户的服务。

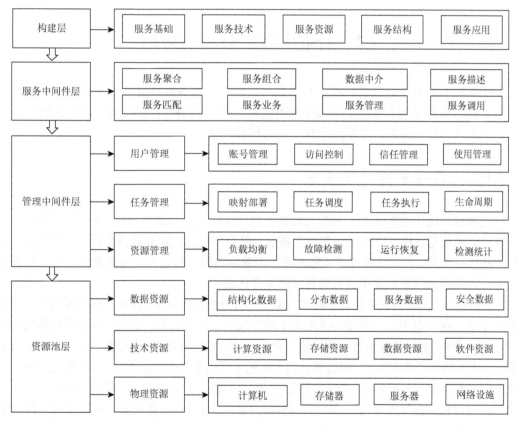

图 8-7　大数据资源云服务平台构架

管理中间件层。管理中间件分为资源管理、任务管理和用户管理，云计算结构为了使应用独立，而采用松耦合方式进行构建。在这一背景下，中间件安全保障和资源管理处于重要位置。对此云服务商进行了基础架构基础上的应用开发，在资源安全检测、管理和负载均衡上进一步完善。

资源池层。行业云平台支持泛在接入,可以在任何位置进行行业服务云端数据的访问。对于行业信息云服务而言,虚拟化的技术应用可以将跨行业系统网络上的分布式资源机和设备虚拟为存储资源池、数据资源池和软件等资源池。根据用户提出的应用请求,可分配虚拟化资源,为其提供相应的服务。物理设施是指分布在网络上的网络设施、存储器等基础设施。行业云服务采用松耦合方式将其虚拟化,在设施利用中可以通过虚拟应用的方式屏蔽物理异构特性,从而提高设施的利用效率。

云计算环境下的公共或行业大数据分布存储和开发所引发的安全问题,应通过服务的协同保障构架进行解决。面对数据资源安全要素的交互影响,可以将安全链要素与服务链流程进行关联,为云计算环境下的行业信息资源安全提供保障。在服务与安全保障的同步组织中,面对跨行业系统的数据资源存储、开发、服务与利用中的安全风险,行业信息服务与安全保障的融合实现具有重要性,所以应进行基于安全链的保障构架。

8.2　行业大数据分析与应用

互联网＋发展中,智能制造、数字物流、物联网和各行业服务对大数据应用提出了新的要求,在行业运行中不仅需要数据流保障,而且需要面向应用进行深层次的数据分析,组织基于数据智能的数据挖掘和深层次利用。

8.2.1　大数据分析关联规则

大数据应用中的数据分析依据大数据的内在关联关系和维度结构,从大数据资源中提取有价值的信息,根据应用场景和数据特征,采用多种方法进行数据分析。一般来说,分析方法包括分类、回归、聚类、相似匹配、频繁项集统计描述和链接预测等。在大数据分析中,将围绕关联规则项集处理进行逻辑关系的展示。

大数据环境下,数据分析与机器学习是密不可分的通用方法,在应用中已形成了一些典型的算法。在计算中,关联规则主要用于发现数据之间的联系,这些联系常用频繁项集表示。频繁项集是指出现次数在一定阈值之上、一起出现的项集合,也就是说,如果两个或多个对象同时出现的次数很多,那么可以认为它们之间则存在高关联关系,当这些高关联性对象出现次数满足一定阈值时,即形成频繁项集。关联规则、频繁项集的典型应用场景,如当购买产品 X 时,也倾向于购买产品 Y。在此过程中,有两个关键阈值用来衡量关联的重要度,即支持度和置信度。其中:

支持度,即项在数据集中的频度为

$$support(A) = \frac{support\_count(A)}{|D|}$$

置信度,表现为可信程度为

$$\text{confidence}(A \Rightarrow B) = \frac{D \times P}{|D| \times |P|} = \frac{\text{support\_count}(A \bigcup B)}{\text{support\_count}(B)}$$

式中：support_count(A) 指的是 A 在数据集 D 中出现的次数；支持度表达的是数据集 D 中 A 出现的频度；而置信度表达的是在 A 出现的基础上，既出现 A 又出现 B 的频度。

关联规则挖掘的目标是寻找数据之间有价值的关联，"有价值"判别则取决于挖掘算法。Apriori 算法是最早的也是应用最广泛的关联规则挖掘算法之一，当输入一个最小的支持度阈值，只有满足这个阈值的关联规则才会被挖掘出来。Apriori 算法认定任何频繁项集的子集都是频繁的。例如，当我们挖掘出（A，B，C）的支持度满足阈值，即它是频繁项集时，那么它的任意一个子集，如（A，B）或（A，C）也都是频繁的。这是因为出现（A，B，C）的数据集中也一定出现了（A，B）或（A，C）。遵循这个原则，Apriori 算法可以有效地精简分析事项。

在通用计算中，何克晶围绕其中的问题，进行了规则性处理，Apriori 计算步骤如下。

①在最小支持度阈值的基础上，找出 1 个频繁项集，然后找到 2 个频繁项之间的组合支持度。

②删除掉所有不符合最小支持度的项集。

③利用频繁项的组合增加项的个数，并重复以上过程，直到找到所有的频繁项集或项集中项的个数最大值。

下面以一个信用卡记录数据集的挖掘为例进行说明。假设有 1000 条信用记录，最小支持度为 0.5，即只有出现频率达到 50%或以上的项才会被考虑。接下来，使用 Apriori 算法进行关联规则挖掘。

首先是找出 1 个符合最小支持度的项集，见表 8-1。

表 8-1　寻找 1 项的频繁项集

频繁项集	支持计数
credit_good	700
credit_bad	300
male_single	550
male_mar_or_wid	92
female	310
job_skilled	631
job_unskilled	200
home_owner	710
renter	179

然后，将表 8-1 中支持计数不满足 500 的项去掉，并把剩下的项进行组合，合并最后得到符合最小支持度的项集数，见表 8-2。

表 8-2　寻找 2 项的频繁项集

频繁项集	支持计数
credit_good，male_single	402
credit_good，job_skilled	544
credit_good，home_owner	527
male_single，job_skilled	340
male_single，home_owner	408
job_skilled，home_owner	452

在挖掘中，去掉不满足最小支持度的频繁项集，{credit_good，job_skilled}和{credit_good，home_owner}通过进一步计算，可以得到 3 个项的集合，见表 8-3。

表 8-3　寻找 3 项的频繁项集

频繁项集	支持计数
credit_good，job_skilled，home_owner	402

由于表 8-3 中频繁项集不再满足最小支持度，意味着至此就没有更高关联度的频繁项集了。至此，从 2 个项的频繁项集中，我们可以得到如下候选规则，见表 8-4。

表 8-4　候选规则

规则	项集	支持计数	项集	支持计数	置信度
credit_good→job_skilled	credit_good	700	credit_good，job_skilled	544	544/700 = 77%
job_skilled→credit_good	job_skilled	631	job_skilled，credit_good	544	544/631 = 86%
credit_good→home_owner	credit_good	700	credit_good，home_owner	527	527/700 = 75%
home_owner→credit_good	home_owner	710	home_owner，credit_good	527	527/710 = 74%

从表 8-4 可以看出，job_skilled = credit_good 这条规则有较高的置信度，说明是比较可靠的关联规则。

关联规则挖掘 Apriori 算法的优点是实现简单，可以有效精简搜索空间，且容易实现并行化处理；缺点是需要多次遍历数据集，可能会产生大量的候选集。为了减少数据集的遍历次数，关联规则挖掘还可以利用 FP-growth 算法、SON（savasere omiecinski navathe）算法进行。

8.2.2　大数据分析模型与方法

大数据分析不仅具有一定场景下的针对性，而且存在基于逻辑模型的方法应用问题。

以下通过常用的回归分析、决策树分析、朴素贝叶斯分类器和聚类分析，进行面向应用的归纳。

1. 回归分析

回归关注的是输入变量与结果之间的关系，即关注于一个目标变量如何随着属性变量的变化而变化。例如，预测未来某段时间价格的变化趋势便可以利用回归分析。在回归分析中，可以按数据关联拟合特征，利用线性回归、逻辑回归等模型进行。

线性回归适用于处理数值型的连续数据，通过预定的权值将属性进行线性组合以表达结果。线性回归的输出就是一组数，表示相应的属性值影响，进而得到一个用于预测的线性目标函数。对于这个目标函数，我们感兴趣的是预测值与真实值的差距，而最好的目标就是预测值和真实值的差距最小。一般可采用预测值与真实值的差值平方和表示这种差距，所以我们的目标就是通过选择适当的参数来使平方和最小化。线性回归是一个简单的、适用于数值的预测方法，所以也是其他更为复杂的回归模型的基础。

逻辑回归是用来预估事件发生的概率的模型。一个典型例子如通过对贷款人的信用分数、收入、贷款规模等进行建模，从而计算出该贷款人能偿还贷款的概率。逻辑回归也可以被看成是一个分类器，并以概率最高的类别进行预测。在逻辑回归中，输入变量可以是连续的，也可以是离散的。以贷款模型来解释逻辑回归为例，公式如下：

$$P = f(\text{credit}, \text{income}, \text{loan}, \text{debt})$$

式中，通过信用级别（credit）、收入（income）、贷款总额（loan）、已有债务（debt）这几个数据来预测贷款人能偿还贷款的概率。概率在 0～1 之间，0 表示不能偿还，1 表示能偿还；那么设置一个概率的阈值 0.5，即可得到一个类似"能/否"的结果。

2. 决策树分析

决策树是一种易于解释且应用广泛的算法。决策树分析在于构建一系列检验数据的 if-then 规则，通过在数据集上应用这些规则对数据进行处理。其中，每个规则相当于一个问题，用规则来检验数据集上的数据，可根据每条数据对规则的不同响应将数据集分为几个子集，再在子集上递归应用规则对数据集进行细分。当某个子集中只剩下同一类数据时，即得到最终答案。这种递归的分支结构可以用树来表示，所以称为决策树。

以树状模型呈现的一个典型的决策树如图 8-8 所示，它对顾客是否可能购买某产品进行决策。其中，内节点用长方形表示，而叶节点用椭圆表示。

图 8-8 中的分支指的是一个决策作出的结果，以连接线方式展现。如果是数值型变量，可以根据变量的不同进行选择；决策树内部用来决策的节点，对应一个变量或属性，某一个节点可以有两个以上的分支；叶节点是一个分支的终点，表示的是所有决定产生的结果。

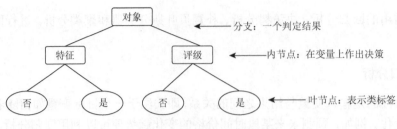

图 8-8　决策树分析示例

如果将决策树生成过程视为根据数据的某一属性对数据集进行不断细分的过程,那么决策树生成过程必须解决如下几个问题:在哪个属性上划分;划分的准则是什么;何时结束划分。对于属性划分的标准,也就是找出最具特征意义的属性描述方式,常用属性的度量标准如信息增益、增益率及基尼指数等。这些问题的不同解决方案即构成了不同的决策树算法,经典的决策树算法主要有 ID3 算法、C4.5 算法和 CART(classification and regression tree)算法等。

总的来说,决策树既能够处理数值型数据,也能够处理类别型数据。应用中,能够很好地处理非线性关系的数据,易于对测试数据进行分类。但是,决策树的缺点是对训练数据中的细小变化很敏感,而且若决策树建得过深,容易导致过度拟合问题。在大数据的分布式计算环境中,通常节点要独立地进行计算,这种情况下训练一个决策树是比较困难的,一种更好的方法是利用集成学习的方法。对于决策树,可以在分布式计算环境中独立地训练多个决策树,利用多个决策树来分类,最后把结果聚集起来。

3. 朴素贝叶斯分类器

朴素贝叶斯是一个简单的基于贝叶斯理论的概率分类器。一个朴素贝叶斯分类器假设某个类特征的出现与其他特征没有关系,即假设属性之间是相互独立的。根据概率模型的特征,朴素贝叶斯分类器可以在有监督的环境下有效地训练,所以被广泛地应用到文本数据分类中,例如可以回答以下这些问题:网页内容的主题分类有哪些;用户的评论是积极的还是消极等。

朴素贝叶斯分类器基础是贝叶斯定理,它描述的是两个条件概率之间的关系。某事件 X 发生的概率记为 $P(X)$,在事件 Y 已经发生的前提下事件 X 发生的概率记为 $P(X/Y)$,则:

$$P(X/Y) = \frac{P(Y/X)P(X)}{P(Y)}$$

式中,$P(X)$ 称为先验概率,$P(X/Y)$ 称为在条件 Y 下 X 的后验概率。

朴素贝叶斯分类器的基本过程如下:

如果样本 X 中的属性之间有相关性,计算 $P(X/Y_i)$ 将十分复杂,为此可以进行类条件下的朴素假定,即假设 X 的各属性之间是互相独立的,则 $P(X/Y_i)$ 的计算如下:

$$P(X/Y) = \prod_{k=1}^{n} P(x_k|Y_i)$$
$$= P(x_1/Y_i)P(x_2/Y_i)\cdots P(x_n/Y_i)$$

式中，$P(x_1/Y_i)$、$P(x_2/Y_i)\cdots P(x_n/Y_i)$都可以从训练数据集中求得。

朴素贝叶斯分类器的优点是计算效率较高，并且对不相关的变量具有抗干扰性，所以能很好地处理缺失值。其缺点是对相关性变量敏感，当变量不满足条件独立假设时，朴素贝叶斯分类的效果易受到影响。

4. 聚类分析

聚类分析也称为无监督学习，与分类相比，聚类分析的数据样本一般事先没有属性标记，需要由聚类学习算法自动确定。简单来说，聚类分析是在没有训练目标的情况下将样本数据划分为若干相似群组的一种方法。划分过程中，这些相似群组称为簇，簇内的样本数据相似度达到最大，而簇与簇之间的差异要最大。聚类分析是数据挖掘中的重要分析方法，由于数据和问题的复杂性，数据挖掘对聚类分析有一些特定的要求，主要表现为能够处理不同属性的数据，适应不同类型的聚类方法，具备抗噪声能力和较好的解释性。通用的聚类方法包括 k-means 聚类、k-中心点聚类、层次聚类、模糊聚类等。

k-means 聚类是聚类分析的经典算法之一，可应用于模式识别、图像处理、机器视觉等领域。作为一种探索式技术，k-means 聚类用来探索数据的结构，总结类群的属性特征。k-means 算法是一种基于距离划分聚类方法，其基点是在给定聚类数 k 时，通过最小化组内误差的平方和来得到每一个样本点的所属类别。k-means 方法的过程为：从 n 个样本点中任意选择（一般是随机分配）k 个点作为初始聚类中心；对于剩下的其他样本点，根据它们与这些聚类中心的距离，分别分配给与其最相似的中心所在的类别；计算每个新类的聚类中心；直到所有样本点的类别不再改变或聚类中心不再变化时终止。

从 k-means 算法中可以看出，选择一个正确且合适的 k 值，有助于算法正确地记录聚类类别。因而，可以重复地尝试不同的 k 值，再从中选择一个最佳值。同时，当数据之间的聚类关系不明显时，可以使用一种启发式的方法来挑选最优的 k 值和组内平方和WSS，即

$$\text{WSS} = \sum_{i=1}^{k}\sum_{j=1}^{n_i}\left|x_{ij} - c_i\right|^2$$

式中，x 是类中的点，C_i 是类的中心。通常更多的类（即更大的 h 值）会使得每个类更"紧密"，但类太多会带来过度拟合问题，所以需要进行相应的处理。

8.2.3　数据可视化与图谱服务

数据可视化可以追溯到早期的计算机图形学，利用计算机创建出图形、图表。在此后的发展中，随着计算机处理与智能技术的进步，关于数据的视觉表达以及关联图谱展示已

成为数据分析与利用中不可缺少的工具。与此同时，数据的可视化利用从科学数据的关联展示拓展到社会活动的各个领域，特别是在公共领域和互联网＋服务中发展迅速，应用广泛。

数据的视觉表现形式被认为是以图形化手段提取的信息表征，包括相应图形单位的各种属性和变量。数据可视化，在操作上是指依据图形、图像、计算机视觉以及用户界面，通过对数据的表现形式进行的可视化解析。在可视描述中，数据量、数据维度和数据多样性的提升给数据可视化工具提出了新的要求。

首先，数据可视化工具必须适应大数据时代数据量的增长需求，必须快速地收集分析数据，并对数据内容进行实时更新。

其次，数据可视化工具应具有快速开发、易于操作的特性，应能满足互联网时代数据多变的要求。

同时，数据可视化工具需具有更丰富的展现方式，以充分满足数据展现的多维度要求。

对于多种数据集成支持方式，应考虑到数据来源的广泛性，其可视化工具应支持协作数据、数据仓库、文本等多种数据处理方式，并能通过互联网进行展现。

对于科学数据可视化，1987 年由布鲁斯·麦考梅克等提交的美国国家科学基金会报告《科学计算中的可视化》（*Visualization in Scientific Computing*），强调了基于计算机可视化技术的重要性。随着计算机运算能力的提升，人们建立了规模越来越大、复杂程度越来越高的数值模型，从而造就了形形色色体积庞大的数值型数据集。在医学领域，人们不但利用医学扫描仪和显微镜数据采集设备产生了大型的数据集，而且还利用可保存文本、数值和多载体信息的大型数据库来收集大数据，对大规模图形数据处理技术和大数据集可视化要求也越来越得到重视。

在近 30 年的发展中，可视化尤为关注大数据，包括来自商业、金融、管理、数字媒体等方面的大型异质性数据集合。20 世纪 90 年代初期开始推进的信息可视化，旨在为诸多应用的异质性数据集分析提供可视化支持。因此，21 世纪人们已接受这个同时涵盖科学可视化与信息可视化的"数据可视化"术语。

由此可见，数据可视化是一个处于不断演变之中的概念，其边界正在不断扩大。从更广的范围定义，数据可视化指的是技术上展示结构的方法，而这些技术方法允许利用图形、图像处理、计算机视觉以及用户界面，通过表达建模对立体、表面、属性进行显示。与立体建模的其他技术方法相比，数据可视化所涵盖的技术更加广泛。

目前，数据可视化工具种类繁多，每一种可视化工具都有其针对的领域，下面列举的是目前常用的几种可视化工具。

（1）D3.js。D3 是指数据驱动文档（data-driven documents），也是一个 JavaScript 库，它可以通过数据来操作文档。D3 可以通过使用 HTML、可缩放矢量图形（scalable vector graphics，SVG）和串联样式表（cascading style sheets，CSS），将数据形象地展现出来。D3 遵循 Web 标准，所以可以让程序轻松兼容主流浏览器并避免对特定框架的依赖。同时，它提供了强大的可视化组件，可以让使用者以数据驱动的方式去操作，允许开发者将任意数据绑定在 DOM 之上，然后再利用数据驱动转换到文档之中。例如，可以使用 D3 从一个数组生成一个 HTML 表格，或者使用同样的数据来创建一个带有平滑过渡和互动功能的交互式 SVG 柱状图。另外，D3 并非一个旨在涵盖所有功能特征的整体框架，相反，D3 解决的问题核心是基于数据的高效文档操作。这一构架避免了局限化的数据展现，而使其具有灵活性，由此体现出如 CSS3、HTML5 和 SVG 等 Web 标准的全部功能。D3 的运算速度非常快，可使用最小的开销支持大型数据集以及交互动态行为。D3 的函数允许通过各种组件和插件的形式进行代码的重用。

（2）Gephi。Gephi 是一款开源免费跨平台基于 Java 虚拟机（Java virtual machine，JVM）的复杂网络分析软件，主要用于各种网络和复杂系统计算，可提供动态和分层图的交互可视化开源工具。同时，可用于探索性数据分析、链接分析、社交网络分析、生物网络分析等。Gephi 作为一个功能强大的可视化工具，部署在 PC 端或者服务器环境之中。相对于 Echart 这种轻量级环境，Gephi 能更好并且更专业地进行数据的可视化分析。

（3）ECharts。百度的 ECharts 是一个纯 Javascript 的图表库软件工具，可以流畅地运行在 PC 和移动设备上，能兼容当前绝大部分浏览器，底层依赖轻量级的 Canvas 类库 ZRender，提供直观、可交互、高度个性化定制的数据可视化图表应用。另外，ECharts 提供了常规的折线图、柱状图、散点图、饼形图、K 线图，用于统计的箱形图，用于地理数据可视化的地图、线图，用于关系数据可视化的关系图，以及用于 BI 的漏斗图、仪表盘图等。

在应用发展中，ECharts3 独立出了"坐标系"的概念，支持直角坐标系、极坐标系、地理坐标系数据展示。其图表可以跨坐标系存在，如折、柱、散点等图可以放在直角坐标系上，也可以放在极坐标系上，甚至可以放在地理坐标系中。图 8-9 为 ECharts 的图示。

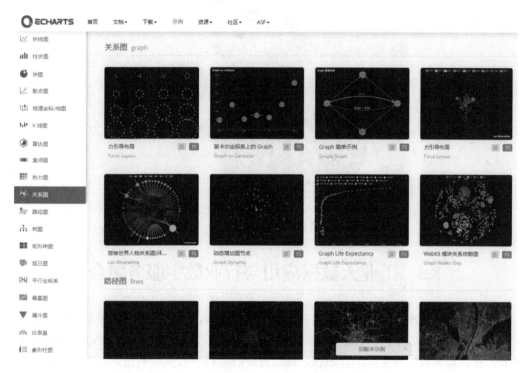

图 8-9　ECharts 示例图

　　EСharts 是百度团队开源的 JS 框架，只要加上版权声明即可免费使用。从效果看，支持各种图标表示，对大数据需要用到的关系图支持得也比较好。不过 EСharts 作为一款轻量级的工具，对超大规模数据的可视化功能有限。

　　（4）Bonsaijs。Bonsaijs 是一个轻量级的免费开源的 javascript 图形库，可以方便地创建图形和动画。这个类库使用 SVG 作为输出方式来生成图形和动画效果，拥有非常完整的图形处理 API，图 8-10 是 Bonsaijs 所绘制的可视化图的示例。

　　Bonsaijs 的官方网站上文档比较全面，易用性比较强，是一款应用面较广泛的轻量级数据可视化工具。

　　目前市场上较普遍采用的数据可视化工具已达上百种，其中大多是轻量级可视化产品。这些轻量级产品使用方便，可以快速生产出可视化的图像。然而，针对海量数据来说，这些工具并不能对其进行很好的处理。而 D3.js 和 Gephi 工具却能专门用于海量数据可视化。由此可见，在可视化工具应用中，应进行场景选择。

图 8-10　Bonsaijs 示例

8.3　工业大数据应用与行业数字服务融合

　　工业大数据随着工业 4.0 和智能制造的出现而形成，是指从客户需求到销售、订单、计划、研发、设计、工艺、制造、采购、供应、库存、交付和售后、运维过程中所产生的各类数据，其来源包括生产运营数据、物联设备数据和外部关联数据。工业大数据应用运用一系列技术和方法，进行实时数据采集、处理、存储、分析和交互利用，以支持工业制造、运营和服务。工业作为基础性的生产行业，其大数据应用和基于产业链的数字信息服务组织处于关键位置。

8.3.1　工业大数据应用场景与大数据应用组织

工业大数据应用，在不同产业或企业虽然存在不同的要求和特征，然而，其应用机制和应用的技术框架却具有一致性。从数据功能上看，工业大数据即工业数据的总和，包括企业信息化数据、工业物联网数据及外部跨界数据。其中，企业信息化和工业物联网中机器产生的海量数据是工业数据规模海量化的主要原因。工业大数据同时也是智能制造与工业互联网的核心，其本质是通过促进数据的自动流动去解决控制和业务问题，减少决策过程所带来的不确定性，并尽量克服人工决策的缺点。

工业大数据不仅存在于企业内部，还存在于产业链和跨产业链的经营主体中。企业内部数据主要是指制造执行系统（manufacturing execution system，MES）、企业资源计划（enterprise resource planning，ERP）、产品生命周期管理（product lifecycle management，PLM）等自动化与信息化系统中产生的数据。产业链数据是供应链管理（supply chain management，SCM）和客户关系管理（customer relationship management，CRM）上的数据，主要是指企业产品供应链和价值链中来自原材料、生产设备、供应商、用户和运维合作商的数据。跨产业链数据则是企业产品生产和使用市场、环境和政府管控等外部数据。

人和机器是产生工业大数据的主体。人产生的数据是指由人输入计算机中的数据，例如设计数据、业务数据、产品数据等；机器数据是指由传感器、仪器仪表和智能终端等采集的数据。对企业而言，机器数据的产生可分为生产设备数据和工业产品数据两类：生产设备数据是指企业的生产工具数据，工业产品数据则是企业交付给用户使用的物品数据。

工业互联网时代，工业大数据除了具备大数据特征外，相对于其他类型大数据，工业大数据还具有反映工业逻辑的特征。这些特征可以归纳为多模态、强关联、高通量、协同性和强机理等特性。

多模态。工业大数据是工业系统在一定空间的映像，必须反映工业系统的系统化特征，同时关联工业系统的各方面要素。因此，数据记录必须追求完整，但这往往需要用超级复杂的结构来反映系统要素，这就导致单体数据文件结构复杂化。因此，工业大数据的复杂性不仅是数据格式的不同，而且是数据内生结构上的状态差异。

强关联。工业数据之间的关联并不是数据内容的关联，其本质是物理对象之间和过程的关联，包括产品部件之间的关联，生产过程的数据关联，产品生命周期内的设计、制造、服务关联，以及产品使用所涉数据关联。

高通量。嵌入了传感器的智能互联产品已成为工业互联网的重要标志，机器产生的数据代替人所产生的数据。从工业大数据的组成体量上来看，物联网数据已成为工业大数据的主要来源。机器设备所产生的时序数据采集频度高、数据总量大、持续不断，呈现高流通量的特征。

协同性。协同性主要体现在大数据支撑工业企业的在线业务活动和推进业务智能化的过程中,其系统强调动态协同,所以进行数据集成时,应促进数据的自动流动,减少决策所面临的不确定性。

强机理。强机理体现在工业大数据支撑的过程分析、对象建模、知识发现和应用过程之中。其过程追求确定性,数据分析必须注重因果关系。由于工业过程本身的确定性强,所以工业大数据的分析不能止于发现简单的相关性,而是要通过各种可能的手段逼近因果性。

在工业大数据应用中,大数据平台建设处于核心位置,在技术实现上,北科亿力、大唐集团和中联重科根据各自的需求和场景进行了架构和基于平台的应用组织。从结构上看,可归为不同的模式。

1. 基于物联网的大数据平台构架

工业互联网产业联盟于 2017 年发布了《工业大数据技术与应用白皮书》。在白皮书中展示了北科亿力炼铁大数据技术框架和大数据平台结构(图 8-11)。北科亿力根据物联网数据来源,按企业大数据应用的内在关系所构建的北科亿力炼铁大数据平台具有对场景需求的高适应性。其中,物联网机器数据主要包括炼铁可编程逻辑控制器(programmable logic controller,PLC)生产操作数据、工业传感器产生的检测数据、现场的各类就地仪表的数据等。整个炼铁大数据平台已接入了约 200 座高炉的数据,以单座高炉为例,每个高炉约有 2000 个数据点,数据采集频率为 1 分钟一次,每座高炉产生的数据量约为 288 万点/天、数据大小约为 200Mb/天,即行业大数据平台接入的数据量约为 5.76 亿点/天,数据大小约为 40G/天。

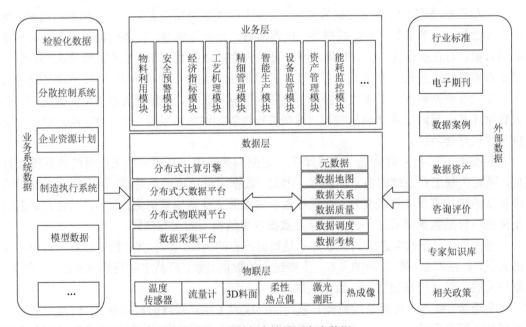

图 8-11 北科亿力炼铁平台大数据

北科亿力炼铁大数据平台通过在企业端部署自主研发的工业传感器物联网,对高炉"黑箱"可视化,实现了企业端"自感知";通过数据采集平台将实时数据上传到大数据中心；通过分布式计算引擎对数据进行综合加工、处理和挖掘；在业务层以机理模型集合为核心，结合多维度大数据信息形成大数据平台的核心业务，包括物料利用模块、安全预警模块、经济指标模块、工艺机理模块、精细管理模块、智能生产模块、设备监管模块、资产管理模块、能耗监控模块等；应用传输原理、热力学动力学、炼铁学、大数据、机器学习等技术建立高炉专家系统，结合大数据及知识库，实现"自诊断"、"自决策"和"自适应"。

通过推行炼铁物联网建设标准化、炼铁大数据结构和数据仓库标准化、数字化冶炼技术体系标准化，北科亿力建立了行业级炼铁大数据智能互联平台，实现了各高炉间的数据对标和生产优化。在更广范围内，促进了设计院、学会、供应商、科研机构等整个生态圈的信息互联互通、数据深度应用和核心竞争力的提高。

北科亿力通过炼铁大数据智能互联平台的建立，提升炼铁的数字化、智能化、科学化、标准化水平，预判和预防了高炉异常炉况的发生，提高冶炼过程热能和化学能利用效率。据介绍，通过平台应用，平均提高劳动生产率 5%，降低冶炼燃料比 10 公斤/吨铁，降低吨铁成本 15 元，直接经济效益单座高炉创效 2400 万元/年；预计全行业推广后，按中国 7 亿吨/年的铁水产能，吨铁成本降低 10 元计，直接经济效益 70 亿元/年。

2. 面向流程的大数据应用平台

中国大唐集团公司（以下简称"大唐集团"）是在电力体制改革中组建的中央直接管理的大型发电企业。大唐集团的大数据应用强调智能生产、物料供应和运行服务的技术实现，按物联网、业务系统和其他数据来源进行平台构建。除电力、热力生产和供应，集团与电力相关的煤炭资源开发和生产，以及相关专业技术服务，重点涉及发电、供热、煤炭、煤化工、金融、物流、科技环保等领域。在大数据应用中，集团数据共享和可视化分析中心实现了智能决策中的数据深度分析与挖掘。根据集团公布的信息，大唐集团大数据平台构建及数据来源如下。

物联网数据：以典型的 2×600MW 燃煤火电机组为例，它拥有 6000 个设备和 65000 个部件，DCS 测点数平均达到 28000 个，机组年数据存储量的实时数据库数据容量为 114GB。再加上水电、风电机组产生的数据，大唐集团一年的生产实时数据超过 200TB。

业务系统数据：业务系统数据包含 ERP 系统、综合统计系统、电量系统、燃料竞价采购平台相关的设备台账数据、发电量数据、燃料竞价采购数据等，每年 500G 以上。

外部数据：外部数据包含地理信息数据、天气预报数据等，每年 500M 左右。外部数据采集，随着智能化管理要求的提升，呈迅速增长趋势。

2017 年《工业大数据技术与应用白皮书》所显示的大唐集团大数据具有数据来源的全方位、数据融入的全程化和数据处理的智能化特点。在构架上，大唐集团的大数据平台 X-BDP，是基于 Hadoop 的企业级大数据可视化分析挖掘平台，也是集数据采集、数据抽取、大数据存储、大数据分析、数据探索、大数据挖掘建模、运维监控于一体的大数据综合平台（图 8-12）。

平台应用大数据、云计算、物联网、人工智能等关键技术，提供多种存储方案和挖掘算法，支持结构化数据、半结构化数据和非结构化海量数据的采集、存储、分析和挖掘，提供多种标准的开放接口，支持二次开发。平台采用可视化的操作方式，降低数据分析人员和最终用户使用难度。

为解决电力自动化系统中设备在通信协议复杂多样化的情况下相互通信、控制操作与通信标准化的问题，平台采用了一种电厂数据采集装置、一种电厂数据采集系统和一种用于电厂的具备安全隔离功能的数据采集装置，保证数据稳定、可靠、实时地进行数据采集。

平台通过互联网技术，应用智能数采通，实现对大唐集团所有发电设备生产实时数据（含环保数据）的集中和统一，实现生产数据的有效链接、集中、共享和应用。通过自适应模式识别算法，平台实现了机组远程诊断与优化运行，实现了电厂设备状态实时监视，捕捉设备早期异常征兆，实现设备运行监测、劣化趋势跟踪及设备故障早期预警，从而提高了现场优化运维水平。

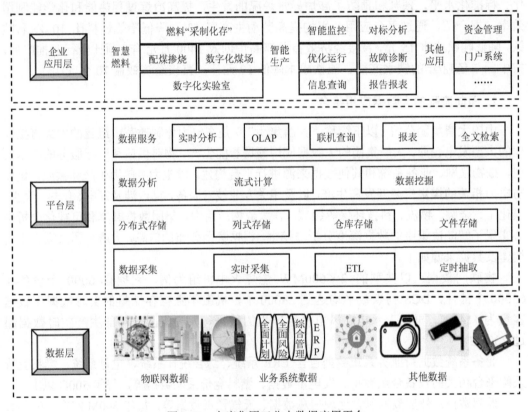

图 8-12　大唐集团工业大数据应用平台

3. 大数据融合服务平台构建

2017 年《工业大数据技术与应用白皮书》所展示的中联重科股份有限公司的大数据平台具有大型企业的典型特征（图 8-13）。中联重科股份有限公司创立于 1992 年，主要从事工程机械、环境产业、农业机械等高新技术装备的研发制造，主导产品覆盖 10 大类别、73 个产品系列和 1000 多个品种。

从集团发布的信息看，中联重科大数据平台数据来源主要包含三大类。

物联网数据：包含中联重科设备实时回传的工况、位置信息。当前中联重科物联网平台已累积了近 10 年数据，监控设备数 12 余万台/套，存量数据量 40TB，每月新增数据300GB。数据通过移动网络以加密报文方式回传，通过解析后实时保存至大数据平台。目前，数据采集频率 5 分钟一次，根据数据分析需要可进行调整，设备传感数据采集点将近500 个。

内部核心业务系统数据：包含中联重科在营运过程中产生的业务信息，主要包含ERP、CRM、PLM、MES、金融服务系统等数据，涵盖研发、生产、销售、服务全环节。当前，业务系统已累积近 10 年数据，存量数据约 10TB，数据每天进行更新。

外部应用平台数据：包含中联重科相关应用平台（官方网站、微信公众号/企业号、中联商城、中联 e 家系列移动 APP、智慧商砼、塔式起重机全生命周期管理平台）积累的数据、从第三方购买和交换的数据以及通过爬虫程序在网络上搜集的舆情及相关企业公开数据。除结构化数据外，平台还以日志方式保存了大量的用户行为数据。

中联重科工业大数据应用从"硬、软"两方面同时着手："硬"的方面，通过研发新一代 4.0 产品和智能网关，进一步提升设备的智能化水平，丰富设备数据采集维度，提升设备数据采集和预处理能力；"软"的方面，基于大数据分析挖掘技术，形成多层次智能化应用体系，为企业、上下游产业链、宏观层面提供高附加值服务。

中联重科大数据分析平台融合了物联网平台、业务系统、应用系统及第三方数据。分析角度涉及产品、经营、客户、宏观行业等方面，服务涵盖轻量级应用（中联 e 管家、服务 e 通等）和重量级专业领域应用（智慧商砼、建筑起重机全生命周期管理平台等），并通过移动端 APP、PC 端、大屏幕等多种方式提供高效增值服务。

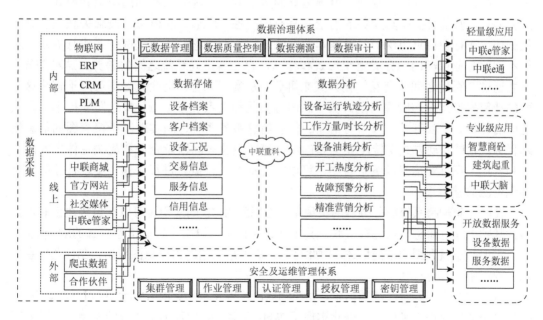

图 8-13 中联重科工业大数据平台架构

　　中联重科工业大数据平台同样采用成熟的 Hadoop 分布式架构进行搭建。通过流式处理架构，满足高时效性的数据分析需求；通过分布式运算架构，满足对海量数据的离线深度挖掘。前端通过统一接口层以多种通用格式对外提供数据分析服务。考虑到大数据平台汇集了企业内外部多方敏感数据，为保证数据安全，平台引入了企业级数据治理组件，实现统一的元数据管理、数据质量控制、数据溯源、数据操作权限管控、数据脱敏及数据审计功能，并贯穿数据存储和应用的全过程。

8.3.2　基于产业链关系的行业大数据融合应用

　　面向产业链的行业信息服务融合中，数据融合是服务融合的基本条件。以数据融合为前提实现行业信息服务的跨系统协同，需要在功能层面上融合数据服务，继而推进服务。从另一角度看，产业链中的融合服务组织，同样需要选择融合功能以实现基于产业链的服务价值，从而促进产业链中的产业集群的跨系统信息利用。

　　产业链中的企业不仅具有供应链合作关系，而且企业之间以及企业和其他组织之间还存在着协同创新关系。因而，跨行业系统的信息融合服务必然面临着多元关系基础上的融合问题。在产业链和创新价值链活动中，参与主体的跨行业、部门和系统的多源数据利用，涉及科学与技术研究、试验与产品研发以及产业运行和市场营销。这一构成从客观上提出了行业机构之间的系统服务融合要求。基于此，在基于产业链和价值链的信息服务融合中，按范畴进行数据统筹和协同转换应该是一种行之有效的方法。行业大数据融合中的概念展示包括企业所属行业、生产产品门类、技术设备、生产流程、供应链关系、市场构成，以及生产运行、研发创新所涉及的诸多领域的信息融合。按行业、技术、产品、市场、标准、专利、市场运营的多个方面，区分为不同的类型和形式。对于企业而言，其信息空间与业务活动空间具有同一性，所形成的概念及概念关联呈多维网状结构。在行业信息组织中，最基本的方法是按主题概念结构和关联关系进行展示。对于不同的行业或部门的分类组织形式和标准，存在着不同系统之间的差异。这种差异，需要通过各系统之间的交互转化方式来屏蔽。从实现上看，企业概念图可用于解决这方面的计算资源组合与管理问题。从信息内容类属和关系展示上看，概念图支持不同范式之间的转换，所以可以在对面向企业的行业信息服务系统之间实现基于概念图的信息揭示目标，通过互动方式支持产业链和创新价值链企业之间以及企业和相关主体之间的交互和合作。在行业信息服务融合中，可以方便地对同一概念进行协作，实现行业间的跨系统资源共建共享。

　　在产业集群跨系统服务融合的实现中，考虑到 XML 的应用，可以在自描述性和可扩展性基础上通过概念节点进行关联，其中知识图谱工具可用于行业信息资源的融合组织，进而实现基于概念图的结构描述。由此可见，基于知识图谱的概念图应用，在行业信息揭示和管理中具有可行性。

　　概念图的应用具有广泛的前景，如在物联网产业集群中，RFID 概念图对结构、组成、应用等相关概念进行了展示，以此实现了 Web 页面、图片及影音资源的链接。为了处理相关主题概念，实现多源信息资源融合目标，除在知识节点上标注的相关内容和来源关系外，还可以提取其中的知识单元，以此进行多方面的信息内容整合。对于用户而言，只要在 RFID 概念图中进行 XML 链接，便可获取完整的信息。在 RFID 概念图的 XML 文件中，知识节点描述片段如图 8-14 所示。

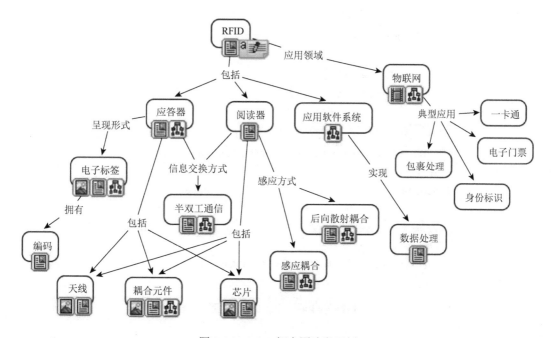

图 8-14　RFID 概念图片段示例

　　在基于链接的信息组织与揭示中，以 "RFID" 概念图中知识节点 "半双工通信" XML 片段为例，其信息组织需求首先需要在概念图服务器上对 "RFID" 概念图 XML 输出为 XML 文件。其中，XPath Fetch Page 模块具有关键性作用，该模块所采用的 XPath 查询语言在基于概念图的关联揭示中，通过 Extract using XPATH 的定位功能来实现，它可以进行基于实际组织需求的 XML 文档相关信息内容的读取。在基于概念图的关联展示和揭示过程中，可以使用 XPath Fetch Page 模块进行 RFID 概念图来生成和 XML 文件内容的解读和主题展示。对此，可通过在索引中设置 XPath 的路径标签指定其使用；另外，subclass 可以对存储进行解释，实现对以 nlk.base.Concept 为目标的 subclass 属性值的存储和提取。在面向应用的概念关联中，通过 Sub-element 模块，实现 storableObject 所包含的 property 元素内容提取。鉴于诸多元素的松耦合关系，对于节点的 name 属性值可用_phrase 功能进行标识，完成对相应的 property 属性过滤；利用 Filter 模块的参数设置规则使内容得到完整的保留。最后，可以使用 Rename 模块将概念内容标签 encoding 属性进行关系编码，从而实现展示关系的多元处理目标。如图 8-15 所示，在应答器、半双工通信、耦合元件等概念节点处置和关联展示中，为方便利用可以对概念图知识节点提取规则进行封装，提供面向 RFID 信息组织的调用。
面向产业链的行业大数据融合应用中，如果利用 RFID 工具进行，可以针对数据融合的需要，利用概念图工具封装 Cmaps_knowledge extract 模块进行 RFID 相关知识节点的描述。

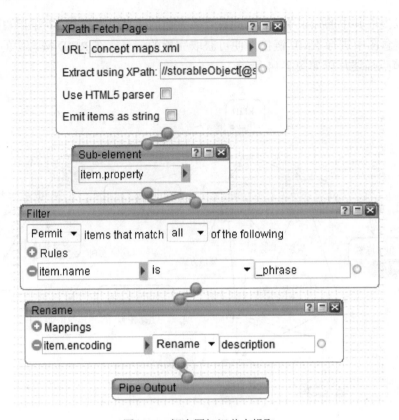

图 8-15　概念图知识节点提取

同时，在知识图谱中将 Citespace 服务和基于 Metalib/SFX 的数字集成服务分别封装为 CiteSpace 模块和 MetalibSFX 模块，继而进行独立或组合应用。在概念图服务与知识图谱服务的融合中，还可以使用 Loop 循环作为主任务（主题词）输入循环流程，在 CiteSpace 模块服务中应用。在面向产业链的行业大数据融合中，面向企业知识创新的发展需要，可以通过 RFID 实现知识获取和处理的同步化。其中，可以根据用户需求同步处理结果，其途径是选择输出核心成果，显示 RFID 概念主题，以实现数字资源服务融合目标；同时，还可以通过 CiteSpace 输出，利用 MetalibSFX 模块，明确来源范围和限制条件。此外，可进行以用户为中心的自定义，展示 RFID 核心知识。由此可见，概念图的应用具有广泛性，在基于概念图的服务中，企业用户也可以根据需要选择直接连接调用 MetalibSFX 模块，导出行业数字信息资源。

8.4　公共领域大数据应用与服务保障

公共领域大数据具有多模态、开放性和关联组织特征，基于大数据应用的服务围绕大众的公共需求展开。鉴于公共领域大数据应用的公共性和公益性，以下着重于政府主导下的卫生健康大数据服务和智慧城市建设中的大数据平台建设，进行公共领域大数据应用与数字信息服务实施探讨和共识性的组织策略归纳。

8.4.1　卫生健康大数据应用与服务

卫生健康大数据应用与健康医疗数据服务平台建设，在公共卫生、流行病防控、医疗资源共享和临床治疗中具有全局性意义，在公共服务中具有不可取代性。在公共卫生和健康医疗的数字化建设中，国家卫健委予以了全面部署、规范和实施。

卫生健康大数据的类型复杂，其大数据来自不同的地区、不同的机构和不同的软件应用。从数据特征与应用领域的角度分类，卫生医疗大数据主要包括以下 6 个方面的数据：医疗大数据、健康大数据、生物组学大数据、卫生管理大数据、公共卫生大数据和医学大数据。

医疗大数据。医疗大数据是指在临床医学实践过程中产生的原始的临床记录，主要包括以电子病历、检验检查、处方医嘱、医学影像、手术记录、临床随访等为主的医疗数据。这些数据基本都是以医学专业方式记录下来，主要产生并存储于各个医疗服务机构的信息系统内，如医院、基层医疗机构或者第三方的医学中心。

健康大数据。健康大数据是指以个人健康管理为核心的相关数据的统称，包括个人健康档案、健康体检数据、个人体征监测数据、康复医疗数据、健康知识数据以及生活习惯数据，主要产生于医疗机构、体检中心、康复治疗机构以及各类生命体征监测系统。

生物组学大数据。生物组学大数据是一类比较特殊的健康医疗大数据，包括不同生物组学数据资源，如基因组学、转录组学、蛋白质组学、代谢组学等，主要产生于具有检测条件的医院、第三方检测机构、组学研究机构。生物组学大数据在研究基因功能、疾病机制、精准医疗等方面具有重要意义。

卫生管理大数据。卫生管理大数据主要是指各类医疗机构运营管理过程中产生的数据资源，主要来源于各级医疗机构、社会保险商业保险机构、制药企业、第三方支付机构等。通过深层次挖掘、分析当前和历史的医院业务数据，快速获取其中有用的决策信息，旨在为医疗机构提供方便的决策支持。

公共卫生大数据。公共卫生大数据是基于大样本地区性人群疾病与健康状况的监测数据总和，包括疾病监测、突发公共卫生事件监测、传染病报告等。公共卫生大数据还包括专题开展的全国性区域性抽样调查和监测数据，如营养和健康调查、出生缺陷监测研究、传染病及肿瘤登记报告等公共卫生数据。

医学大数据。医学大数据是指医学研究过程中产生的数据，包括真实世界研究、药物临床试验记录、实验记录等。医学数据主要存在于各类医学科研院所、医学院校、医学信息机构以及制药企业。

由于卫生健康大数据类型复杂、来源广泛，应用目标性强，所以采用系统汇集方式进行数据应用与服务组织难以适应卫生健康领域大数据环境。考虑到客观上的大数据应用需求和当前已存在且处于迅速发展之中的多类型卫生健康网络和数字化健康医疗平台运行的机制，拟采取国家卫健委部署下的资源共享和大数据平台协同运行模式，在公共卫生健康服务和数字医疗服务中充分保障大数据应用需求，推进服务的开放化、社会化和涉及个人的隐私保护。

卫生健康大数据应用与服务，在整体上形成了虚拟环境下的网络构架，在运行上实现包括公共卫生大数据平台、健康医疗大数据平台、移动医疗健康监测、疾病防控数据平台、生物组学测序数据平台和多种形式的健康社区、医疗保健大数据平台在内的虚拟服务连接。在卫生健康大数据应用中，访问者可方便地通过公共入口或平台界面进入，进行相关数据获取和信息搜索。由于卫生健康领域大数据内容丰富，在应用中往往需要通过图谱方式进行导入，所以大数据平台的图谱服务具有现实性。对此，平安智慧医疗于 2019 年正式启用了医疗知识图谱服务。在 2018 年举办的中国大数据技术大会上，平安医疗介绍了平安医疗知识图谱构建和应用。该图谱系列集成了 60 万医学概念、530 万医学关系、数千万医学证据，其服务应用场景显示和组件支持具有在线诊疗与咨询的现实性。其中，图 8-16 展示了常见疾病的关联图谱界面，可供用户查询。

　　随着医学技术发展，健康医疗大数据的数据量持续剧增，数据结构不断复杂化，数据组成呈现多元化，除了结构化的记录外，还出现了大量非结构化的文本、波形、序列、影像、视频等数据格式。大容量、多源异构的数据对存储设备的容量、读写性能、可靠性、扩展性等都提出了更高的要求。在设计大数据的存取系统时，需要充分考虑功能集成度数据安全性、数据稳定性，以及系统可扩展性、性能及成本等各方面因素。

　　健康医疗大数据存储要求系统的高容量、高性能、高可靠性和可扩展性。大数据公布存储中，健康医疗大数据的存取按照定义的数据模型，综合采取关系型数据库、文档数据库、数据文件等方式，提供经整合的各类医疗健康数据资源的存储管理服务和访问服务。在存取采用多库关联存储模式，以解决非结构化海量数据的异构性问题，降低其存储的复杂度。与此同时，在模型驱动的数据存储中，充分考虑数据资源的应用需求，实现数据模型与物理存储模型的统一。

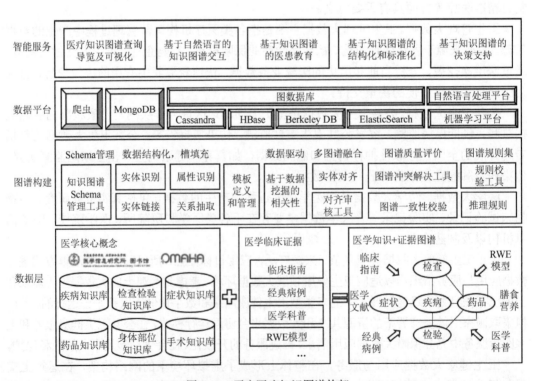

图 8-16　平安医疗知识图谱构架

卫生健康领域大数据和个人隐私保护是应用服务必须面对的问题，对健康医疗大数据进行保护的一种有效技术手段就是去隐私化处理。去隐私化也是现阶段医疗数据处理的基本环节，只有去隐私化后才能对医疗数据进行分析或者在研究层面上共享。在技术方面，隐私保护的研究领域主要介绍基于数据失真的技术。其中，基于数据失真的技术是未来医疗数据去隐私化的主要手段，它能够通过添加噪声等方法，使敏感数据失真但同时保持某些数据或数据属性不变，仍然可以保持某些统计方面的性质。其具体实现方式包括以下三种：随机化，即对原始数据加入随机噪声，然后发布经过扰动后的数据；对数据进行阻塞与凝聚，阻塞是指不发布某些特定数据的方法，凝聚是一种原始数据记录分组存储统计信息的方法；差分隐私保护，仅通过添加极少量的噪声便可达到高级别的隐私保护。将这些方法融合起来并加以利用，可以更加合理地保障个体的乃至公共的健康医疗大数据安全。

对健康医疗大数据进行有效的采集、存储、处理和分析，挖掘其潜在价值，将深刻地影响医学治疗手段和人类健康水平。健康医疗大数据的分析作为整条路径的最后环节，承担着将健康医疗大数据中既丰富又庞杂的信息进行提炼和升华的任务。也可以说，正是健康医疗大数据的分析连接了数据和人，让人们认识到大数据在人类健康和临床诊疗上的重要作用。针对健康医疗大数据的常用分析方法包括传统统计学中的分类、回归、聚类等方法，也包括数据之间的关联规则、特征分析以及深度学习、人工智能等分析方法。

8.4.2　智慧城市大数据开放共享平台

研究公共安全大数据平台，进行智慧城市大数据开放共享，在公共大数据服务中具有重要意义。

按云环境下大数据应用和智能化发展机制，构建面向智慧城市的大数据开放共享平台具有现实性。中科院孙傲冰、季统凯对面向智慧城市的大数据开放共享平台进行建设框架和服务结构归纳，所提出的基本框架和数据平台具有普遍性和功能实现的完整性。从整体上看，智慧城市大数据平台在可控云操作系统上搭建内网云、外网云、灾备云，形成智慧城市大数据开放共享环境；在应用上，构建大数据资源注册框架、大数据统一访问接口、大数据统一管理规划、大数据统一技术支持等，在数据资源层面上，构建政府公开信息大数据库、市政地理大数据库、市政服务大数据库以及城市安全与应急响应数据库。平台提供一个经过授权及验证的可信应用门户，发布经审核授权的服务应用，为政府服务和公共事务对象提供安全的应用下载，建立用户的应用评价机制。通过应用门户，平台提供围绕智慧城市的业务服务，包括城市公共服务职能、公共安全、环境治理等方面的大数据应用服务。从概念化设计出发，孙傲冰、季统凯所提出的智慧城市大数据开放共享平台框架如图 8-17 所示。

大数据平台在智慧城市云基础设施环境下，实现大数据统一管理，建设智慧城市公开大数据、市政地理数据库、市政服务和城市安全与灾备大数据库，设置智慧城市大数据安全访问接口，按授权完成面向不同场景和内容的数据抽取、清洗，存储、脱密、授信和访

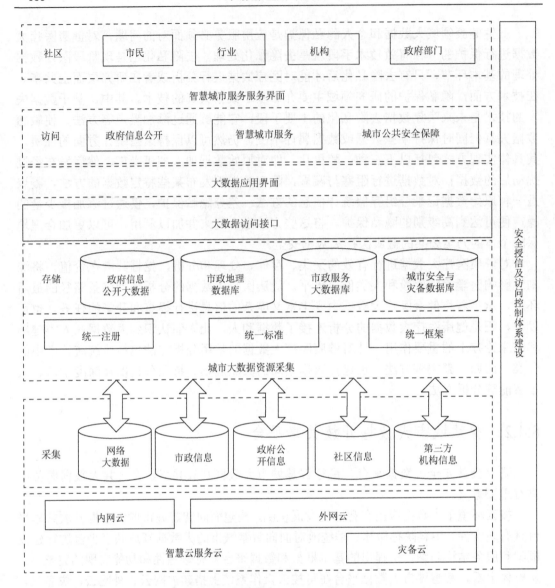

图 8-17　智慧城市大数据开放服务平台构建

问。通过大数据平台界面接口，面向大众、政府部门、社区、机构和个人进行调用。另外，智慧城市大数据应用发布、数据定制及评价也需要在统一界面上进行，以形成数据提供者、应用者及用户相互促进的大数据共建共享的平台效应。在孙傲冰、季统凯提出的通用框架下，智慧城市大数据开放共享平台服务如图 8-18 所示。

在智慧城市大数据平台应用中，政府公开信息可进行细粒度展示，在数据服务中可采用高效的数据源受众匹配算法，以改变目前的单向提供模式，基于应用实现用户能够参与公开的信息查询、跟踪；平台可以主动推送公开信息资源。根据国家关于政府信息公开的要求，可以围绕行政审批信息公开，服务信息公开促进公共企事业的发展。

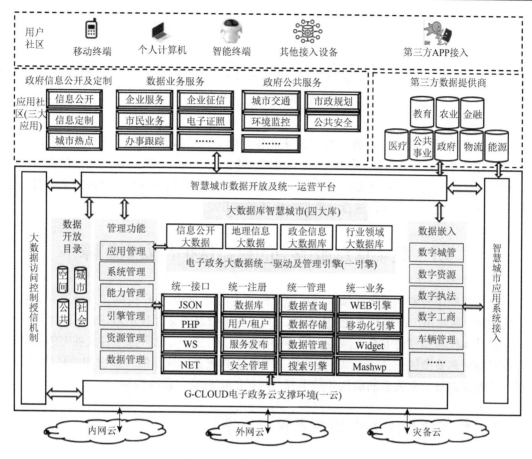

图 8-18　智慧城市大数据平台服务

　　利用大数据平台采集及存储的环保监测数据，可以将环保监测的地理位置与空间地理数据结合，实现精准化的环境数据展示。当发生自然灾害时，可以有效利用空间地理数据进行应急响应，从而将自然灾害带来的损失减少到最低。利用大数据平台存储的实时及历史环境数据，可以提供实时、历史环境数据查询及相关的数据服务。通过大数据挖掘工具可以分析环境变化趋势，对未来环境安全进行预判。2016 年 1 月，国家发改委办公厅印发了《关于组织实施促进大数据发展重大工程的通知》，提出建立完善公共数据开放制度和建立统一的公共数据共享开放平台体系要求，旨在优化公共资源配置和提升公共服务水平的要求。建立基础数据统一平台还在于推进部门信息共享，推动政务大数据的开放。政务大数据的开放可以有效提高政府工作效率、促进公共与行业服务的数字化发展。

　　智慧公共服务随着智慧城市建设、现代公共服务的需求驱动而处于深层次发展之中，基于大数据的智慧公共服务使得公共服务决策更科学、服务供给更精细、服务体系更科学、服务监管更有效。我国各级政府以智慧城市建设为基础，正积极推进教育、医疗卫生、社会保障、科技文化、环境保护、公共安全以及基础设施等领域的精准化公共服务的决策、供给和监管体系创新。

第9章 大数据应用与数字服务安全保障

大数据应用与数字信息服务的组织涉及各方面主体的基本权益以及网络与用户信息安全的各个方面,所以需要进行全面安全保障。基于这一现实,有必要从大数据应用与服务的权益保护出发,确立网络信息安全与服务融合机制,从权益保护、资源安全、服务链安全和安全责任管理出发,进行全面安全保障的实现。

9.1 数字信息服务中的权益保护与安全保障

大数据应用与数字服务必须以满足用户需求为前提,在为用户提供交互渠道和交互工具的同时,保障用户的信息接受和深层次利用。鉴于信息的交互作用效应,保障用户及相关方的基本权益和信息安全是服务组织的必要条件。可见,信息服务中有关各方的权益保障和网络信息安全保护至关重要。由于信息交流中有关各方权益的一致性和关联性,应着重于基本权益与安全关系的确认和基于权益维护的信息安全保障构架。

9.1.1 数字信息服务中的基本权益关系

数字信息服务的权益主体包括服务提供者、用户、服务管理部门及其他相关主体。同时,信息服务方与用户之间同样存在着资源交互关系。如何协调这些关系、确保各方的正当权益,直接决定信息交互的社会效应。

数字信息服务中各方权益的社会确认是开展服务业务和实施权益保护监督的依据,根据数字信息服务的社会组织机制和服务目标、任务与发展的社会定位,其权益分配必然围绕数字信息服务中各方面的主体进行,以此构成各方相互联系和制约的权益分配体系。

1. 数字信息服务提供者的基本权益

数字信息服务提供者,包括从事公益性和产业化信息服务的实体、提供者以实现信息服务的社会效益与经济效益为前提,通过用户交互信息需求的满足,实现面向用户的数字信息服务存在与发展价值。在这一前提下,数字信息服务的承担、提供者应具有组织用户交互和开展信息服务业务,以及获取效益的基本权利。按开展数字信息服务的基本条件和基本的权利分配关系,数字信息服务提供者的权益主要有如下三个方面。

(1)开展数字信息服务的资源利用权和技术享用权。大数据应用与服务中包括数据资源的开发、组织、加工、交流和提供等环节,虽然各种业务之间存在着一定的差异,但在数据资源的交互利用上却是共同的,必然以数字信息资源的有效利用为前提。因此,数字信息资源的利用必须作为服务提供者的基本业务权利加以保障。与此同时，在数字资源利用与信息传递、交流中，数字信息技术的充分利用是其中的关键，网络大数据服务必须以数字信息技术的享用为基础，因而，数字信息技术的享用是数字信息服务承担者和提供者的又一基本权益。

（2）数字信息服务提供者的产权。数字信息服务是一种专门化的社会活动，是社会行业中的一大部门。网络大数据服务业存在于社会行业之中的基本条件，是对其产业地位的社会认可和保护其产业主体的产权。数字信息服务的产权主要包括两个部分：其一是服务主体对数字服务产品和服务的所有权；其二是服务主体对所创造的数字服务技术产权。数字信息服务本身所具有的知识性与创造性决定了这两方面的产权的知识属性，可视为一种有别于其他活动的知识产权。

（3）数字信息服务的经营权。数字信息服务经营权是社会对服务提供者从事服务产业的法律认可，只有具备经营权服务才可能实现产业化。在知识经济与社会信息化发展中，数字信息服务产业的发展被视为社会发达程度的一个重要标志。可见，其经营权的认证具有十分重要的社会意义。另外，数字信息服务所提供的产品具有影响其他行业的作用，科学研究、企业经营、金融流通、文化等行业的存在与发展，以社会化数字信息服务的利用为基础，从这些行业经营需要上看，必须确认服务的经营权益。

2. 数字信息服务用户的基本权益

数字信息服务中，虽然用户的交互需求与利用状况不同，同类用户的信息需求也存在着一定的个性差异，但他们对服务享有、利用的基本权益却是一致的。各类用户均需通过服务利用，达到获取特定效益的目标。根据数字信息与用户的关联关系，信息交互中用户的基本权益可以按服务需求与交互环节来划分，归纳起来主要指用户对交互信息的利用权，通过服务获取效益的权利以及用户秘密的保护权等。

（1）用户对交互信息的利用权。根据信息交互的公益原则，用户对数字信息服务的利用是一种必要的社会权利，然而这种利用又以维护国家利益、社会安定和不损害他人利益为前提。因此，它是一种由交互范围所决定的服务利用权，以及在该范围内用户所具有的信息享有权。在确保国家利益和他人权益不受侵犯的前提下，用户对数字信息服务的利用以服务公平、开放化为基础。

（2）通过服务获取效益的权利。用户的信息交互需求与利用是以效益为前提的，是用户为实现某一目标所引发的一种服务利用行为，其服务效益必须得到保障。这里需要指出的是，用户对服务的利用效益不仅涉及服务本身，还由用户自身的素质、状况等因素决定，而且数字信息服务具有一定的不确定性。因此对"效益原则"的理解应是，排除用户自身因素和风险性因素外，用户通过服务获取效益的权利。

（3）用户隐私保护权利。用户利用数字信息服务的过程是一个特殊的交流过程，信息交互服务中，服务方必须通过与用户的交互才能提供符合用户认知需求的信息。在这一过程中，无论是用户提出的基本要求，还是服务方提供给用户的结果信息，都具有一定的排他性，如果泄露对用户造成不良影响，危害到用户隐私等方面的权利。可见，在交互服务中用户必须具有对其隐私的保护权，这种权利必须得到社会的认可。

3. 与数字信息服务有关的社会公众权利

数字信息服务是在一定社会环境下进行,它是一种在社会信息组织和约束基础上的规范服务,而不是无政府、无社会监督的随意性服务。数字信息服务以社会受益为原则,这意味着不仅接受服务的用户受益,而且国家、社会和公众利益也必须在服务中获得体现。任何一种服务,只要违背了社会和公众的利益,有损于他人,都是不可取的。社会和公众利益集中体现在,政府部门权力和他人权利的确认和保护上。

维护国家利益的权利。对国家利益的维护,政府部门和公众都有权利,只要某一项服务损害国家利益,政府和公众都有权制止。值得强调的是,在服务中国家利益的维护权与公众对国家和社会利益维护的权利形式是不同的,政府部门的权利主要是对服务的管制权、监督权、处理权等,而公众则是在法律范围内的舆论权、投诉权、制止权等。这两方面的权利集中起来,其基本作用是对国家利益与安全的维护、社会道德的维护、数字信息秩序维护以及社会公众根本权利保障等。

政府部门对数字信息服务业的调控、管理与监督权力。政府部门对数字信息服务业的调控、管理与监督,是服务业健康发展和社会与经济效益实现的保障,其调控包括行业结构调控、投入调控、资源调控等。其中对数字信息服务的监督则是政府部门强制性约束服务有关主体和客体的根本保证。政府部门的"权利"通过政府信息政策的颁布和执行,服务立法、司法、监督,以及通过行政手段进行服务管理来实现。

与数字信息服务有关的他人权利。数字信息服务提供者和用户的信息交互都必须以不损害第三方的正当利益为前提,否则这一服务必须制止。在交互式信息服务中,对针对第三方的不正当服务应当全面禁止。数字信息服务,如果从法律上、道德上违背了第三方的社会利益,势必导致严重的后果。在第三方利益保护中,一是应注意的是第三方正当权益的确认;二是确认中必须以基本的社会准则为依据。

9.1.2　数字信息服务中的权益保护与安全监督

数字信息服务中的权益涉及面广,其保护可以按服务者、用户、政府部门和公众等多方面的主体权益保护来组织。然而,这种组织由于其内容分散、主体多元,在实施保护与监督中难以有效控制。因此,应从数字信息服务各主体的权益关系和相互作用出发,在利用现有社会保障与监督体系对其实施保护的基础上,从整体上突出服务权益保护的基本方面与核心内容,以涉及社会方各方面的基本问题解决为前提,进行数字信息服务权益保护的组织。对于权益保护的实现,涉及服务权益保护的体系;对于问题的解决,应突出核心与重点。对此,可以通过保护、监督体系的加强来解决。

(1)数字信息服务产权保护与监督。数字信息服务产权保护以保护服务提供者的知识产权为主体,由于数字信息服务中存在着用户与服务者之间的数据交互和知识交流,同时受保护的还有涉及知识产权的数据所有权。如果用户受保护的知识产权信息一旦泄露给第三方,有可能受到产权侵害。在数字信息服务方和用户的知识产权保护中,用户的知识产权保护也是数字信息服务产权保护的一个重要组成部分。

数字信息服务产权保护的依据是知识产权法，对数字信息服务产权保护的内容主要有服务技术专利保护和有关数字产品的产权保护。此外，有关服务商标保护也可以沿用商标法的有关条款。然而，仅凭目前的知识产权法对信息服务产权进行保护是不够的，由于信息服务是一种创造性劳动，而针对用户需求开展的每项服务不可能都具备专利法、著作权法中规定的保护条件而受这些法律的保护，这说明，服务中著作权、专利权以外的创造性知识权益必须得到认可，所以存在着数字信息服务产权保护法律建设问题，即在现有法律环境和条件下完善信息服务产权保护法律，建立起保护体系。

从权益保护监督的角度看，数字信息服务产权保护与监督内容应扩展到信息服务者与用户对有关服务所拥有的一切知识权益。如果服务者和用户知识被第三方不适当占有，将造成当事方的损失或伤害，那么他们的知识权益必须受到保护，其保护应受监管。

（2）数字信息资源共享与保护的监督。数字信息资源共享与保护是一个问题的两个基本方面。一方面，面向公众的信息服务以信息资源的共享为基础，以社会化信息资源的有效开发和利用为目标，所以一定范围内的数字信息资源的社会共享，是充分发挥信息服务效能，最大程度的实现政府和公众信息保障的基本条件。另一方面，信息资源必须受到保护，其保护要点：一是保护信息资源免受污染，控制有害信息；二是控制信息服务范围之外的主体对有关信息资源的不适当占有和破坏。

对于数字信息资源共享，在信息化程度高的发达国家似乎更强调其社会基础，例如美国在信息服务组织中就存在自由法规，试图以打破对资源的垄断为目标，制定一整套有利于信息社会化存取、开发和利用的共享制度，并且以"信息自由"法规的形式规范信息资源共享的实施与监督。我国关于信息资源共享及其监督的法律有待进一步完善，从社会发展上看，目前需要解决的主要问题是建立共享和信息资源保护规范，在允许的范围内将共享监督纳入信息服务监督法律体系。

对于数字信息资源保护的监督，世界各国都予以了高度重视，其保护内容包括国家拥有的自然信息资源的保护、二次开发信息资源的保护、信息服务系统资源（包括信息传递与网络）保护、信息环境资源保护等。目前，在信息资源保护中，保护的监督问题比较突出，其监督体系的不完备和监督主体的分散性，直接影响到资源保护的有效性和信息服务优势的发挥。

（3）国家与公众安全保障监督。国家安全和公众利益的保障是信息服务社会化的一项基本要求。任何一项服务如果在局部上有益于用户，而在全局上有碍国家和公众，都是不可取的，应在社会范围内取缔。当前，在信息化深入发展中，各国愈来愈重视信息服务对国家和公众的影响，采取监督、控制措施，以确保国家和公众的根本利益。

国家与公众安全保障的内容包括：涉及国家安全的保密信息，国家信息资源及专有技术的信息保护，信息服务及其利用中的犯罪监控与惩处，社会公众信息利益的保护等。

国家安全与利益以及公众利益保障及其监督具有强制性的特点，其关键是法律法规的制定、执行与监督。在信息服务中如何按法律条款进行有效监督，以及针对数字化服务发展中可能出现的新问题，完善监督体系是信息服务监管的又一重点。

（4）用户信息安全保障与权益保护监督。用户在信息交互与服务利用中，如果缺乏基本的安全保障，其基本权益也就难以得到保护。由此可见，用户信息安全是其利用服务并获取相应效益的前提。从用户信息交互与服务利用关系上看，用户的隐私关注已成为其中的关键问题，如虚拟社区用户信息安全保障中，隐私保护已成为用户参与交互、利用服务中必须面对的现实问题。

虚拟社区作为用户获取数字信息的重要平台，平台信息传播的快捷性、开放性、再生性等特点，决定了个人、组织、机构很大程度上并不能自主决定其信息的传播时间以及传播方式，用户的个人信息、行为信息往往可能被网站或第三方通过跟踪技术或数据挖掘技术获取，因此增加了用户隐私信息泄露的风险。国家计算机网络应急技术处理协调中心发布的《2016 年中国互联网网络安全报告》中指出，由于互联网传统边界的消失和互联网黑色产业链的利益驱动，网站数据和个人信息泄露日益加剧，对政治、经济、社会的影响逐步加深，侵犯了个人隐私安全。移动网络环境下用户存在信息泄露问题。中国互联网信息中心发布的《2016 年中国手机网民网络安全状况报告》指出，手机用户隐私问题主要包括用户公开的信息被非法窃取、其安全漏洞造成用户个人信息被非法窃取、应用服务商被非法攻击。中国互联网协会发布的《中国网民权益保护调查报告（2020）》显示，网民对隐私权益的认可度远高于其他权益，2014 年87%的网民认为"隐私权"是用户最重要的权益，该比例 2015 年上涨至 90.5%，2017 年以后上涨至 92%以上，呈逐年上涨趋势，报告同时显示，个人信息泄露对网民造成经济损失、时间损失。

用户网络交互中，如果向用户提供各种在线服务，需要对用户信息进行收集，如果不法人员以非法手段对用户个人信息进行刻意采集，用户隐私信息泄露风险将进一步提高，从而引起了用户的普遍关注。因此虚拟社区用户隐私保护势在必行。从总体上看，目前隐私关注主要基于前因—隐私关注—结果关系的考虑，在隐私保护中，注重于用户的隐私关注对其信息行为的影响。以此出发，进行面向用户认知的隐私保护与安全保障。除隐私需求信息保护外，用户信息安全还包括用户在用户存储信息、身份信息、交互信息和服务信息安全保障，同时涉及知识产权安全。在保障用户信息安全的前提下，用户的信息安全与权益保护监督围绕用户认知环节和信息交互服务利用过程展开，目的在于通过服务安全监督，保障用户任务目标的实现和服务利用的有序，无论是公益性，还是产业化信息，其用户安全必须得到保障。

用户作为数字信息服务的对象，对服务过程最有发言权。用户的满意与否、安全保障程度如何，是影响数字信息服务提供与利用的关键。用户监督在信息服务中应发挥作用，用户监督是用户在使用信息服务整个过程中，对相关内容的合理、合法性给予一定的关注。数字信息服务的安全环境建立，旨在通过监管部门使其合法利益得到保障。

如何认知交互中的权益保护特殊性，合规处理数字信息服务权益保护监督中的矛盾是进行数字信息服务社会化管理的重要问题。数字信息服务中权益保护监督的矛盾，主要体现在以下几方面：数字信息服务中，权益保护监督体系尚不完备，因权益问题引发的纠纷较为普遍；大数据与智能环境下的交互服务，带来社会经济效益的同时，也出现了日益增多的纠纷，如交互中引起的权益冲突等。对这些问题的解决，应有一套行之有效的针对性办法。

如果对数字信息资源交互、分配与享有权益保护缺乏有效的监督，必然导致资源利用中的不合理，比如一些以营利为目的的服务实体往往不适当占有国家信息资源，使国家公众与用户利益受损。对这一现象，按照现有的监督办法，还不能从根本上解决。数字信息服务有关方的权益保护法规尚缺乏系统性，致使监督处于分散状态。信息服务权保护的法律依据是目前国家颁布的相关法律，其法律执行与监督主体还不明确，各部门依法进行权益保护的社会法律意识应得到进一步强化，以便确保社会监督的全面开展。

数字信息服务安全保障也必须接受公众的监督，因为信息交互服务必然涉及公众，其中的公众参与因而具有重要性。现代社会中公众舆论监督通过多种合规形式进行，公众舆论监督虽然不具有强制性，但却是一种极重要的监督形式，其表现为：公众舆论汇集了社会各个方面的意见，可以通过规范化的方式合规表达，从而引起全社会的关注。

针对以上存在的现实问题和数字信息服务业社会化发展的需要，考虑到国际信息化环境的要求，基于权益保护的信息安全监督，拟采用以下思路：在数字信息服务的社会监督体系中突出权益监督的内容，确立以基本权益保护为基础的全方位信息安全保障的实现；数字信息服务权益保护监督与安全保障必须以政府部门为主导，建立和完善权益保护与安全保障法律监督体制，明确法律主体与客体的基本关系；建立具有可操作性的数字信息服务权益监督与安全保障的社会体制，在实践中确立解决主要矛盾的基本原则，通过治理维护信息安全环境。

9.2　大数据资源的安全防御与保护

大数据控制作为数字信息整体安全中的数据保护环节，在于根据资源合规性上传及存储的数据安全进行防御，从而按来源及其他因素的影响实施同期控制，以形成存储内容的安全基础。由于大数据资源的来源广泛，其复杂的构成和影响决定了防御控制的必要性，特别是对于可能包含非授权使用的资源和合规性不明确的资源，需要适时鉴别和控制。在实现上，数字信息资源存储安全防御包括资源识别防御和同期控制的组织。

9.2.1　数字信息资源识别与合规处理

大数据时代不仅改变着数字信息资源数据的社会结构，而且改变着资源的组织方式。面对数字信息易复制和易传播的特性带来的来源广泛性，为保障所有相关者的权益，在大数据资源存储中应对非法侵权的资源进行严格管控，以此确定资源的来源合规和安全。针对数字信息的复杂性和存储上的分散性，需要在存储中对数字信息资源进行合规来源识别，继而进行及时处理，以防范由于不当存储和传播所造成的侵权。在数字信息资源开放共享和分布存储中，进行数字信息资源来源识别与同期合规处理的流程如图 9-1 所示。

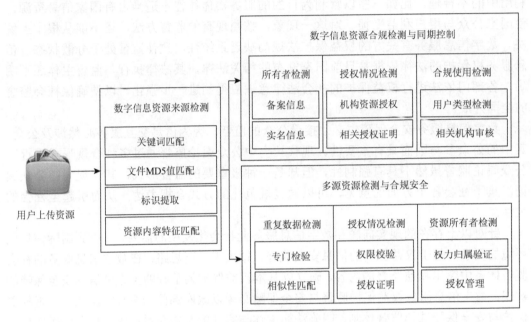

图 9-1　数字信息资源来源识别与同期合规处理

大数据开放存储中，上传的资源按其流转方式和权限，规定了资源传输和利用的渠道。对数字信息资源的识别，旨在明确其中的权益关系，通过来源标识的细化，进而确保其安全基础上的合规存储；另外，对于存储于云系统中的数字信息资源，通过检测及时发现存储中的侵权问题，以进行有效的合规处理。通常情况下服务主体对资源进行侵权识别时，应着重于以权限为依据的检测，鉴于存储资源形式和利用方式上的改变，需要在权益保护框架下进行组织。

同期控制是针对过程发生的偏差同步纠偏的控制，目的在于保障过程的安全。因此，存储数字信息资源来源的同期控制贯穿于资源存储的始终。数字信息资源来源同期控制应遵循分类控制的原则，对不同来源的授权采用不同的处理形式。

在数字信息资源存储中应对其进行权属所有者验证，当识别为自有版权资源时，允许上传存储，同时自主选择控制后续授权范围。对于权属所有者检测显示非版权上传时，进入授权库检测，以确认权限和用户合规获取资源的权限，在授权确认后予以存储安全保障。对于经审核准予存储的资源，拟明确资源上传权限；对于未获授权的情形实行存储权限控制；对于重复数据资源，进行存储拦截。

数字信息资源除各类文本以外，还包括诸多网络数据，资源的复杂来源和结构决定了对所属内容的合规保障。因此，有必要从内容识别上进行数字资源存储的内容同期控制。数字信息资源非合规内容识别包括三个环节：首先，运用数字识别技术对存储的非合规内容进行过滤，以滤掉所涉信息；其次，通过权限检测对非合规信息进行处理；最后，对拟上传的资源进行全面合规检测，保证内容的真实性。图 9-2 归纳了其实现流程。

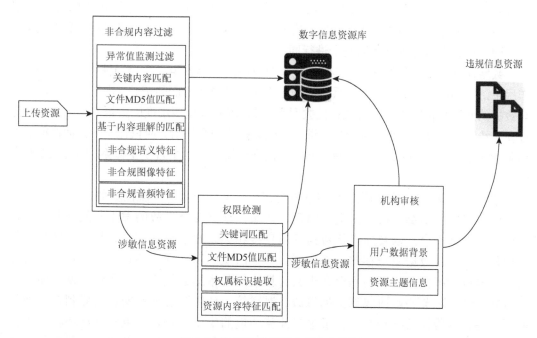

图 9-2　数字信息资源合规内容识别

非合规内容过滤中，利用信息识别技术对云端数字内容进行过滤，其过滤方法如异常值监测过滤、关键内容匹配等。此外，还可以通过基于内容理解的检测锁定违规信息源。总的来说，违规不良信息检测可能需要通过数字信息资源内容的敏感特征来识别，例如对于敏感图像资源的过滤就是如此。对涉嫌违规数字信息资源进行过滤处理，应保证过滤的准确性。另外，对于合规资源检测涉及的所属机构，可以进一步在机构内进行合规验证。

依据《互联网信息服务管理办法》等相关规定，在数字信息资源存储中，除需要识别不合规定的资源外，还需要对包含这些内容的来源进行管控。因此，大数据云存储中也需要进行针对非合规资源的同期控制。目前，通常的控制内容围绕资源的合规管控展开，包括禁止非规信息的传播和使用等。

在数字信息资源存储的合规控制中，对于检测结果为违规的信息，拟可在过滤阶段将其归入涉嫌违规信息集合。为保证信息的完整性，对集合中可能存在的误判，在此阶段不宜简单地采用删除控制手段；当该涉嫌违规数字信息资源集合通过下一步检测后，其涉嫌违规资源仍为误判时，可在这一阶段采取删除措施。因此，对涉嫌违规数字信息资源集合的锁定控制需要相关机关的协同配合。其中，对于判定为违规数字信息资源的留存取证，可结合资源删除处理来进行。

9.2.2　数据安全防御与同期控制

在数字信息资源来源与内容合规识别与过滤的基础上,数字信息资源存储的全面安全防御和同期控制处于重要位置。数字信息资源内容层面上安全问题的全面解决,还需要针对环境风险和系统风险进行有效控制。从内容上看,拟在纵深防御系统中进行数据安全防御,同时对数字信息资源数据安全进行同期控制。

数字信息资源因其特殊性,其存储环境对资源的存储安全具有全局性的影响,在环境作用下,存储的资源和所依据的系统或平台均受到来自多方面的威胁。由于数据资源存储与数据的开发和传输利用具有直接的关联性,所以需要构建多维度的数据安全纵深系统进行安全协防。从分层安全保障上看,进行资源数据的安全防御,应依托于从外而内的层级化防御体系,即按数据的存储管理层次构建面向环境安全的平台安全体系,同时在全流程中加以防御。

数字信息资源存储数据安全防御包括层级化、面向对象和全流程防御。

(1)层级化防御。按数据交互的逻辑关系,存储安全事故的发生与网络硬、软件设施、云存储平台,以及虚拟化数据环境直接相关。通信设备硬件、数据存储与计算软硬件安全,是数据安全存储的基础层,一旦出现问题其安全存在不可逆性,这就需要从底层进行把控。云存储平台介于云计算网络与本地系统之间,负责数据存储交互与协同,这一环节的威胁包括数据篡改、泄露等,需要针对平台安全边界制定有效的控制策略,以监控数据异常。基于虚拟计算环境的安全防护,重点是进行环境与平台的整体保护,实现拒绝攻击及其变种威胁的防控目标。从三方的关系看,层级保障具有全局性。

(2)面向对象防御。存储数据的安全防御围绕安全保障客体展开,按保障对象划分,包括存储平台物理资源层和存储抽象与控制层中的设施、架构支持和操作。从数字信息资源数据上看,平台物理资源层作为基础层的防御直接关系到数据的存储操作安全,与数据存储关系最为紧密。针对这一环节的保障需要强调物理安全措施,同时确立基于平台的数据规则。云平台存储控制是在平台基础上构建的操作逻辑层,在实现数据处理和存储资源的调度与分配上,针对平台存储安全需要进行合规调度规范与协议制定,构建存储安全防御体系。对于数字信息资源系统与数据层所遭受的破坏,防范措施主要针对数据内容与软件安全威胁来组织,其中的安全对象具有全局性的重要地位。因此需要部署具有针对性的防御策略。

(3)全流程防御。按数字信息资源存储安全风险的发生机制,防御需要从根本上进行保障,其流程包括数字信息资源安全保护监测、信息存储安全预警与响应、数字信息资源存储恢复等。基于流程安全的机制构建作为全流程防御的核心,是保障存储数据安全的基础。根据基本环节,拟从数字信息资源的安全保障需求出发,确立面向内部的安全保障体系,完善数字信息资源存储安全预警与响应机制,同时对存在的外部和内部风险进行管控,适时控制安全风险的影响范围。

根据数字资源存储安全保障的基本原则,需要对平台及存储资源进行基于安全需求的同期控制。在同期控制中,建立合理的安全风险响应体系,以完善体系化的资源存储安全保障措施。

在系统实现中,动态预警和响应是数字信息资源存储安全保障运行中需要面对的现实问题,只有预警和响应有效,才能防范安全风险的扩散和影响。在动态预警实施中,风险数据获取、检测和风险处理作为一个完整的过程而存在。其中:数据获取是针对系统的边界风险进行实时监控,当存储系统出现异常时,及时响应和处理,以维持系统正常状态;当系统恢复正常时,也需要根据安全等级要求进行安全数据的监测。数据预处理作为入侵检测和响应环节,用于识别风险数据和所进行的规范化处理,在排除干扰数据的前提下,提取数据特征并进行特征转换。入侵检测在于利用预处理的数据进一步分析时序影响,依据历史数据进行的异常测试分析,在风险控制的框架下形成预警响应提示。在资源存储安全风险管控中,根据入侵检测进行响应是同期控制的最终环节:如果风险为频发,应采用自动响应预案;如果响应无法及时应对,则使用人工响应,将安全影响降至最低。其中的原则是以数据内容的安全为前提,实时启动容灾响应。

9.2.3　面向存储资源及其存储过程的容灾防护

存储数字资源容灾是信息资源存储安全的最后保障手段,在存储资源与资源服务系统容灾中,应根据不同的目的和云环境下的数字资源存储方式,设计相应的存储容灾方案。对于数字信息资源存储来说,其容灾目的,一是保障数字信息资源的长期保存和利用的延续性,二是保障存储资源的可恢复性和完整性。

为保障数字信息资源存储系统的灾害防范,需要从以下方面的要素着手进行数据备份支持和设施备用,旨在进行备份系统运行所需的系统运行保障、备用技术支持和恢复系统的运行保障。其中,运行维护管理包括:运行系统管理、环境和安全管理;灾难恢复处理等。以上环节具有相互关联的关系,相对于要素资源的分散配置,云存储平台可以提供备灾所需要的设施、技术和管理支持,容灾过程中只需要进行有效的调度便可以实现备灾资源的快速配置。同时,云存储平台基础设施的安全性也可以得到充分保障。

就安全性而言,不同云服务环境下的分散存储数字资源,由于实现了数据隔离,所以具有较高安全性和容灾能力。因此不但可以应对系统攻击导致的安全事故,而且可以应对平台受到攻击导致的安全危机。对于不可抗力因素导致的安全事故,不同云存储模式的安全性相近,都可以自行应对。对于在数据中心平台存储的资源安全容灾,则同时需要外部的支持。另外,可互操作的云存储资源容灾需要进行平台之间的合作,构建一体化的灾害控制体系。

在备灾机制选择中,除了需要考虑安全性外,还应面对现实的可行性。数字信息资源属于重要的基础性资源,如果因灾害和攻击而引发大规模数据损坏或丢失,必然带来灾难性后果。对此,应将其纳入社会化容灾体系,从根本上进行数据安全保障。在大数据与云计算环境下,这一问题的产生,使数字信息资源的可生存性面临体系上的挑战。面向数字信息资源可生存性的容灾理应在整体安全上进行全局性安排。从体系上看，云环境下大数据资源存储容灾应采取以机构为责任主体的实施机制。数字信息资源存储容灾应跨越云平台进行统一部署，这样可以避免单一主体安全事故对资源恢复的影响。

数字信息资源可生存性容灾组织体系，与共建共享的信息资源系统同构，其容灾结构不仅需要适应整体容灾恢复的需要，而且需要支持云存储资源的容灾管理。这种全局性容灾目标是保障大数据资源的可生存性恢复，在备份中可采用不同的方式：完全备份是对整个资源系统存储的完整备份，所备资源（包括数据、软件等）应不存在遗漏；增量备份是一个连续过程，每次备份只限于相对于前次的增量部分，其他部分则涵盖在前次部分中，所以是一种动态的备份；差分备份，是每次备份的数据相对于完全备份后补充和修改的数据备份。这三种模式的优势和问题如表 9-1 所示。

表 9-1　完全备份、增量备份、差分备份比较

参量＼类型	完全备份	增量备份	差分备份
备份所需时间	耗时最长	耗时最短	耗时较短
操作复杂性	复杂性最低	复杂性较低	复杂性较低
备份数据量	数据量最大	数据量较小	数据量较大
数据恢复难度	恢复最易	恢复较难	恢复较易
恢复所需时间	恢复最快	恢复较慢	恢复较快

在备份选择中，数字信息资源主体基本上都是从各自的资源系统结构出发，寻求与之相适应的存储资源容灾备份方式。我国的大数据资源存储容灾备份，在大规模重要资源上采用的是完全备份方式。其中：机构资源容灾备份中的增量备份方式采用比较普遍，而差分备份更多地应用于动态性强的平台资源存储容灾备份之中。对于基于云平台的存储资源容灾备份而言，三种方式可以根据情况进行选择。一般来说，完全备份比较适合于复杂性不高、数据量大、恢复快的场景；增量备份适用于复杂性较低、数据量相对较小，但恢复难度较大的场景；差分备份则适用于复杂性不高、数据量较大、恢复较易的场景。

容灾所进行的系统恢复，操作顺序是硬件故障排除、操作系统恢复、应用系统启动、开启备份数据。其中，在存储数据恢复中，需要在应用系统和备份数据应用上，结合业务设定恢复的优先级。一般而言，基础性数据资源恢复的优先级较高，而资源深度利用拟安排在较低级别上。对资源容灾来说，时效性越强的优先级越高。在具体的优先级设置上，可以结合信息生命周期进行考虑。

对于数字信息资源存储而言，一旦出现损毁性灾难，则应在备份基础上，进一步进行全方位的容灾安全保障。在实施中：一方面采取影响管控措施，防止资源破坏影响的扩散；另一方面利用容灾备份技术，保障资源存储能够得到恢复。

云环境下，存储数据的安全和云平台的持续使用安全直接关系到数字信息资源全面安全。对此，亚马逊、微软等在提供的云服务中部署云容灾备份方案，以此提升云存储与云应用服务的安全性。按容灾保护对象的不同，云环境下的数字信息资源存储容灾保护可以分为云存储数据容灾和云数据应用容灾。

（1）云存储数据容灾。云存储数据容灾通常采用的办法是构建数据备份中心，由中心专门实现存储数据的保护，以应对云存储数据受到灾害破坏而不可恢复的情况发生。当云存储安全中心系统遭受灾难而数据被破坏时，便可以及时启用云数据备份系统，通过容灾防护来保障云存储中心数据的恢复。云数据容灾所采取的方式是数据异地备份，针对云备份中心的数据在调用上可能存在的延时问题，应在相应时段内进行备份数据的可用性和一致性保证。通过云备份中心的备份数据，云服务提供商便可以较迅速地恢复云平台服务，从而将灾难所带来的损失减到最低。

（2）云数据应用容灾。云数据应用备份是对数据存储应用软件系统的备份，其目的是，通过云应用备用系统，在云应用系统遭到灾害毁坏时迅速将应用切换到备用系统上，以保障云环境下数据应用服务的可用性。在容灾过程中，虽然全方位的云应用系统容灾能很好地保障云数据应用服务持续可用性，但由于构建多中心云应用服务系统成本限制，所以云应用容灾方案应进行结构上的优化。

按照存储中心和容灾备份中心的物理距离，其容灾备份可以分为同城容灾备份和异地容灾备份。实施中，同城存储中心和容灾备份中心处于一个地域，优势在于可以进行数据的同步传输，较好地保证数据的完整性和连续可用性，缺陷是如果出现地域内的自然灾害，对灾难的防范能力有限。异地存储中心和容灾备份中心处于不同的地理位置，优势在于对于自然灾害风险的防范能力强，缺陷在于两个中心之间的数据传输受到一定影响，可能出现数据丢失或传输中断等情况。由此可见，同城容灾备份和异地容灾备份各有其优势和缺陷。对此，需要跨域构建云计算数据中心，从而达到更为理想的灾难恢复效果。

按数据存储容灾恢复安全保障的内容，容灾数据中心可以分为数据容灾和应用容灾两种类型的容灾系统。其中：数据容灾主要针对存储数据进行保障，面对灾难发生时的云服务系统数据受损，访问被终止的情况，安全保障围绕数据完整性和可用性恢复展开。应用容灾的重点在于保障平台系统提供的数据服务完整，面对灾害破坏、围绕数据存储服务环节展开，以恢复数据处理的可靠和安全，从而恢复数据服务功能。在云环境下，数据容灾和应用容灾相互补充，在功能实现上成为一体。在实际应用中，如果系统存储数据备份完整且具有自动备份功能和容灾功能，那么可以采用应用容灾方式；另一种情况是，如果应用系统的容灾恢复在云平台中可以进行，那么可直接采用数据容灾方式。

容灾备份与云存储系统具有有机联系，旨在为云存储系统提供相应的数据保护和恢复保障。容灾备份与云存储系统相互补充，协同完成业务的连续运行和服务的持续任务。云存储系统的容灾备份建设，可以采用如图9-3所示的不同模式。

如图9-3所示，"两地三中心"模式是指在同城建立两个可以独立运行的信息资源存储中心，这两个相对独立的中心通过高速链路实行数据同步；正常情况下可以分担业务流量，同时可以切换运行；灾害情况下，两个中心之间可以进行容灾备份应急切换，在数据保存完整的前提下保证业务系统连续运行。在这一基础上，为提高应对自然灾难的能力，可以在异地建立一个容灾备份中心，专门为容灾服务。异地中心采用异步复制模式，进行远距离操作。当同城中心同时出现故障时，异地容灾备份中心可启用备份数据，进行全面业务恢复。

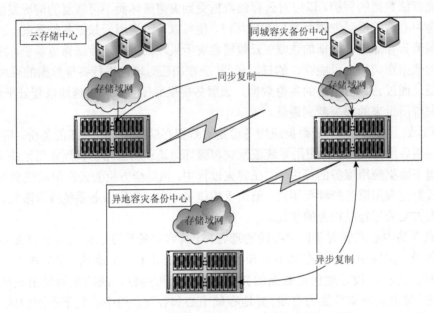

图 9-3　大数据资源云存储容灾备份系统建设示意图

　　云数据中心存储的信息具有完整性和持续使用性，因此其灾难备份与恢复应该全面支持整个系统的恢复。云数据中心存储资源的虚拟化服务架构，决定了与传统方式截然不同的容灾恢复过程。这一场景下，操作系统、应用程序、存储配置文件和用户数据都被封装在虚拟服务器中，由于具有硬件独立性，所以易于数据复制或在异地数据中心主机中进行备份。从这一逻辑关系出发，数字信息资源云容灾数据备份可以依托数据的多副本存储管理，由此进行恢复。云环境下存储数据容灾恢复中的数据存储管理、多副本技术、数据复制和容灾恢复检测处于重要位置，这几个方面的组织实施和作用可以作如下概括。

　　（1）数据存储管理。云环境下的数字信息资源数据存储管理，是指在运行中对云数据归档、备份和恢复等环节的管理。数据存储管理涵盖了数据保存和安全管理的全过程，其中容灾过程中的安全管理围绕灾前的数据备份、数据损坏恢复以及容灾切换、安全监测和维护进行。作为云容灾重要组成部分的数据备份，是为了应对由于灾难引发的数据损坏、丢失和系统瘫痪，当预警到物理灾害威胁时，实时将数据传输到预定的存储介质中进行保存，以保障存储数据的可备用性。从管理角度看，复制后的数据移动还必须进行归档存留，完成归档后及时实现存储系统的切换。

　　（2）多副本技术应用。多副本技术的应用在于，在多个节点上进行数据存储备份；一旦某个节点出现安全问题，其他节点中的数据自然存在并可用。多副本技术的应用受系统负载、存储效率和副本本身的影响，云计算环境下多副本技术的应用，需要根据云计算的具体应用环境进行组织。云环境下，创建副本的数量和节点分布，应考虑具体环境影响和用户需求特征。基于应用的副本创建，可以在不同用户的需求环境下进行部署，以控制灾害的影响。因此，学术信息资源云容灾应采用多副本创建策略，全面考虑安全性，数据效率和网络分布结构，从中寻求最佳的方案。

（3）存储数据复制技术。存储数据复制在容灾中用以支持分布式应用，与数据备份相比，具有容灾恢复快、实时和使用灵活的特点。数据复制按时序特征分为同步复制和异步复制。同步复制的数据在多个节点上同时复制同一数据，即保持所有节点上数据的一致性，如果有变化，那么所有节点上的数据将同步变化。异步复制是一种差时复制，复制的时间节点并不一致，而是根据节点情况进行安排。这说明，节点上的数据并不在某一个时间点完全一致。按复制结果，可安排主机层数据复制、存储层数据复制和交换层数据复制。主机层数据复制可以在主机上复制或通过远程复制来实现。存储层数据复制通过系统存储器 I/O 操作，在存储系统中实现，以保障数据可用性和一致性。交换层数据复制则是利用网络存储交换功能，实现应用系统之间的数据复制。

（4）容灾恢复检测。灾害发生时的数据丢失是必须面对的安全威胁。为了防止灾害对于云存储数据的破坏，容灾系统应具备灾害预警和容灾恢复检测功能，以便及时响应，实现数据切换，以减少对云端数据的影响。在灾害预警中，可以将周期间隔检测信号，按一定的时间间隔发送至云数据存储中心系统，通过对实时返回信号的分析，监测系统的容灾恢复状态。容灾恢复中，涉及磁盘故障的容灾检测，在于避免因磁盘故障导致的数据恢复受阻，从而更好地保障云存储容灾的可靠性。通过数据监测分析，可以进行恢复过程控制，保障存储系统部件状态的安全。

存储区域网络（storage area network，SAN）在数据容灾中具有快速响应的优势。SAN 结构中，由于数据存储管理集中在 SAN 内，所以可以进行有序化的数据交换和高效的数据传输。SAN 优势还在于数据的共享优化和系统的无缝连接，可以较好地适应云计算容灾备份技术的发展环境。采用 SAN 的容灾备份技术，数据存储中心可提供多站点的应用，使之能够快速的进行系统切换，同时通过检测迅速寻找恢复点，使事件结束后返回正常状态。另外，文件层和系统层容灾恢复的实现，确保了容灾恢复的系统结构序化，从而可以更好地调整系统状态，为恢复系统的性能提供保障。同时，对于关键的应用程序和服务器，在容灾恢复中可得到更为优先的考虑，有助于减少灾难损失。

9.3　数字信息资源服务链安全信任管理

大数据云环境下的数字信息资源服务链节点组织之间信任关系的确立，是服务链安全运行的重要基础。因此，有必要从服务链安全角度进行节点中实体组织的信任管理。在信任与安全管理体系中，安全关系的确立、基于信息安全的服务链信任认证和基于可信第三方的安全监管，是其中必须面对的关键性问题。

9.3.1　数字信息资源服务链中的安全信任关系

信任作为社会活动中的基本准则和要求,已形成了多个层面的规范。随着信息化时代社会交往范围的扩展和交互依赖程度的提高,其信任关系的建立至关重要。对于云环境下的数字信息服务组织,服务链节点组织之间的安全承诺和信任,是服务安全的基本要素。

在数字信息资源服务链管理与服务组织中,信任被视为是服务链组织之间的合作基础。服务链成员之间以及服务链同用户的相互信任,既是服务链运行的需要,也是服务链安全保障和各方权益维护的需要。在信任关系建立和作用上,Jøsang 等提出了在证据空间和观念空间中描述和确认信任关系的逻辑信任模型。开放环境下,信任来源于主体之间过去交互的经验积累和相互认知。社会网络环境下其经验积累和认知必然受各方面因素的影响,从而形成了一种社会作用层面上的信任描述和基本信任关系的确立。对于数字信息资源服务链而言,只有明确了各节点组织和用户的交互信任值,才能形成基本的合作信任关系,从而进行可信各方的基于服务链的安全合作。由于信任值在一定程度上难以准确测定,可考虑采用模糊方法进行可信度量。

对于大数据环境下数字信息资源服务链全面安全信任关系的确立,需要对各关联方的信任度进行确认,以明确安全信任的基准。鉴于信任基准上存在的模糊性,可采用模糊推理方式进行判断。在应用上模糊推理可分为模糊识别、模糊推理和模糊处理三个步骤。在实际数据的基础上,按信任影响因素的隶属关系,利用隶属函数将评判结果归入相应的模糊集合中,继而根据数据推测其可信度。与此同时,也可以利用灰色系统理论,进行服务链安全信任关系分析和确认,其要点是利用灰色聚类计算出实体所属的信任等级。从实践上看,模糊分析和灰色聚类在信息资源服务链信任关系分析中具有应用上的拓展性。

云计算环境下,数字信息资源服务链和用户管理是开放的、分布式的,而不再限于封闭式可控管理方式的采用。随着云服务的发展,国内外围绕云计算环境的信任模型进行了不同层面的研究。在信任关系的构建上,明确了数字信息资源服务链包含的最终用户、服务提供商和数据拥有者这三类信任主体,定义了三者的形式化描述过程。在这一基本共识的基础上,所采用的信任生成树的云服务组织方法具有代表性。在信任关系分析中,通过信任树将服务提供者与请求者的交互行为进行了过程描述,从而使其客观上映射出相互信任关系。通过信任关系分析,可以明确主体间的可信度级别,从而为按可信等级的云服务链构建提供依据。按基于信任关系的数字信息资源服务链管理模式,其不安全服务将排除在信任生成树之外,从而确保了服务组合在可信场景中运行。另外,基于证据的云计算信任模型,适用于数据完整的信任关系和实时安全管控。

大数据云环境下数字信息资源服务链关系具有以下特点。

(1)信任的关联性。大数据云环境下数字信息资源服务链中的节点组织并非孤立存在,而是具有相互关联的关系,例如,如果数字资源库技术支持方在技术的安全使用上缺乏应有的信任，必然影响到数据库安全，即使数据库供应方信任度很高，也会对数据库购买和使用方造成安全影响，从而导致服务承诺无法履行。基于这一现实，信任关联风险必须面对。

（2）信任的动态性。开放服务中，数字信息资源服务链信任必然受业务环节变化的影响，服务链上的组织即使没有改变，信任同样会随着组织实体的外部作用的变化而改变。其重要原因是一些不可抗拒的风险出现，使得服务链中的实体出现违约情况。然而，从信任管理上看，应区别主观和客观两个方面，从实体组织信任与信任风险两个方面出发进行基于信任关系的风险管理。另外，在信任关系处理上将信任值作为一段时间内保持不变的特征值对待，这将有利于服务提供方提供安全可靠的服务。

（3）信任的多重属性。数字信息资源服务链中信任关系的形成受多重因素的影响，其中起决定性作用的是实体组织的服务理念、管理模式和运行实力。如果仅从单一属性出发进行认识，将无法客观地确认关联方的信任状态。因此，云环境下服务链节点组织之间的基于诚信的行为及能力也是其重要指标的反映。所以，对服务链实体组织的信任关系确定必须综合考虑多重因素的综合影响。

（4）信任的多层次。云环境下，数字信息资源服务链实体组织信任关系存在着多层次问题，如果仅限于从总体上确定信任关系，有可能缺失其关键内容。因此，拟从服务链结构层次出发，进行基于服务运行关联关系的信任认证，推行信任等级管理。值得指出的是，云服务信任等级的层次与服务链结构层次具有对应关系，所以可以从服务组织层次出发进行信任多层次管理。

针对数字信息资源服务链信任关系的特点，可以从信任的描述、信任关系认证和信任进化入手构建信任管理模型，其基本的模型原理如图 9-4 所示。

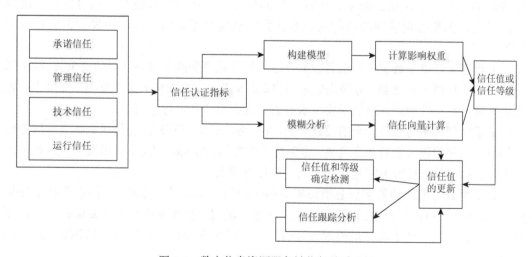

图 9-4　数字信息资源服务链信任关系分析

如图 9-4 所示，数字信息资源服务链主体组织信任关系的确立具有以下基本环节。
（1）信任认证指标。对数字信息资源服务链节点组织信任关系的确定，拟在多个层面上进行，其描述包括承诺信任（信息服务与安全承诺）、管理信任、技术信任和运行信任。信任数据来源于实体组织的服务等级、技术资格认证、国家安全部门的认证证据，以及服务运行的数据记录。

（2）信任值或信任等级计算。通过对数字信息资源服务链节点组织的信任证据和数据分析，按所构建的层次结构确定信任证据和数据权值，在信任认证指标体系中，利用模糊分析方法计算信任矩阵向量，以此为基础进行信任值计算，按信任等级标准形成信任认证结果。

（3）信任值的更新。信任关系的进化过程是一个不断提升信任等级，提高信任水平的过程。在信任关系分析与确认基础上，通过对结果的检验和信任关系的跟踪分析，寻求提升信任水准的途径，从而为服务链高效、安全运行提供信任管理上的支持。

9.3.2　基于信息安全的服务链信任认证与保障

基于数字信息资源机构为核心的服务链节点组织信任关系的建立，是以基本的诚信要求作保证。在服务组织与安全保障中，有必要通过相关数据的分析进行信任认证，以便按信任等级的要求，进行基于信任关系的服务及其安全保障实现。

基于模糊集合的信任层次分析，对数字信息资源服务链节点实体的综合信任认证具有可行性。层次分析方法对节点中实体组织的信任证据数据进行组合权重计算，通过模糊定量比较，可以完成对服务链有关各方信任度的综合比较。在比较基础上，即可根据现实的服务规范和安全保障要求，形成易于判断的安全信任等级，实现按信任级别进行服务链管理的目标。

考虑到数字信息资源服务链按需构建的特点，拟根据节点实体交互的合规性进行服务链实体的可信认证。如果供应商提供的资源与服务规范程度高，则可信度评级也高，反之，如果出现非规失信行为，则认为节点实体不可信。以此出发对其进行相应的管控。

大数据云环境下数字资源服务链节点组织信任认证和基于信任认证的安全管理，可以设置相应的级别（0～5级，0级为完全不信任，5级为完全信任）进行管控。原则上，根据需要确定相应的规则，对低于安全水准的信任等级实体进行惩罚。

鉴于信任关系与服务安全的关联关系，在服务组织中应根据信任等级机制进行服务链行为的管控和信任关系的动态监测；在保持信任关系稳定的基础上，对引发信任危机的因素进行管控，从而使服务链运行在较高的信任等级上。

大数据云环境下的数字信息资源服务链中的内容服务具有虚拟性，所以存在信任风险，特殊情况下有可能引发信任危机。面对这一现实，有必要进行资源云服务的信任评估，以便在评估基础上有针对性地改善有关各方的信任关系，从而达到服务安全运行的目的。

云环境下数字信息资源服务链中的节点实体组织信任认证，将服务的正常运行和整体安全保障结合成为一体。信任评估基础上的服务链综合认证，将信任影响要素和安全合规要素集成为一体，其指标体系如图9-5所示。

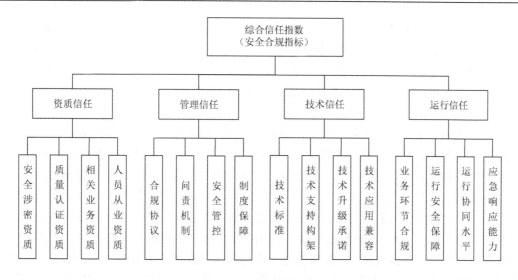

图 9-5　数字信息资源服务链节点信任认证体系

如图 9-5 所示，服务链节点综合信任指数从整体上显示了节点的信任程度。从总体上看，资质的完整性和等级是影响主体公信力的重要关联指标；组织管理上的合规协议、问责机制、安全管控和制度保障关系到安全服务的落实；所采用技术标准、技术支持构架、兼容性和升级承诺决定了技术信息化的水准；服务运行准则要素则包括了业务环节合规、运行安全保障、运行协同水平和应急响应能力的可信性。在服务链节点组织信任认证中，可以按指标体系的层次结构进行信任评估，按实际要求设置相应的等级准则。

在服务链节点组织信任认证中，服务提供方的信任证据作为评估依据，应涵盖信息认证的整个指标体系，具体实施中，可按统一规则将证据转化为数字形式，以方便评估数据的采集和处理。在数字信息资源服务链信任数值的计算上，由于证据形式的多样性，为了便于计算，需要进行证据数据的规范处理，使其最终转化为无量纲数据或等级数据，最后落入一个特定的区间，如 0-5 或 0.0～1.0 等，这样，最终将形成信任等级指数。

证据数据的相对权重的计算，由信任指标体系中各项因素的重要性决定，其权重安排可以通过德尔菲法来选择。在信任模型的基础上，可通过成对比较确定各因素的重要性，建立矩阵，然后采用权重求解方法计算各层次因素的相对权重，最后进行综合归纳。

通过数字信息资源服务链节点信任认证：一是可以确定服务链各环节的信任等级水平；二是可以找出各环节中影响信任水准的因素。据此，可以提出针对性的提高信任等级水平的方案，或优选服务链节点实体组织，以便通过信任关系的改善提升服务链安全保障水准。

9.3.3　数字信息资源服务链安全保障中的可信第三方监督

数字信息资源服务链中的信息资源提供方、云服务提供商、数字信息服务机构、其他服务方和用户，既有协同安全保障的责任，又有各自的需求和相互之间的交互合作需求。然而在服务过程中，各主体参与服务链所关注的侧重点存在差异，在安全环节上负有各自的责任，除服务链节点衔接上通过协议相互支持和约束外，还需要在安全保障的整体化组织中进行全面监管。在安全服务组织上，其全面监督以数字信息资源机构为核心是可行的，但由于服务链延伸中多元安全保障的复杂性和动态性，有必要引进可信第三方监督机制。

在实践中，服务链中的各相关方，如云服务商，为了保证持续可靠的服务，必然采取相应的安全保障技术和策略。这些技术和策略既有应用上的共同点，又存在着架构和实现上的差异。如果数字信息资源服务链中采用了多个供应商的云服务或不同的数据库产品，其运行和安全保障规范难以在一个基准线上实现，即各自的缺陷有可能导致新的安全问题。不同云服务提供商采用的服务安全保障措施往往突出某一方面应用问题的解决，而云计算下数字信息服务机构的云资源控制权有限，安全技术的采用和策略制定则更多地依赖于服务提供商。这一情况说明，云服务提供商的独立性致使安全监管的难度加大。基于可信第三方的信息服务链及节点监督方式的采用正是为了有效解决多元主体参与的安全监管问题，其监管的基点是监督方所具备的可信资质和公信力。基于可信第三方的信息资源服务安全监管，突出多元主体参与下的信息资源服务链节点和服务过程监督，按可信第三方监督准则，实施服务安全的全面监督与报告。

数字信息资源服务的第三方可信监督在于，实时发现问题，及时向学术信息服务机构反馈监测结果，督促云及资源服务提供商采取合规安全措施，从根本上防止服务提供商逃避安全保障责任，从而提高数字信息资源服务链的安全性水平。基于可信第三方的服务监督方式的采用，还必须结合服务链环境和组织特征进行，同时遵循以下原则。

（1）系统性原则。可信第三方数字信息资源服务的监督实施，需要根据服务链节点组织的关联关系和安全要素关系，进行全系统监督，避免面向单一对象的分散安全监管中的不协调情况发生。同时，应结合云计算的发展和应用，与社会化安全保障同步。可信第三方监督中的要素系统应该完整，以确保服务链运行的稳定性和可靠性。

（2）可检验原则。数字信息资源服务的可信第三方监督目标明确、内容具体，在实施上突出安全数据的合规采集和安全隐患的监测与排除，所以需要结合学术信息资源服务环节，进行节点安全检验和评估，提供可检验的具体标准。

（3）可扩展原则。云环境下数字信息资源服务链的开放性和服务的共享性，使服务链与服务安全保障的边界逐渐扩大，从而提出了可扩展安全保障监管问题。在这一前提下，数字信息资源服务的可信第三方监督模式设计也应考虑其扩展性。在大数据和智能网络不断发展的情况下，完善第三方监督扩展机制。

数字信息资源服务链安全保障中的可信第三方监督的优势在于，可信第三方作为专业机构的数据分析和技术保障能力。云计算环境下，面向服务链环节的安全监督只有在过程数据分析的基础上，才能有效发现安全运行问题，从而采取针对性的安全保障对策及时应对风险。由此可见，可信第三方服务监督，可以进一步从数字信息资源服务链安全监督层面，扩展到国家数字信息资源服务安全保障层面。

基于可信第三方的数字信息资源服务监督中的相关机构包括数字信息资源服务机构、数字信息资源和云服务提供商、数字信息资源服务平台以及可信第三方监督机构，其中可信第三方机构对数字信息资源服务平台的相关主体和服务平台的安全运行进行监督,同时进行反馈和交互。云环境下基于可信第三方的服务安全监督围绕服务链关系进行。在安全监督中,可信第三方机构与各主体机构之间保持双向沟通关系。在数字信息资源安全保障中进行协同。其中,可信第三方通过安全监测及时发现问题,其安全保障实施仍由各相关主体负责。云环境下数字信息资源服务的可信第三方监督如图 9-6 所示。

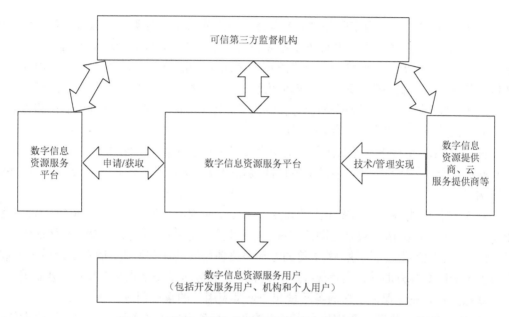

图 9-6　云环境下数字信息资源服务的可信第三方监督

　　如图 9-6 所示,可信第三方监督需要在制度层面上对数字信息资源服务链中的多元主体安全保障进行检测,以确认其有效性和稳定性。同时,为信息资源服务安全的监管提供管理依据。可信第三方监督的实现,从规范上强化了信息服务安全环节监管,有利于促进服务参与方在服务展开中的彼此协同,提升服务的可用性和可靠性水平。

　　大数据云环境下,数字信息资源机构与相关服务提供商的安全协议往往缺乏有效的约束机制,而可信第三方的服务安全监督的引入,有助于这一问题的解决。另外,以保障服务与用户的安全为目标,可信第三方承担了重要的责任,所以提出了可信第三方信任认证和规范资质的问题。对此,有待于安全保障制度的进一步完善。

9.4　基于等级协议的数字信息资源服务监控与安全责任管理

　　信息安全等级保护的核心理念是适度保护,即在安全保障中关注安全保障的核心问题,在安全等级方面上,按关键性能指标和关键质量指标的满足进行保障,以取得平衡的成本效益。根据实际需求,按不同安全等级要求进行信息资源差异化的安全保障,与我国实行的信息安全等级保护相适应,与《信息安全等级保护管理办法》关于信息系统安全等级的划分原则相符合。在这一前提下，为了确保云服务质量安全和运行安全，由服务提供方按服务水平协议（service level agreement，SLA）进行过程监控、报告和问责是重要的保障环节。

9.4.1　基于 SLA 的数字信息资源云服务质量与安全

SLA 作为关于网络数字服务供应商与使用方之间关于服务类型和服务质量的框架协议，其模式随着服务的变革与发展处于不断完善之中。对于大数据云环境下的数字信息资源服务而言，云服务提供商将服务提供给图书馆或其他机构时，它是供应商；当需要购买其他服务提供商的服务要素时，它随即成为客户。在这种角色的多重性和复杂的交互环境中，提出了基于协议的交互安全和质量控制问题。为保证服务安全质量可评估性和可追溯性，应规范其质量监测和安全保障行为。

在面向 SLA 支持下，可以在服务链中定义多重角色的职责，通过 SLA 链保障服务质量和服务安全。在服务实现上供求双方协商确定的数字学术资源云服务等级，决定服务的组织构架。

SLA 在保障服务质量和安全上的作用，决定了应用的普遍性，包括 OCLC WMS 和 Exlibris Alma 在内的诸多数字资源云服务，充分利用了服务水平等级框架，来保证服务质量。然而，由于应用的广泛性，关于签约方和最终使用者的相关职责，服务等级质量参数、服务安全的监测等方面的定义尚无统一的规范，其服务质量安全水平有待进一步提升。因此，规范内容和充分保证用户服务质量和安全是应用中的重要问题。

按 SLA 的协议规范，数字信息资源机构和云服务提供方的关系，以相关法律为依据进行确立。实践中，其具体规定和操作内容在基本的技术与运营平台上，按国际电信联盟电信标准和数字信息资源云服务支持与利用环节进行确定。在这一方面，信息资源机构或系统，应将 SLA 作为一个双方合作的基础来对待，按序进行协议框架的确立、各项服务的规定以及服务参数的拟定。

值得注意的是，云计算服务在大数据环境下发展迅速，其功能运行和利用方式也处于不断变化之中；如何适应面向新的应用需求与环境，应该在协议中得到体现。一般说来，服务的应用程序需要考虑到网络基础服务，以及云服务方可以提供同质化服务的场景，同时将服务安全地构架在云平台的物理环境、硬件、网络和基础软件之上。所有这些保证，在 SLA 中应由云服务商进行明确。同时，在安全运行的原则上，力求采用技术水平高的部署。对此，在协议中应明确服务质量（quality of service，QoS）细节。

从数字信息资源云服务架构、运行和使用上看，QoS 是一个整体化的概念，包含了安全质量、关键性能质量和运行保障质量。其中，安全是最基本的要求。面对这一现实，SLA 框架中，数字信息资源机构与云服务方，需要确立符合实际情况的关键质量指标（key quality indication，KQI）和关键绩效指标（key performance indicator，KPI），以此作为依据加以执行。按 ITU-T Rec E800 的定义，QoS 为决定服务响应度的服务性能综合效果，是基于用户体验的网络和业务管理综合指标。KQI 作为关键质量指标，是针对不同业务提出的贴近用户的业务质量参数，从数字信息资源云服务组织上看，由数字信息资源机构的用户需求与使用体验环境决定，在 SLA 中应加以具体阐述和规定；KPI 作为关键性能指标，是网络层面的可监视、可测量的参数，在交互网络中体现在网络性能或网关性能上，在基于数字网络的信息资源云服务架构中，涉及服务传输、控制和安全运行。对于数字信息资源云服务而言，以 KQI、KPI 为核心、以数字信息资源为依托的安全运行框架如图 9-7 所示。

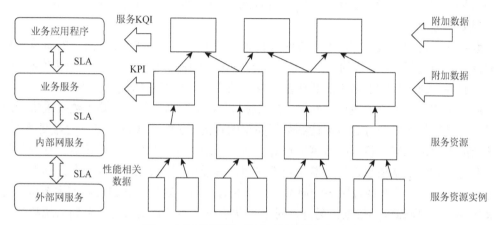

图 9-7　服务资源与关键质量和性能的关联

图 9-7 直观地展示了服务资源与关键质量和关键性能间的关系，进行了基于服务性能、质量保障的云平台运行监测构架。如图 9-7 所示，通过系统性跟踪测量云服务 KPI 和 KQI 指标，按所得到的服务性能数据便可以生成诊断报告，提供云服务安全运行和性能质量保障依据。

9.4.2　等级协议框架下的云服务安全监测与报告

数字信息资源服务安全保障中，云服务监控和质量管理处于重要位置。数字信息资源机构使用云服务的安全质量监控可采用监控代理方式进行。监控代理通过信息资源服务网络和云服务之间的接口，以一种技术合规的方法进行监测，从而确保云服务按 SLA 质量度量标准安全运行。

为实现监测目标，应在要求的采样率下提供 KPI 和 KQI 参数，形成监控报告和进行合规响应，其监控的程序化安排和保障是必须面对的问题。根据 SLA 要求，结合数字信息资源云服务的合规需求，有必要从监测报告和管理环节出发进行制度化的安排。

探测系统是网络操作和管理服务质量的通用工具，对于云服务安全运行和质量监控来说，具有适用性。所采取的方式是通过探测器进行物理数据的获取，以同步显示云服务系统状态，所使用的探测器可以放置在网络中的任意一个节点上，所以比基于网络要素的系统更具灵活性。按实际需要，探测器具有有源和无源两种类型。有源探测器通过向网络中注入通信业务，向服务器发出请求来实现；无源探测器则在不同的服务中提供协议等级上的视图。

探测器创建了一个针对信息资源云服务的监控工具，利用探测器可以实时获取评价服务质量的数据，关联基于服务度量标准的信息。探测功能包括：通过持续监测网络要素获取运行质量参数，同时探测云服务中的故障并显示其影响；通过细节探测，获取通信性能数据和节点数据；监控服务使用流量变化，防止用户和合作方滥用；监测的参数包括智能网络平台请求和故障数据等。此外，针对数字信息资源云服务网络的安全运行需要，可以设置针对质量、性能的对应指标，以进行全面安全质量数据保障。

数字信息资源云服务探测器可以配置在相应的节点上，按 SLA 框架下的质量要求进行配置方式的选择。高等级的端到端的检测宜采用资源探测模式，以全面监测服务供应商提供的服务，通过反映安全性能和质量的参数获取，形成客观的检测报告。

通过系统使用检测手段可以获取 KPI 数据和 KQI 数据，如果探测器数据采集受限，还可以通过其他方式的综合应用达到数据完整的目的。这些方式包括用户满意度调查、虚拟访问应用测试和客户机监控数据采集等。按 SLA，KQI 和 KPI 数据粒度应有明确的规定，在这一方面数字信息机构起着主导性作用，其要求应在 SLA 中得到充分体现。实际运行中，监测数据需要通过服务访问节点进行传递，同时确认数据的可靠使用范围，为服务 KQI 和 KPI 保障提供依据。另外，对于主动响应，实时收集数据关系到系统故障的主动预防。对于反应式管理，系统带时间标记的数据采集，可以与其他带时间标记的数据关联，为反应式管理提供趋势分析依据。

在 KQI 和 KPI 监测中，如果事件发生在其影响服务的瞬时，事件数据应及时传输到分析、处理方。在实时监测、处理基础上，对事件的累积影响应分阶段进行处理；在操作上要求分析 SLA 框架下的 KQI 和 KPI 数据，以便形成内部报告，为系统内部诊断和生成客户报告所用。在数字信息资源云服务中，内部报告主要用于服务提供方诊断系统和安全，可通过使用中间件应用程序来完成，这些中间件应用程序具有使用上的便利性。

内部报告仅限于在信息资源云服务保障系统内提交和使用，旨在对实时监测数据进行性能、质量安全分析，为处理事故和维护安全提供响应依据。

在云服务运行中，系统设置的一致性阈值，通过实时报告对可能发生的事故采取纠正措施。由于这一原因，内部报告的生成具有针对运行需要的实时特点。在一个机构中，往往需要多层次的监测报告来反映服务的状况，为不同等级的诊断和应对提供支持。

与云服务内部报告相对应，系统应在约定的时间周期内以 SLA 规定的形式为客户提供外部报告。外部报告在数字信息资源服务链安全保障中为有关各方所采用，旨在控制云服务整体安全和进行稳定的关键性能和关键质量保证。

从基于 SLA 的管理上看，内、外部报告构成了完整的体系。在云服务运行中，对于所需的服务来说，需要通过监控和性能报告进行系统诊断、故障预防及处理。对于具有 SLA 的服务链节点中的信息资源机构或其委托的可信第三方来说，需要从整体和环节上保障协议的关键性能、质量指标和服务链的安全。

需要指出的是，SLA 所规定的 KQI 和 KPI 指标是服务要求的最小设置，其检测报告也是以此为依据提交的。然而，如果存在等级协议水平提升或服务需要符合更加严格的

KQI 或 KPI 指标要求时，KQI 或 KPI 指标的调整就应该在 SLA 中得到反映。因此，SLA 对所有支持服务的 KQI 和 KPI 指标，应有客观等级要求上的全面反映。

SLA 是一个各自定义期望值的服务和应用之间的共同协议，其中定义了当背离这些期望值时应采取的措施，而这些措施必然与 KQI 和 KPI 监测报告内容相对应。这一现实，也是双方必须面对的。

根据 SLA 的定义，KQI 和 KPI 数据报告应强调以下问题的解决。

①在数字信息资源云服务 KQI 和 KPI 数据报告中，出于安全保障的需要，作为一致性测量指标应按 SLA 规定的方式加以确定，在内部报告中，根据云服务的等级要求，进行按一定频率的上传。

②在云服务安全质量事故处理流程中，云服务安全质量监管中心根据 SLA 定义的一致性检测频率，进行响应和事件处理。

③对于数字信息资源服务链中的云服务节点，信息资源机构，根据外部报告协同云服务提供方，共同解决 SLA 框架下的安全事件防范和整体安全与关键性能、质量问题。

9.4.3　服务等级协议下的安全责任管理

数字信息资源云服务所采用的 SLA 下的协同组织方式，决定了协议各方的安全责任，所以对以 KQI 和 KPI 为核心内容的监测报告，经合规认证后应成为各方所负安全责任的基本文件。由此可见，在协同安全保障中，拟按 SLA 进行追溯问责基础上的安全责任管理。问责管理中所面临的安全风险和性能质量问题，一是来自服务方的技术漏洞和运行管理欠缺，二是来自资源机构和用户。这两方面包括：云计算资源的恶意使用、不安全云服务应用程序接口、恶意攻击识别缺陷、共享服务技术漏洞、数据损坏、服务传输以及应用过程中的其他因素影响等。这些问题的处理拟在合规原则下按 SLA 契约进行。SLA 具有法律文书意义上的约束性，因此各方都应承担各自对于违反契约规则的行为后果，一旦发现有不当行为，即对行为的责任方进行追责。

可问责性将主体及其行为的因果关系进行绑定，在基于协议的协作中，使交互各方能够从行为影响出发追溯到行为主体的责任。因此，可问责是云服务链中基于 SLA 的问责追溯的可行方式，实施条件是需要有基本的责任数据支持。

目前，问责方式的应用尚需从简单问题，向基于服务框架的复杂问题方向发展。在服务链的节点组织责任划分和问责中，通过云溯源进行责任体系的构建。其中，溯源定为有向行为的追溯，以有向无环图（directed acyclic graph，DAG）方式来表示。DAG 的含义为：节点具有各种目标属性，通过文件、元组或数据集来表达；节点具有关联属性，两个节点之间的关联表示节点之间依赖或协同关系。在溯源分析中，云服务问责溯源应按以下 4 个方面的要求进行。

（1）数据的精确性。对于数字信息资源云服务的数据记录应是直接的监测数据，同时必须与其目标数据精准匹配。

（2）数据完整性。云服务安全监测数据应覆盖具有关联关系的节点环节，数据的因果逻辑关系记录要完整，避免记录中的数据链缺失。

（3）数据独立性。云服务中的数据记录数据应相互独立，即避免加工后的分析数据与原始数据混合，记录中同时避免数据冗余。

（4）数据可用性。数据可用性是指数据应该具有的价值密度，即应保留关键数据，而滤除无关数据，同时数据处理上应支持多种形式的应用查询。

云服务溯源问责处理，通过溯源感知存储系统（provenance aware storage system，PASS）进行。PASS 作为一种透明的关联数据存储系统，在应用中支持自动识别与分析工具，可以在目标溯源中用于网络存储。系统通过应用操作调用数据，用于 DAG 中的溯源分析。在溯源关系分析中，对某一数据文件系统调用时，由 PASS 构建一条依赖于该文件的记录进程；当某一数据文件存入系统时，由 PASS 提供存入文件指向。云服务问责溯源构架如图 9-8 所示。

从图 9-8 可知，问责溯源总体上分成两个部分：其一是客户端，另一部分是云服务端。其中：客户端系统内核中配置了 PASS 及 PA-S3fs（provenance aware S3 file system）。在运行中，PASS 用于监控应用进程中的系统调用，在生成的溯源关系中将溯源记录数据发送给 PA-S3fs。整个运算中，要求 PASS 具有客户端文件的版本识别和处理功能，旨在生成溯源数据迁移记录。PA-S3fs 感知溯源中的 S3 文件系统，属于用户层文件系统，具有数据调用和转移的功能。S3fs 属于用户层 FUSE 文件系统，在溯源中提供与 S3 交互的文件系统接口。在应用上，PA-S3fs 扩展了 S3fs 的功能，使其可以直接为 PASS 提供接口。PA-S3fs 作为缓存设置，可以将数据保存在所用的临时文件库中，同时将溯源记录进行存储。当云服务责任事件发生时，PA-S3fs 可以按协议将文件数据与溯源记录一并发送，进行云端处理。

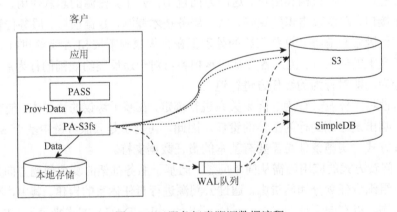

图 9-8　云服务问责溯源数据流程

图 9-8 展示了问责溯源数据流架构，其溯源记录与数据存储协议如图 9-9 所示。

云服务问责溯源记录和数据存储协议与云溯源系统构架相对应，可分为两部分，即第一部分形成，第二部分确定提交。

第一部分为溯源第一阶段，在客户端进行。在发出应用 CLOSE 文件或 FLUAS 时，执行以下程序：生成一个数据文件的副本，由客户端向云存储服务器发送，其中使用临时文件命名；与此同时，在当前的日志事务（log transaction）中利用系统通用唯一的识别码

（universally unique identifier，UUID），抽取对应的数据文件溯源记录，将记录块保存成为日志记录，存放入 WAL 队列中，同时保有当前事务的序号。

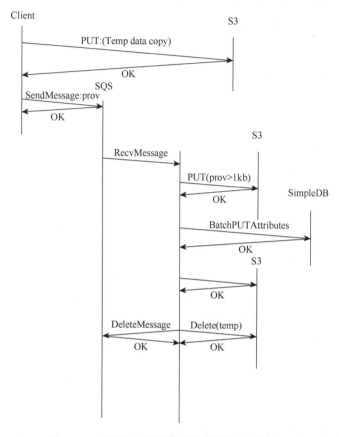

图 9-9　云服务问责溯源记录与数据存储的协议

第二部分为溯源第二阶段，在客户端 PA-S3fs 提交任务并收齐属于一个事务的数据包时，按以下步骤执行：将大于 1KB 的溯源记录数据保存成为单独的 S3 对象，更新属性值，保留一个指向 S3 对象的指针；使用 Batch PutAttributes 对溯源记录进行处理并存储入 Simple DB，在 Simple DB 中允许权限用户调用并保存；执行 COPY 指令，将 S3 临时对象按相应的持久 S3 目标进行复制；删除 S3 临时对象，同时使用 SQS Delete Message 指令从 WAL 队列中删除本次事务消息。

这一交互方案的优势在于，可以及时地处理客户端发出的问责溯源请求，从而及时地进行安全保障的溯源问责。采用这一方式需要云服务与本地客户端相互配合，由客户端收集操作的数据，通过云服务记录和存储目标数据进行处理。

该方案存在的问题包括：客户端操作记录的真实性直接影响到溯源结果；记录的客户行为，以及云服务商的行为问责，需要通过监测报告的分析处理来实现。因此，对于数字信息资源云服务 SLA 中的服务方安全责任的溯源和责任化管理的实现，拟从支持问责的可信云架构出发，根据问责时间周期理论，进行工作流程、数据层和系统层的安全监测，按所形成的监测报告数据，进行实时溯源，推进安全质量责任的实时追溯和合规处理。对于分布式系统和虚拟机的可问责性问题，拟进行专门化实现，在按节点日志数据进行的溯源分析的基础上，进行相应的安全责任管理构架。其实现有利于基于 SLA 框架下的节点实体安全责任管理的进一步发展。

参 考 文 献

陈涛，夏翠娟，刘炜，等，2015. 关联数据的可视化技术研究与实现[J]. 图书情报工作，59（17）：113-119.
陈怡丹，李陶深，2015. 云计算环境下虚拟机动态迁移的安全问题分析[J]. 计算机技术与发展（12）：114-117.
董坤，2016. 基于关联数据的高校知识资源语义化组织研究[J]. 情报理论与实践，39（3）：91-95.
管仲，袁国华，李宇，2009. 嵌入式泛在个人知识服务模型研究[J]. 现代图书情报技术（12）：37-41.
何克晶，2017. 大数据前沿技术与应用[M]. 广州：华南理工大学出版社.
胡昌平，2008. 信息服务与用户[M]. 武汉：武汉大学出版社.
胡昌平，邓胜利，2006. 基于用户体验的网站信息构建要素与模型分析[J]. 情报科学（3）：321-325.
胡昌平，吕美娇，2020. 大数据与智能环境下的情报学理论发展[J]. 情报理论与实践，43（10）：1-6.
黄柏权，曾育荣，2019. 万里茶道茶业资料汇编：宜红茶区卷初编[M]. 武汉：湖北人民出版社.
李春旺，2009. 图书馆集成融汇服务研究[J]. 现代图书情报技术（12）：1-6.
梁丹，张宇红，2015. 心流体验视角下的移动购物应用设计研究[J]. 包装工程，36（20）：84-87.
刘昕，2019. 基于眼动的智能人机交互技术与应用研究[D]. 南京：南京大学.
马德辉，包昌火，2007. 知识网络：竞争情报和知识管理的重要平台[J]. 中国信息导报（11）：4-7.
马张华，2011. 信息组织[M]. 北京：清华大学出版社.
欧细凡，谭浩，2016. 基于心流理论的互联网产品设计研究[J]. 包装工程，37（4）：72.
孙傲冰，季统凯，2016. 面向智慧城市的大数据开放共享平台及产业生态建设[J]. 大数据，2（4）：69-82.
孙海霞，钱庆，2010. 基于本体的相语义相似度计算研究方法综述[J]. 现代图书情报技术（1）：51-56.
陶皖，2017. 云计算与大数据[M]. 西安：西安电子科技大学出版社.
吴新松，马珊珊，徐洋，2021. 人工智能时代人机交互标准化研究[J]. 信息技术与标准化（1）：48-50.
杨毅，王格芳，王胜开，等，2018. 大数据技术基础与应用导论[M]. 北京：电子工业出版社.
杨尊琦，2018. 大数据导论[M]. 北京：机械工业出版社.
姚海鹏，王露瑶，刘韵洁，2017. 大数据与人工智能导论[M]. 北京：人民邮电出版社.
易明，冯翠翠，莫富传，2019. 大数据时代的信息资源管理创新研究[J]. 图书馆学研究（6）：56-61.
尹西明，林镇阳，陈劲，等，2022. 数据要素价值化动态过程机制研究[J]. 科学学研究，40（2）：220-229.
张红丽，吴新年，2009. e-Science 环境下面向用户科学研究过程的知识服务研究[J]. 情报资料工作（3）：80-84
张俊，李鑫，2016. TensorFlow 平台下的手写字符识别[J]. 电脑知识与技术，12（16）：199-201.
张路霞，段会龙，曾强，2020. 健康医疗大数据的管理与应用[M]. 上海：上海交通大学出版社.
张绍华，潘蓉，宗宇伟，2016. 大数据治理与服务[M]. 上海：上海科学技术出版社.
张殊伟，2020. 基于多通道行为特征的一人双机操控技术研究[D]. 南京：南京大学.
张小龙，吕菲，程时伟，2018. 智能时代的人机交互范式[J]. 中国科学：信息科学，48（4）：406-418.
张兴旺，卢桥，田清，2016. 大数据环境下非遗视觉资源的获取、组织与描述[J]. 图书与情报（5）：48-55.
庄倩，常颖聪，何琳，2016. 陈雅玲.基于关联数据的科学数据组织研究[J]. 情报理论与实践，39（5）：22-26.
邹骁锋，阳王东，容学成，2020. 面向大数据处理的数据流编程模型和工具综述[J]. 大数据，6（3）：59-72.
AGRAWAL R, IMIELINSKI T, SWAMI A, 1993. Database mining-a performance perspective[J]. IEEE

transactions on knowledge and data engineering, 5 (6) 914-925.

ACKLEY D H, HINTON G E, SEJNOWSKI T J, 1985. A learning algorithm for boltzmann machines[J]. Cognitive science, 9 (1): 147-169.

ALEMU E N, HUANG J, 2020. HealthAid: Extracting domain targeted high precision procedural knowledge from on-line communities[J]. Information processing & management, 57 (6): 102-229.

ARAÚJO C, MARTINI R G, HENRIQUES P R, et al., 2018. Annotated documents and expanded CIDOC-CRM ontology in the automatic construction of a virtual museum[M]. Berlin: Springer.

BANDARAGODA T, DE SILVA D, ALAHAKOON D, et al., 2018. Text mining for personalized knowledge extraction from online support groups[J]. Journal of the association for information science and technology, 69 (12): 1446-1459.

CHEN J, LENG X J, XIU J L, 2020. Analysis of big data applications based on the background of smart tourism[J]. International journal of education and teaching research, 1 (3): 66-70.

CSIKSZENTMIHALYI M, 2014. Play and intrinsic rewards[M]. Berlin: Springer.

DONNO M D, KAVAJA J, DRAGONI N, et al., 2019. Cyber-storms come from clouds: Security of cloud computing in the iot era[J]. Future Internet, 11 (6): 1-30.

FISHBIEN M, AJZEN I, 2009. Predicting and changing behavior[M]. London: Taylor&Francis.

GOYAL V, PANDEY O, SAHAI A, et al., 2006. Attribute-based encryption for fine-grained access control of encrypted data[J]. Proc of Acm ccs (5) 1-12.

IKUJUOR N, HIROTAKA T, 1995. The Knowledge-Creating Company: How japanese companies create the dynamics of innovation[M]. Oxford: Oxford University Press.

JØSANG A, 2001. A logic for uncertain probabilities[J]. International journal of uncertainty, fuzziness and knowledge-based systems, 9 (3): 279-311.

KLAVANS J L, LAPLANTE R, GOLBECK J, 2014. Subject matter categorization of tags applied to digital images from art museums[J]. Journal of the association for information science and technology, 65 (1): 3-12.

KOHAVI R, MASON L, PAREKH R, et al., 2004. Lessons and challenges from mining retail e-commerce data[J]. Mach Learn (57): 83-113.

RODRIGUEZ M A, EGENHOFER M J, 2003. Determining semantic similarity among entity classes from different ontologies[J]. IEEE transactions on knowledge and data engineering, 15 (2): 442-456.

ORMAN D, 2013. The design of everyday things[M]. Philadelphia: Basic Books.

SHATFORD S, 2008. Analyzing the subject of a picture: A theoretical approach[J]. Cataloging& classificat ionquarterly, 6 (3): 39-62.

SHUKLA N, TIWARI M K, BEYDOUN G , 2019.Next generation smart manufacturing and service systems using big data analytics[J]. Computers & industrial engineering, 128 (2): 905-910.

SMALL H, 1973. Co-citation in the scientific literature: A new measure of the relationship between two documents[J]. Journal of the american society for information science, 24 (4): 265-269.

SURABHI V, 2017. The adoption of big data services by manufacturing firms: an empirical investigation in india[J]. Journal of information systems and technology management, 14 (1): 39-68.

YOON S J, SEUNG S S, 2016.An efficient authentication scheme to protect user privacy in seamless big data services[J]. Wireless personal communications, 86 (1): 7-19.